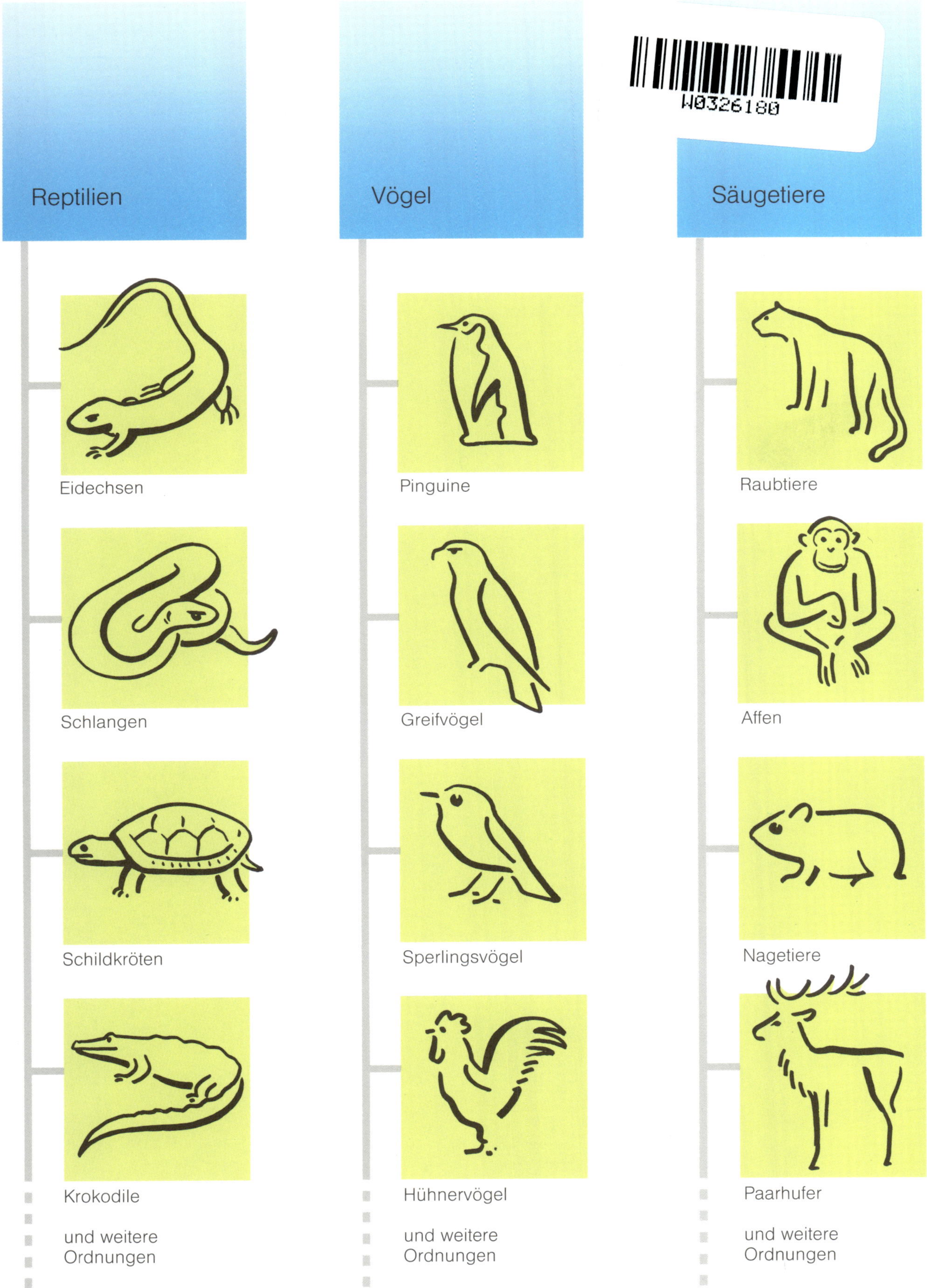
Reptilien
Eidechsen
Schlangen
Schildkröten
Krokodile
und weitere Ordnungen
Vögel
Pinguine
Greifvögel
Sperlingsvögel
Hühnervögel
und weitere Ordnungen
Säugetiere
Raubtiere
Affen
Nagetiere
Paarhufer
und weitere Ordnungen

BIO

1

Herausgeber
Heinz Böttgenbach
Jörn Schoof
Timm Collmann
Wolfgang Schulenberg

Autoren
Heinz Böttgenbach
Timm Collmann
Gerd Demmer
Burkhard Fischer
Carola Gartzen
Hans-Joachim Haupt
Rainer Hausfeld
Mariela Kalkhake
Wolfgang Kurtze
Wolfgang Schulenberg
Thomas Sudeik
Elisabeth Westendorf-Bröring
Gerda Windau

unter Mitarbeit von
Charlotte Hoppadietz, Leipzig
Petra Lorenz, Leipzig

westermann

◁ Textverweis auf die Randspalte

Wir danken der „Ärztlichen Gesellschaft zur Gesundheitsförderung der Frau e. V." für die Durchsicht des Kapitels „Sexualität des Menschen".

1. Auflage Druck 5 4 3 2 1
Herstellungsjahr 1999 1998 1997 1996
Alle Drucke dieser Auflage können im Unterricht parallel verwendet werden.

© Westermann Schulbuchverlag GmbH, Braunschweig 1996
Verlagslektorat: Dr. Helga Röske, Ingeborg Kassner
Typografie und Layout: Gerd Gücker
Herstellung: Dieter Struckmann
Druck und Bindung: westermann druck GmbH, Braunschweig

ISBN 3-14-**150861**-5

Inhalt

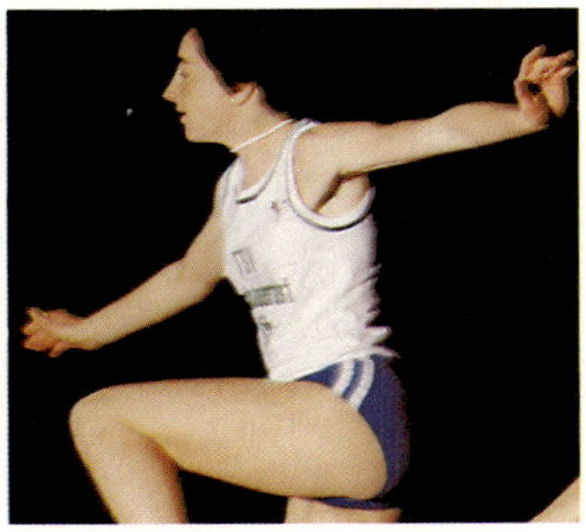

Inhalt

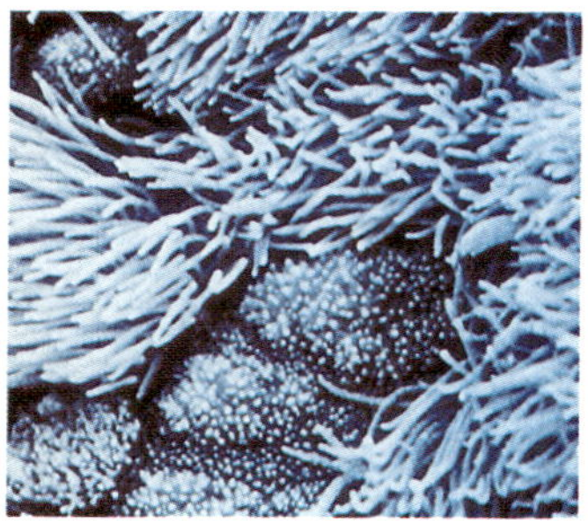

1 Kennzeichen der Lebewesen

1.1 Von Mäusen und „Mäusen“

1 Spielzeugmaus

2 Hausmaus

Ulrike spielt mit ihrem kleinen Bruder Uwe „Zoo“. Alle Stofftiere und Plastiktiere sind aus der Kiste gekramt und auf dem Fußboden aufgestellt. Nur ein Tier paßt nicht recht dazu – eine Spielzeugmaus (Abb. 1). Uwe holt sich die Maus und will sie auf dem Boden laufen lassen. Aber sie bewegt sich nicht. „Ist die Maus tot?“ will er wissen. Ulrike muß lachen. „Nein, aber lebendig ist sie auch nicht. Sie bewegt sich nur, wenn man sie vorher aufzieht“, erklärt Ulrike und spannt die Feder. Dann läßt sie die Spielzeugmaus laufen. Sie rollt auf kleinen Rädern geradeaus, prallt gegen einen Schrank und überschlägt sich. Die Räder drehen sich noch eine Weile in der Luft, dann bleiben sie stehen.

Hausmäuse schlafen am Tage und sind nachts aktiv. Sie können gut springen und schwimmen.

Als Ulrike abends in ihrem Bett liegt, hört sie über sich auf der hölzernen Zimmerdecke merkwürdige Geräusche. Zuerst ein Rascheln, dann ein leises Trippeln. Danach ist es minutenlang still. Jetzt hört Ulrike leise piepsende Töne.
Am nächsten Morgen steigt Ulrike mit ihrer Mutter neugierig auf den Dachboden, um die Ursache für die nächtlichen Geräusche herauszufinden. Nach ein paar Minuten entdeckt die Mutter schwarze, längliche Körner auf dem Fußboden. „Das ist wahrscheinlich Mäusekot!“ vermutet sie. Als die beiden sich weiter umsehen, entdecken sie ein Loch in einem alten Karton. Ulrike öffnet ihn vorsichtig. Lauter Papierschnitzel und einige Stoffreste liegen darin. „Ein Mäusenest!“ meint die Mutter. „Darin hat eine Maus ihre Jungen aufgezogen. Mäusejunge werden nackt und blind geboren und im Nest verborgen.“

Eine Hausmaus wiegt bei der Geburt zwei Gramm, nach 40 Tagen 30 Gramm. Sie kann schon nach fünf Wochen durchschnittlich vier bis sieben Junge gebären.

Die Spielzeugmaus und eine lebendige Maus sind sich äußerlich recht ähnlich (Abb. 1 und 2). Beide Mäuse haben die **Gestalt** einer Maus. Beide können sich schnell bewegen.
Wenn man eine Spielzeugmaus und eine lebendige Maus längere Zeit genau beobachtet und untersucht, ist aber kein Zweifel möglich, welches die lebendige Maus ist. Aber worin bestehen die Unterschiede?
Alle Lebewesen, also auch die Hausmaus, haben typische Kennzeichen. Diese fehlen einem Spielzeugtier, auch wenn es noch so täuschend ähnlich ist.

Ein Unterschied besteht schon in der Entstehung der Spielzeugmaus und der Hausmaus. Die Spielzeugmaus wird aus Metall, Stoff und Kunststoff in einer Spielzeugfabrik hergestellt. Hausmäuse stammen immer nur von Hausmäusen ab. Die erwachsenen Mäuse sorgen dafür, daß sie Nachkommen haben. Die Biologen sagen: Lebewesen pflanzen sich fort. Die **Fortpflanzung** ist also ein Kennzeichen der Lebewesen.

Eine Spielzeugmaus verändert sich nicht. Sie behält immer die gleiche Größe und Gestalt. Eine Maus dagegen ist nach der Geburt sehr klein. Sie wiegt nur ein paar Gramm. Sie hat noch kein Fell und ist zuerst noch blind. Aber diese Merkmale verändern sich: Die Maus bekommt ein Fell, und die Augen öffnen sich. Die Maus wächst und wird dem erwachsenen Tier immer ähnlicher. Die **Entwicklung** der Gestalt und das **Wachstum** sind weitere Kennzeichen der Lebewesen.

3 Baby

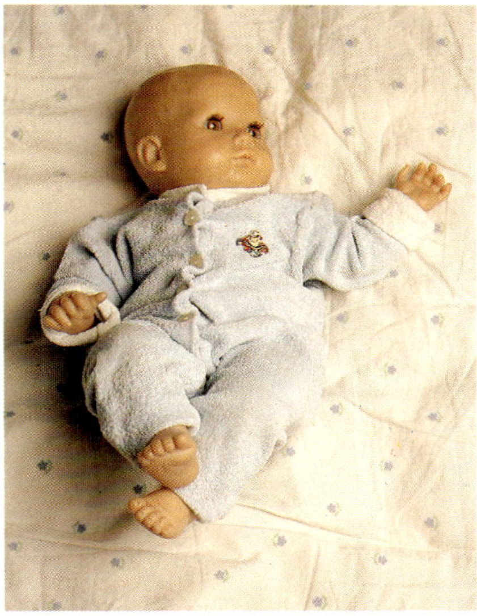

4 Babypuppe

Pflanzen wachsen zeitlebens. Der älteste Baum ist eine Kiefer in den USA. Ihr Alter wird auf 4600 Jahre geschätzt.

Ein Lebewesen kann nur wachsen, wenn es sich ernährt. Eine junge Maus wird eine Zeitlang von ihrer Mutter mit Milch gesäugt. Später nimmt die heranwachsende Maus auch feste Nahrung zu sich, z. B. Weizenkörner. Die Nahrung wird im Körper so umgewandelt, daß sie für das Wachstum und die Bewegung des Tieres verwendet werden kann. Abfallstoffe werden als Kot und Urin ausgeschieden. Diese Vorgänge im Körper werden als Stoffwechsel bezeichnet. Der **Stoffwechsel** ist also auch ein Kennzeichen von Lebewesen.
Eine Spielzeugmaus braucht weder Futter noch Wasser. Sie kann sich zwar auch bewegen, doch auf ganz andere Weise als eine lebendige Maus. In Ulrikes Spielzeugmaus ist eine Stahlfeder eingesetzt. Nur wenn die Feder mit dem Schlüssel durch Drehen gespannt worden ist, kann sich die Spielzeugmaus bewegen. Die Spielzeugmaus rollt so lange, bis die Feder wieder entspannt ist.

Eine lebendige Maus flüchtet, wenn sie dich bemerkt. Sie würde dich beißen, wenn du versuchst, sie am Schwanz festzuhalten. Die Maus reagiert auf solche und viele andere Reize aus ihrer Umwelt mit einem bestimmten Verhalten, z. B. mit Beißen oder Flucht. **Bewegung, Reizbarkeit** und **Verhalten** sind weitere typische Kennzeichen von Lebewesen. Eine Spielzeugmaus reagiert dagegen nicht, wenn du sie anfaßt und am Schwanz festhältst.

Einzelne Kennzeichen, z. B. die Gestalt oder Bewegung, machen noch kein Lebewesen aus. Lebewesen haben alle genannten Kennzeichen gleichzeitig.

Aufgaben

① Vergleiche die Merkmale und Eigenschaften einer Puppe und eines Babys (Abb. 3 und 4). Stelle die Gemeinsamkeiten und Unterschiede in einer Tabelle gegenüber:

	Puppe	Baby
Unterschiede	keine Bewegung ...	bewegt sich ...

Gemeinsamkeiten von Puppe und Baby	Gestalt

② Es gibt Roboter, die äußerlich einem Menschen sehr ähnlich sind, sich bewegen und sogar sprechen können. Woran erkennst du, daß diese Roboter keine Lebewesen sind?

Fortpflanzung, Entwicklung, Wachstum, Stoffwechsel, Bewegung, Reizbarkeit und Verhalten sind die Kennzeichen der Lebewesen. Alle Tiere und auch Menschen zeigen diese Eigenschaften und Merkmale. Dadurch unterscheiden sie sich von leblosen Gegenständen.

1.2 Plastikpflanzen sind pflegeleicht

1 Blumenfenster mit echten und künstlichen Pflanzen

Aufgabe

① Sieh dir das Blumenfenster in Abb. 1 genau an. Welche Pflanzen sind wohl echt, und welche sind künstlich?

Frau Wiese war übers Wochenende verreist. Frau Unger, ihre Nachbarin, hat solange die Blumen versorgt. Beim gemeinsamen Kaffeetrinken erzählt Frau Unger: „Über Ihren Gummibaum habe ich mich gewundert. Er verbraucht ja gar kein Wasser. Und er steht in einer sehr dunklen Zimmerecke. Geht er denn dort nicht bald ein?“ Frau Wiese muß lachen. „Nein, dieser Gummibaum geht niemals ein! Er ist besonders pflegeleicht!“ erwidert sie und fügt hinzu: „Er ist nämlich aus Plastik!“ Auch Frau Unger muß jetzt über ihren Irrtum lachen. „So genau habe ich mir Ihren Gummibaum natürlich nicht angesehen.“ „Na, das kann ja vorkommen“, sagt Frau Wiese tröstend. „Diesem Gummibaum hätten Hitze und Trockenheit bestimmt nicht geschadet.“

Woran merkt man, daß auch Pflanzen Lebewesen sind? Die Frage ist nicht ganz leicht zu beantworten. Pflanzen können sich nicht fortbewegen. Aber sie können einzelne Teile bewegen, wie z. B. Stengel oder Blüten. Sicher ist dir schon aufgefallen, daß sich Gras nach einiger Zeit wieder aufrichtet, wenn du darauf gelegen hast. Blüten mancher Pflanzen schließen sich, wenn es regnet. Sie öffnen sich bei sonnigem Wetter. Auch Pflanzen zeigen das Kennzeichen der **Bewegung.**

Reagieren Pflanzen auf Reize? Da die Reaktionen von Pflanzen meist sehr langsam erfolgen, bemerkt man erst nach Tagen oder Wochen, daß Pflanzen auf Reize reagieren. Zimmerpflanzen z. B., die man auf der Fensterbank etwas gedreht hat, wenden sich wieder langsam zum Licht hin. Wurzeln wachsen nach unten in die Erde. **Reizbarkeit** ist also ein weiteres Kennzeichen der Pflanzen.
Einige Pflanzen zeigen deutlich sichtbar und schnell eine Reaktion auf Reize. Zu diesen Pflanzen gehört die Mimose. Wenn man diese Pflanze berührt, klappt sie die kleinen Blättchen zusammen. Diese Reaktion auf den Reiz erfolgt sehr rasch. Je stärker der Reiz war, desto schneller und deutlicher reagiert die Pflanze. Nach einem stärkeren Reiz legen sich auch die benachbarten Blättchen aneinander. Schließlich wird sogar der ganze Blattstiel abgesenkt, so daß die Pflanze ein scheinbar welkes Aussehen annimmt (Abb. 2). Es dauert dann mehrere Minuten bis zu einer halben Stunde, bis sich die Blätter wieder aufgerichtet und die Blättchen wieder gespreizt haben.

Der Sonnentau ist eine seltene, geschützte Pflanze, die in unseren Mooren vor-

2 Mimose mit ungereizten und gereizten Blättern

kommt. Ihre Blätter sind dicht mit Haaren besetzt, an deren Spitzen sich kleine klebrige Tröpfchen bilden. Sie glitzern in der Sonne wie Tautropfen. Insekten werden davon angelockt und kleben an den Haaren fest. Die Blätter rollen sich ein und umschlingen die Beute. Danach wird die Beute von dem Blatt verdaut (Abb. 3).

Wenn eine Pflanze längere Zeit kein Licht bekommt, verkümmert sie und geht ein. Grüne Pflanzen fangen mit ihren Blättern Licht auf. Sie nutzen das Licht und stellen damit aus Wasser und einem Teil der Luft Nährstoffe her. Pflanzen haben wie Tiere einen **Stoffwechsel.**

Pflanzen bilden Samen in ihren Früchten aus. Aus einem Samen kann eine neue Pflanze entstehen. Pflanzen besitzen das Kennzeichen der **Fortpflanzung.**

3 Sonnentau mit Insekt

Unter günstigen Bedingungen beginnt der Samen zu keimen. Zunächst wächst eine kleine Wurzel aus dem Samen heraus. Der Stengel schiebt sich durch die Erde ans Licht. Danach entfalten sich die ersten Blätter. Später bildet die Pflanze Blüten und Samen. **Wachstum** und **Entwicklung** sind weitere Kennzeichen, die auch die Pflanzen als Lebewesen besitzen.

Aufgaben

② Besorge dir in einer Samenhandlung einige Samen der Mimose und säe sie in einem mit Erde gefüllten Blumentopf aus. Wenn du junge Pflanzen herangezogen hast, prüfe die Empfindlichkeit der Blättchen auf Berührung mit einem Haar, mit einer Feder, mit einem Grashalm, mit einer spitzen Pinzette. Schreibe das Ergebnis in eine Tabelle:

Berührung mit ...	Was macht die Mimose?

③ Markiere mit einem Filzstift oder mit selbstklebenden Papierschildchen die Stellung der Töpfe einiger Zimmerpflanzen auf der Fensterbank. Drehe die Töpfe mit den Pflanzen dann um eine halbe Drehung. Beobachte und notiere alle zwei Tage die Stellung der Blätter, bis du keine Veränderung mehr feststellen kannst. Deute das Ergebnis.

Auch Pflanzen zeigen Kennzeichen der Lebewesen: Fortpflanzung, Entwicklung, Wachstum, Bewegung, Reizbarkeit und Stoffwechsel. Pflanzen sind also Lebewesen wie Tiere und Menschen.

2.1 Der Hund als Begleiter des Menschen

1 Hasso, ein Sennenhund, droht

Endlich sind Ferien. Ute und Frank haben mit ihren Eltern eine Ferienwohnung auf einem Bauernhof gemietet. Als die Familie mit dem Auto auf den Hof des Bauern Gerdes fährt, empfängt sie lautes Hundegebell. Hasso, der Wachhund, zerrt an seiner Leine. Normalerweise läuft Hasso im Hof frei umher, seinen Schlafplatz hat er in der Scheune. Heute hat Bauer Gerdes ihn jedoch auf dem Hof angebunden. Die neuen Gäste sollen nicht von ihm erschreckt werden. Hasso knurrt Frank und Utes Vater drohend an (Abb. 1). Deutlich können die Kinder Hassos dolchartige Eckzähne sehen. Mit diesen könnte Hasso durchaus ein Beutetier ergreifen und töten.

Hunde haben im Ober- und Unterkiefer je sechs kleine, scharfe Schneidezähne (Abb. 2). Ihnen folgt jeweils rechts und links ein dolchartiger, spitzer Eckzahn, der wesentlich größer ist als alle anderen Zähne des Hundes. Die vorderen Backenzähne weisen spitze Höcker und scharfe Kanten auf, die hinteren Backenzähne haben eine breite Kaufläche. Die dolchartigen Eckzähne können ein Beutetier gut festhalten, töten und zerreißen. Mit den vorderen Backenzähnen zerschneidet der Hund dann das Fleisch. Der Hund hat ein **Fleischfressergebiß**.

Der Hund ist in der Lage, ausdauernd und schnell zu laufen. Er tritt dabei nicht wie der Mensch mit der ganzen Fußsohle auf, sondern nur mit den Zehen (Abb 2). Solche Tiere heißen **Zehengänger**. Dicke, verhornte Ballen an den Zehen sorgen dafür, daß der Hund sich beim Laufen nicht verletzt. Mit langen, nicht einziehbaren Krallen kann der Hund sich auch in abschüssigem, unwegsamem Gelände halten.

Sein ausgezeichnetes Gehör hilft ihm beim Aufspüren der Beute. Es macht ihn auch zum aufmerksamen Wachhund, der Geräusche wesentlich früher hört als der Mensch. Seine Augen sehen nicht so gut wie die des Menschen. Farben kann er z. B. nur als unterschiedliche Grautöne erkennen. Sein Geruchssinn ist dagegen ausgezeichnet: Nach Stunden kann er noch riechen, wo ein Tier entlanggelaufen ist. Der Mensch macht sich diese Eigenschaften des Hundes zunutze, um ihn als Spürhund beim Zoll, als Jagdhund, als Such- und Lawinenhund einzusetzen.

Die Wachsamkeit, der gute Geruchssinn und viele andere Eigenschaften des Hundes haben ihn schon vor Tausenden von Jahren zum treuen Begleiter des Menschen gemacht. Ursprünglich stammen alle Hunde – von der riesigen Dogge bis zum winzigen Yorkshire-Terrier – vom Wolf ab.

Wölfe haben lange, schlanke Beine (Abb. 3). Sie sind schnelle und ausdauernde Läufer. Sie hetzen ihre Beutetiere, bis diese total erschöpft sind. Wölfe sind **Hetzjäger**. Sie haben aufrecht stehende Ohren, mit denen sie noch die leisesten Geräusche hören und eine Nase, mit der sie noch geringste Duftspuren wahrnehmen können. Wölfe leben und jagen in einer Gruppe von Tieren, einem **Rudel**. Sie gehorchen dem stärksten und erfahrensten Tier. Viele Verhaltensweisen der Wölfe kann man auch bei Hunden beobachten. Hunde sehen im Menschen den starken und erfahrenen Anführer und ordnen sich ihm unter. Ihre Körperhaltung und ihr Gesichtsausdruck stimmen weitgehend mit denen des Wolfes überein. Ebenso wie die Wölfe verscharren auch die Hunde vielfach ihre Knochen. Andere Verhaltensweisen, wie z. B. das Bellen,

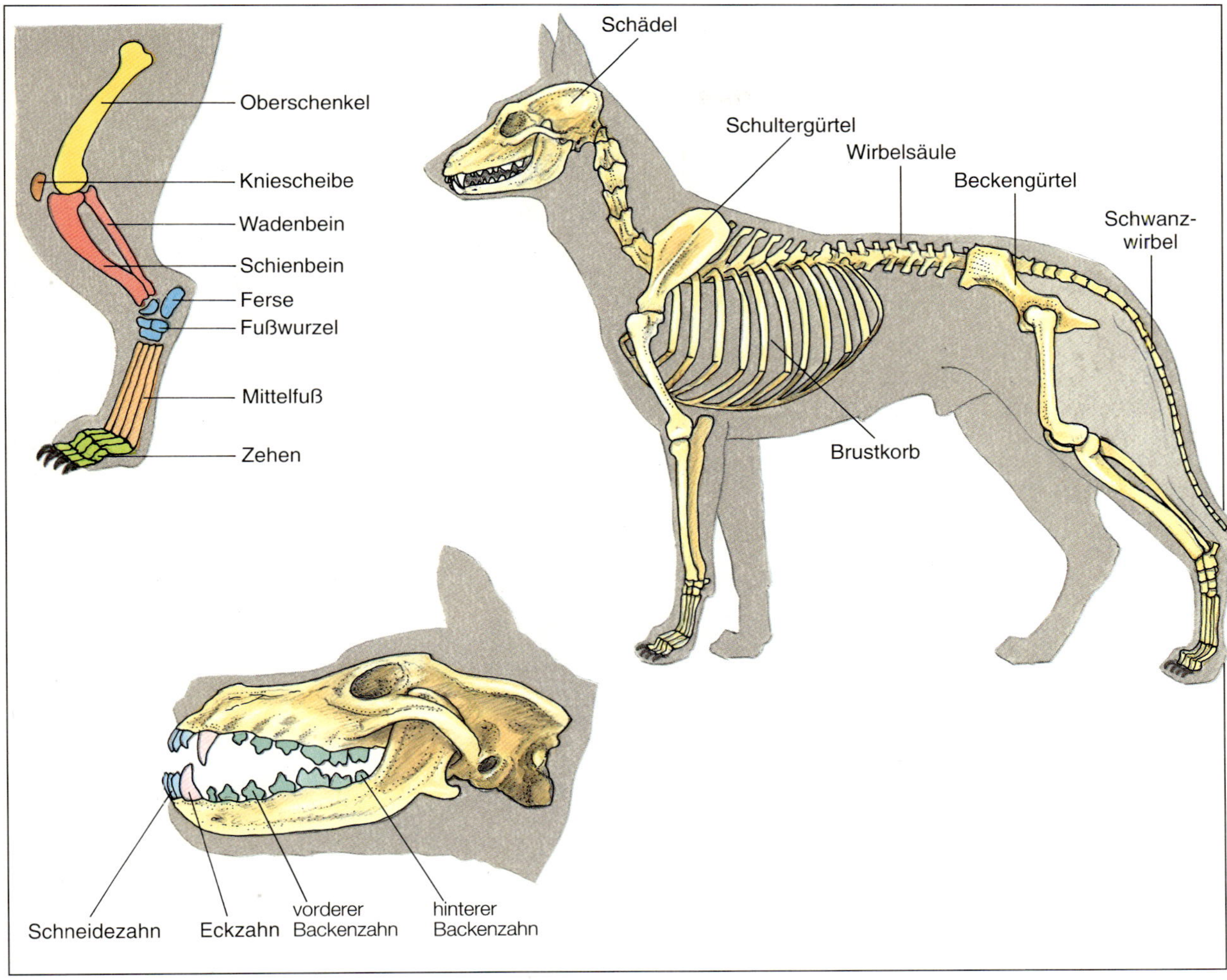

2 Skelett des Hundes

3 Wölfe

Steckbrief Hund:

Lebenserwartung: 12–18 Jahre
Geschlechtsreife: nach 12 Monaten
Tragzeit: 9 Wochen
Zahl der Jungen: 2–15
Säugezeit: 8–10 Wochen
Verkaufsalter: 12 Wochen
Läufigkeit der Hündin: alle 6–8 Monate, etwa 3 Wochen lang
Kosten: Futter: je nach Größe des Tieres 30–120 DM pro Monat; Hundesteuer 60–120 DM/Jahr, Gebühren für Haftpflicht und Impfungen

In den Monaten Juli und August werden im Tierheim einer Großstadt monatlich etwa 80 ausgesetzte Hunde und Katzen mehr abgegeben als in den übrigen Monaten.

Biotip

Viele Tierheime sind dankbar für Hilfe beim Füttern, Säubern oder Spazierenführen der Tiere. In vielen Tierheimen können Patenschaften zwischen einem Kind und einem Tier vermittelt werden. Manchmal darf dann das Tier übers Wochenende bei einer Familie bleiben.

findet man nur beim Hund. Für einen Hund ist das Haus, der Garten und die nähere Umgebung, in der er aufwächst, seine vertraute Umgebung, sein **Revier**. Die Grenzen seines Reviers markiert der Rüde, so nennt man den männlichen Hund, mit einem Duftstoff aus seinem Harn.

Viele Kinder möchten gern einen Hund haben. Doch bevor man sich einen Hund anschafft, sollte man sich genau überlegen, welche Pflichten und welche Verantwortung man damit übernimmt. Ein Hund ist kein Spielzeug, das man nach Belieben hervorholen und wieder wegstellen kann. Man muß sich täglich um ihn kümmern: ihn füttern, bürsten und ihn ausführen. Besonders große Hunde brauchen viel Auslauf, den sie in der Stadt oft nicht haben können. Viel Ärger gibt es auch in Städten, wenn Hunde überall ihre Kothaufen hinsetzen. Besonders auf Fußwegen oder in der Nähe von Kinderspielplätzen ist das nicht erwünscht. Man muß auch bedenken, wo der Hund in den Ferien bleiben soll. Auf viele Reisen kann man ihn nicht mitnehmen. Dann braucht man gute Freunde, die der Hund kennt und die bereit sind, ihn zu betreuen. Auch Tierpensionen oder Tierheime nehmen Hunde gegen Bezahlung während der Ferienzeit in Pflege. Während der Ferienzeiten sind die Tierheime oft überfüllt von halbverhungerten und verwahrlosten Tieren, die von ihren Besitzern ausgesetzt und irgendwo gefunden wurden.

Dies alles muß man sich überlegen, bevor man einen Hund kauft. Denn jeder übernimmt mit dem Kauf eines Hundes eine große Verantwortung.

Aufgaben

① Beobachte einen Hund in verschiedenen Situationen! Beschreibe sein Verhalten, seinen Gesichtsausdruck, die Stellung seiner Ohren und seines Schwanzes:
- Er wird gelobt
- Mit ihm wird geschimpft
- Ein Fremder kommt ins Haus
- Gute Bekannte kommen.

② Wann darfst du einen Hund, den du gut kennst, streicheln? Begründe deine Antworten:
Wenn er frißt?
Wenn er mit dem Schwanz wedelt?
Wenn er den Schwanz steil aufrichtet?
Wenn er die Nase kraust und die Ohren nach hinten legt?

③ Nenne Eigenschaften, die Hunde und Wölfe gemeinsam haben. In welchen Eigenschaften unterscheiden sie sich?

Gemeinsamkeiten Hund–Wolf	Unterschiede Hund–Wolf
…..	…..

④ Schreibe alle Hunderassen heraus, die in diesem Kapitel genannt werden. Beschreibe das Aussehen der Hunde! Welche ihrer Fähigkeiten werden vom Menschen besonders geschätzt?
Nenne noch drei weitere Hunderassen und beschreibe die Tiere. Wozu verwendet der Mensch sie? Besorge dir Bilder von Tieren der jeweiligen Rassen.

⑤ Zeige Möglichkeiten auf, bei denen Hunde dem Menschen helfen können!

⑥ Vergleiche das Gebiß des Hundes mit dem des Menschen (Abb. 2 und Abb. 2, S. 106). Nenne Gemeinsamkeiten und Unterschiede.

⑦ Deine Freundin wünscht sich einen Hund zu Weihnachten. Was sollte sie deiner Meinung nach vor dem Kauf des Hundes alles bedenken?

Der Hund stammt vom Wolf ab.
Hunde haben wie ihre Vorfahren, die Wölfe, ein gutes Gehör, einen guten Geruchssinn und ähnlichen Körperbau.
Der Mensch verwendet Hunde für unterschiedliche Aufgaben.

4 Vorstehhund

5 Dogge

6 Windhunde beim Rennen

7 Yorkshire-Terrier

8 Schlittenhunde

2.2 Auf dem Bauernhof gibt es viele Katzen

Steckbrief Hauskatze:

Lebensweise: Einzelgänger, überwiegend nacht- und dämmerungsaktiv
Geschlechtsreife: ab 10. Monat
Verkaufsalter: ab 12. Woche
Lebenserwartung: 15–20 Jahre
Tragzeit: 65 Tage
Zahl der Jungen: 2–6
Öffnen der Augen: nach 7–10 Tagen
Säugezeit: 7–8 Wochen
Rolligkeit der Kätzin: Frühjahr und Sommer, manchmal öfter
Kosten: Futter, etwa 35 DM/Monat, Kastration des Katers: ca. 50 DM, Sterilisation der Katze: ca. 150 DM

1 Katze trägt ihr Junges

Ute beobachtet vor dem Scheunentor eine braunweiße Katze, die aus einem Schälchen Milch leckt. Bauer Gerdes bemerkt Utes Blick. „Das ist unsere Mieze. Sie hat gerade wieder Junge. Vier sind es diesmal. Sie sind drei Wochen alt und liegen im Heu in der Scheune. Willst Du sie mal sehen?“. Sobald die Katze bemerkt, daß der Bauer mit Ute zu ihren Jungen geht, verläßt sie die Milchschale und läuft zu den Kleinen. Bauer Gerdes nimmt ein Junges in die Hand. Das Kleine hat die Augen schon geöffnet. „Katzen werden blind geboren“, erklärt Herr Gerdes. „Sie sind zunächst völlig hilflos und werden von der Mutter gesäugt. Erst nach etwa einer Woche öffnen sie die Augen.“ Der Bauer legt das kleine Kätzchen vorsichtig abseits vom Nest ins Heu: „Beobachte einmal, was Mieze nun mit dem Kleinen macht!“

Ute sieht gebannt zu, wie die Katze das Kleine mit ihrer Schnauze im Nackenfell packt und zu den Geschwistern zurückträgt (Abb. 1). Im Nest leckt die Katze das Kleine gründlich ab.

Zwei- bis dreimal im Jahr ist die Paarungszeit der Katzen. Die Kater sind während dieser Zeit sehr angriffslustige Rivalen. Eine paarungsbereite Katze rollt sich häufig seitlich auf dem Boden hin und her: Man sagt auch: Sie ist rollig. Oft hört man nachts ihr Geschrei, das wie Babygeschrei klingt. Nach der Paarung kümmert sich der Kater nicht mehr um die Katze und den kommenden Nachwuchs.

Nach einer Tragzeit von etwa zwei Monaten werden zwei bis sechs junge Katzen geboren. Sie haben die Augen geschlos-

2 Katze im Sprung

Zu den Nesthockern gehören unter anderem auch Hunde, Kaninchen und Wellensittiche.

Von einer nicht kastrierten Katze sind nach fünf Jahren 729, nach zehn Jahren schon 177 147 Nachkommen zu erwarten, wenn man pro Tier nur einen Wurf pro Jahr mit je drei Jungen rechnet.

sen und können noch nicht laufen und sich selbständig ernähren. Solche Jungtiere werden als **Nesthocker** bezeichnet. Das Muttertier leckt die Jungen nach der Geburt trocken. Die Kleinen suchen sofort mit pendelnden Kopfbewegungen das Gesäuge der Mutter. In der zweiten Woche öffnen sich die Augen. Die jungen Katzen spielen viel. Sie üben dabei das Anschleichen und Ergreifen einer Beute oder auch die spielerische Auseinandersetzung mit einem Rivalen. Nach acht bis zehn Wochen benötigen die Jungtiere keine Muttermilch mehr. Sie können jetzt von der Mutter getrennt werden. Jeder Katzenhalter hat die Pflicht, sich um eine gute Unterbringung der Jungen zu kümmern. Ein verantwortungsbewußter Katzenhalter, der nicht will, daß seine Katze Junge bekommt, läßt die junge Katze beim Tierarzt kastrieren.

langen, dolchartigen Eckzähnen tötet die Katze ihre Beute. Die scharfen Höcker der Backenzähne zerschneiden das Fleisch. Die Katze hat ein **Fleischfressergebiß** (Abb. 3, 4). Meist jagt sie in der Dämmerung. Sie ist **nachtaktiv**. Die meisten ihrer Beutetiere, überwiegend Mäuse, können dann nur noch schlecht sehen. Die Pupillen einer Katze weiten sich in der Dämmerung so, daß möglichst viel Licht ins Auge fällt (Abb. 5). Bei grellem Licht schließen sich die Pupillen zu schmalen Spalten. So wird eine Katze nicht geblendet (Abb. 6). Auch der Gehörsinn ist bei der Katze gut entwickelt. Sie kann sogar noch das Fiepen einer Maus in ihrem Erdgang hören. Dann verharrt die Katze oft lange regungslos vor dem Mauseloch.

3 Katze beim Gähnen

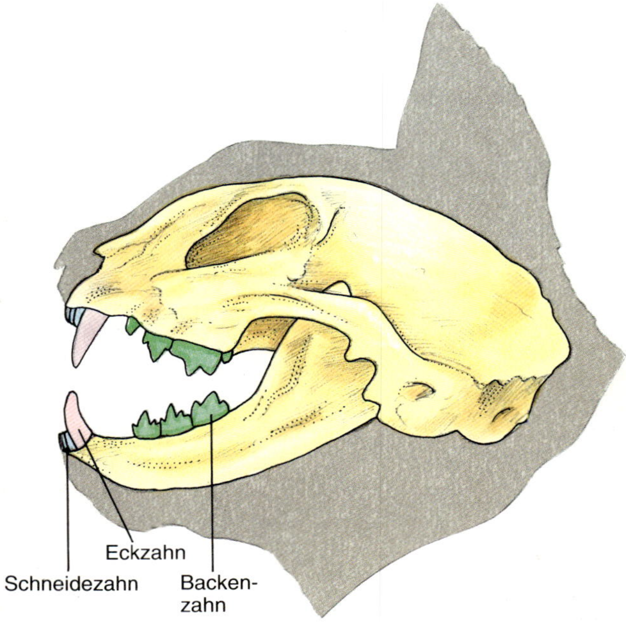

4 Schädel und Gebiß einer Katze

Auf dem Hof von Bauer Gerdes leben einige Katzen, meist Junge von Mieze. Eines Abends beobachten Ute und Frank eine Katze auf der Wiese hinter dem Bauernhof. Die Katze schleicht sich lautlos an etwas heran, sie hat vermutlich eine Maus bemerkt. Regungslos duckt sie sich im Gras. Plötzlich stößt sie sich mit den Hinterpfoten vom Boden ab und springt (Abb. 2). Beim Springen streckt die Katze die Krallen blitzschnell aus. Die beiden Vorderpfoten mit den scharfen Krallen ergreifen die Beute gleichzeitig. Mit ihren

5 Katzenaugen im Dunkeln

6 Katzenaugen im Hellen

Aufgaben

① Betrachte die Pupillen einer Katze im Dunkeln und bei Tageslicht (Abb. 5, 6). Beschreibe den Unterschied und erkläre ihn. Gibt es ähnliches beim Menschen?

② Vergleiche die Verhaltensweisen und Lebensgewohnheiten einer Katze in einer Großstadtwohnung mit denen einer Katze auf dem Bauernhof. Halte deine Überlegungen in einer Tabelle fest:

	Großstadtkatze	Landkatze
Art der Nahrung		
Jagdrevier		
Wieviel Bewegung hat die Katze täglich		
Möglichkeiten zum Krallenschärfen		
Möglichkeiten zum Kotabsetzen		

③ Betrachte das Gebiß der Katze. Welche Aufgabe haben die Eckzähne und Backenzähne bei der Ernährung?

④ Beobachte eine Katze beim Fressen. Beschreibe die Haltung des Kopfes bei der Zerkleinerung eines Fleischbrockens und versuche, für die Kopfhaltung eine Erklärung zu finden.

⑤ Katzen können ihre Krallen ausstrecken und einziehen. Erkläre mit Hilfe der Abb. 7, wie dies geschieht.

Katzen jagen überwiegend Mäuse.
Mit den scharfen Krallen können sie die Beute ergreifen und festhalten und dann mit den Eckzähnen töten. Die Katzenjungen haben nach der Geburt die Augen geschlossen und können noch nicht laufen. Sie sind Nesthocker.

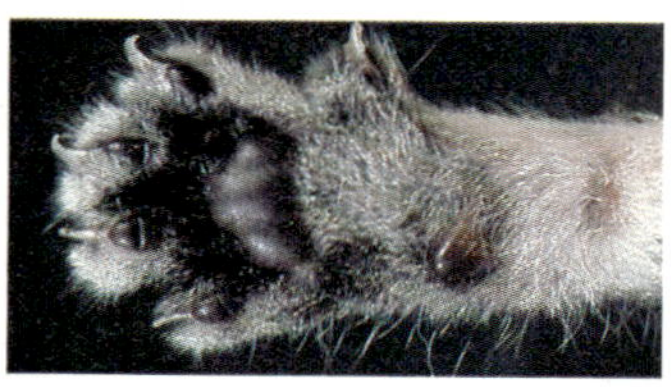

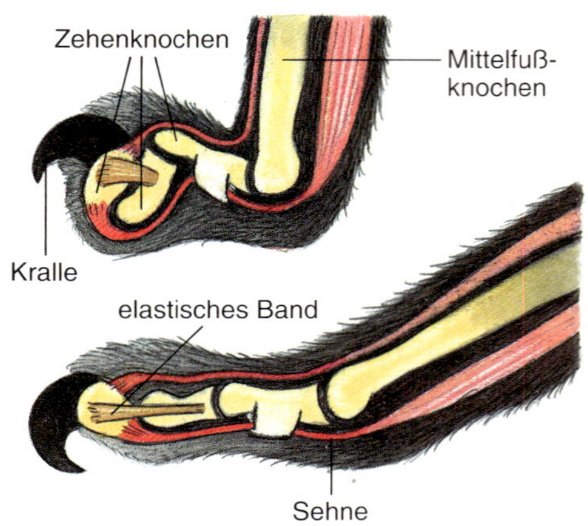

7 Katzenpfoten mit eingezogenen und ausgestreckten Krallen

2.3 Kennübung: Einheimische Raubtiere

Europäischer Dachs

Lebensraum:	Wälder, Buschdickicht, z. B. Sauerland
Lebensweise:	Nacht- und dämmerungsaktiv, unterirdische Wohnhöhlen mit zahlreichen verzweigten Röhren
Länge:	Kopf-Rumpf-Länge 75 cm, Schwanzlänge 17 cm
Gewicht:	11 kg
Nahrung:	Früchte, Samen, Pilze, Regenwürmer, Schnecken, kleine Wirbeltiere
Besonderheit:	Häufig, aber selten zu sehen. Winterruhe

Europäische Wildkatze

Lebensraum:	Gebirgswälder. Wieder angesiedelt in Eifel, Harz und Hunsrück
Lebensweise:	Jagt tagsüber während der wärmsten Zeit
Länge:	Kopf-Rumpf-Länge 60 cm, Schwanzlänge 30 cm
Gewicht:	5 kg
Nahrung:	Mäuse, Vögel, junge Hasen und Kaninchen
Besonderheit:	Einzelgänger, kurzer Schwanz

Stein- oder Hausmarder

Lebensraum:	Steinbrüche, Parks, Gärten, in Dörfern und Städten in Ställen, Scheunen und auf Dachböden
Lebensweise:	Nachtaktiv
Länge:	Kopf-Rumpf-Länge 50 cm, Schwanzlänge 30 cm
Gewicht:	1 kg
Nahrung:	Mäuse, Ratten, Geflügel, Kaninchen
Besonderheit:	Wärmeliebend, übernachten gern auf Dachböden in Siedlungen, manchmal auch auf warmen Automotoren

Mauswiesel

Lebensraum:	Wald, Ackerland, Parklandschaft
Lebensweise:	Dämmerungs- und nachtaktiv
Länge:	Kopf-Rumpf-Länge 20 cm, Schwanzlänge 5 cm
Gewicht:	0,1 kg
Nahrung:	Mäuse
Besonderheit:	Im Norden und im Hochgebirge lebende Mauswiesel haben im Winter ein weißes Fell

2.4 Im Kuhstall

Steckbrief Rind:

Lebensdauer: 15–20 Jahre
Fortpflanzung: mit 2 Jahren
Tragzeit: 9 Monate
Anzahl der Jungen: 1, selten 2
Gewicht: Kuh 500–700 kg
Bulle bis 1000 kg
Fassungsvermögen des Pansens: 100–180 Liter
Milchleistung: 4000–5000 Liter/Jahr
Besonderheiten: Verwendung als Fleisch und Milchlieferant

1 Fütterung der Kühe

Ute und Frank möchten auch etwas von den Kühen auf einem Bauernhof erfahren. Bauer Gerdes zeigt den Kindern seinen Kuhstall. Stolz führt er sie zu seinem jüngsten Kälbchen. Das Kälbchen wurde in der vergangenen Nacht geboren. „Da hättet ihr dabei sein müssen", erzählt der Bauer den Kindern. „Die vergangene Nacht war ganz schön aufregend. Mona hat zum erstenmal gekalbt. Wir ahnten schon, daß es nicht so leicht sein würde. Vorsichtshalber haben wir den Tierarzt gerufen. Es war eine sehr lange Geburt. Wir sind nun froh, daß alles so gut verlaufen ist." Das Kälbchen wurde sofort nach der Geburt von seiner Mutter getrennt. Es steht in einer kleinen Box mit Stroh und läßt sich streicheln. Zu den Fütterungszeiten erhält es Milch mit Kraftfutter. Nach einigen Wochen, wenn es Grünfutter fressen darf, wird es zu den anderen Milchkühen im Stall gestellt.

Eine gute Milchkuh gibt etwa 4000 bis 5000 Liter Milch im Jahr.

Die Milchkühe stehen im Stall in einer langen Reihe nebeneinander (Abb. 1). Dreimal am Tag bekommen sie Gras oder Heu, außerdem eine Kraftfuttermischung. Die Tiere stehen im Stall auf Spaltensteinen, zwischen denen der Kot hindurchfällt, so ist der Stall leichter zu säubern. Zweimal am Tag werden die Kühe gemolken.

Rinder treten nur mit zwei Zehenspitzen auf. Diese beiden Zehen sind jedoch sehr kräftig entwickelt, ihre äußeren Enden von Horn überzogen. Man nennt sie Hufe. Da jeweils zwei Zehen zu Hufen umgewandelt sind, ordnet man das Rind auch zu den **Paarhufern** (Abb. 2).

Ute und Frank haben sich die Haltung von Milchkühen ganz anders vorgestellt. Sie haben gelesen, daß die Kühe im Sommer tagsüber auf der Weide bleiben und morgens und abends im Stall gemolken werden. Bauer Gerdes erklärt den Kindern dazu: „Die Kühe im Stall bekommen hochwertigeres Futter als die auf der Weide und geben daher mehr Milch. In unserer Gegend halten nur wenige Bauern ihre Milchkühe auf der Weide. Was ihr draußen seht, sind meistens Bullenkälber. Sie bleiben während des ganzen Sommers auf der Weide. Nach etwa einem Jahr sind Bullen schlachtreif."

Ute und Frank möchten nun auch die Bullenkälber auf der Weide sehen. Ute sieht, wie ein Kalb mit einer langen, rauhen Zunge mehrere lange Grashalme umfaßt und sie mit einem kurzen Ruck abreißt und herunterschlingt. Bauer Gerdes geht zu einem Tier und hält ihm eine Hand voll Gras entgegen. „Versucht doch einmal, in das Maul des Tieres zu schauen! Achtet

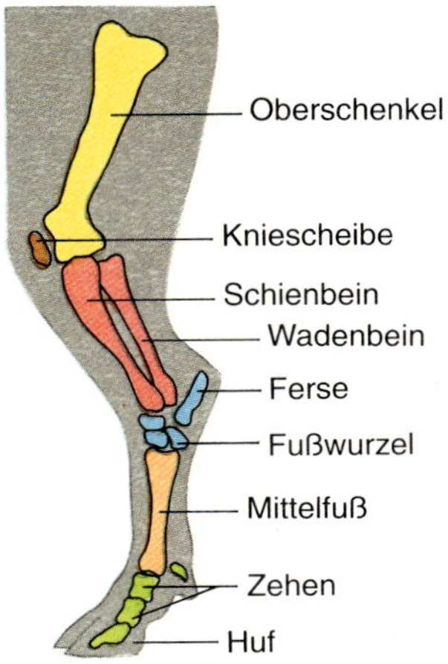

2 Beinskelett

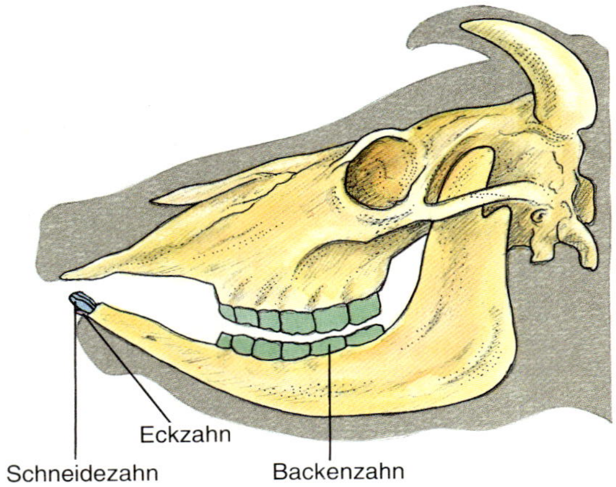

3 Schädel und Gebiß des Rindes

auch einmal darauf, wie geschickt das Kalb mit seiner langen, rauhen Zunge das Gras aus meiner Hand nimmt." Das Kalb frißt dem Bauern so schnell das Gras aus der Hand, daß die Kinder nur die kräftigen Schneidezähne im Unterkiefer kurz sehen können.

Rinder haben breite Backenzähne mit einer rauhen Kaufläche. Im Oberkiefer haben sie keine Schneide- oder Eckzähne (Abb. 3). Rinder sind **Pflanzenfresser** und haben ein typisches **Pflanzenfressergebiß.**

Rinder schlucken das Gras zunächst unzerkaut hinunter. Das Gras gelangt dann in den ersten Teil des großen Magens, den **Pansen** (Abb. 4). Später legen die Rinder sich nieder und würgen die Nahrung wieder hoch. Sie kauen jetzt das im Pansen erwärmte und angefeuchtete Gras gründlich mit ihren Backenzähnen durch (Abb. 4). Danach wird der gut zerkaute Nahrungsbrei nochmals heruntergeschluckt. Er gelangt dann in die nächsten beiden Abschnitte des Magens, wo er weiter verdaut wird. Das Rind ist ein **Wiederkäuer** (◁).

Auch Rehe, Hirsche und Schafe sind Wiederkäuer.

4 Die Kuh ist ein Wiederkäuer

Aufgaben

① Vergleiche Abb. 3 mit Abb. 4, S. 17. Worin unterscheiden sich ein Fleischfressergebiß und ein Pflanzenfressergebiß?

② In Abb. 4 ist ein grasendes und ein wiederkäuendes Rind gezeichnet. Wohin gelangt die Nahrung beim Grasen? Welche Veränderung erfährt sie beim Wiederkäuen? In welchen Abschnitt des Körpers gelangt sie nach dem Wiederkäuen?

③ Der Landwirt spricht von Rindern, Kälbern, Färsen, Kühen, Bullen, Stieren und Ochsen. Schau in deinem BIO-Buch und in einem Lexikon nach, was diese Namen bedeuten und schreibe es auf.

④ Betrachte Abb. 5. Mit Hilfe dieser Abbildung kannst du erklären, worin der Nutzen des Rindes für den Menschen besteht.

⑤ Die Haltung von Milchkühen hat sich bei uns in den letzten Jahrzehnten stark verändert. Informiere dich, wie Kühe früher gehalten wurden. Vergleiche dies mit der Haltung der Kühe heute.

Biotip

Kaufe die Milch möglichst in Pfandflaschen ein und nicht in Papptüten. Du hilfst dadurch mit, daß weniger Müll anfällt. Außerdem entstehen bei Pfandflaschen geringere Kosten für die Herstellung der Verpackung. Es werden Rohstoffe und Energie gespart.

⑥ In der Randspalte ist angegeben, wieviel Kilogramm Rind- und Schweinefleisch wir pro Jahr essen. Stelle den Verbrauch in einem Diagramm dar. Beschreibe die Entwicklung des Fleischverbrauchs.

	Schweinefleisch	*Rindfleisch*
1950	*18*	*11*
1960	*30*	*16*
1970	*39*	*21*
1980	*53*	*22*
1990	*60*	*20*

Pro-Kopf-Verbrauch in kg pro Jahr in der BR Deutschland

Rinder sind vielseitig verwendete Nutztiere. Milchkühe werden oft in großen Ställen gehalten und kommen nicht mehr auf die Weide. Rinder sind Wiederkäuer.

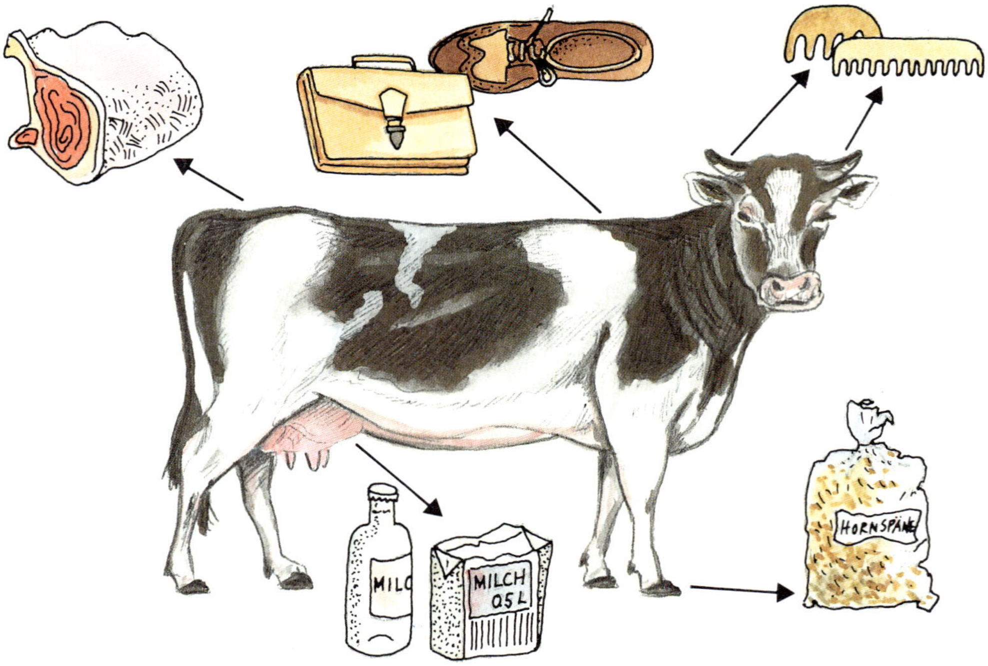

5 Die Kuh ist ein vielseitiges Nutztier

2.5 Pferde als Reit- und Zugtiere

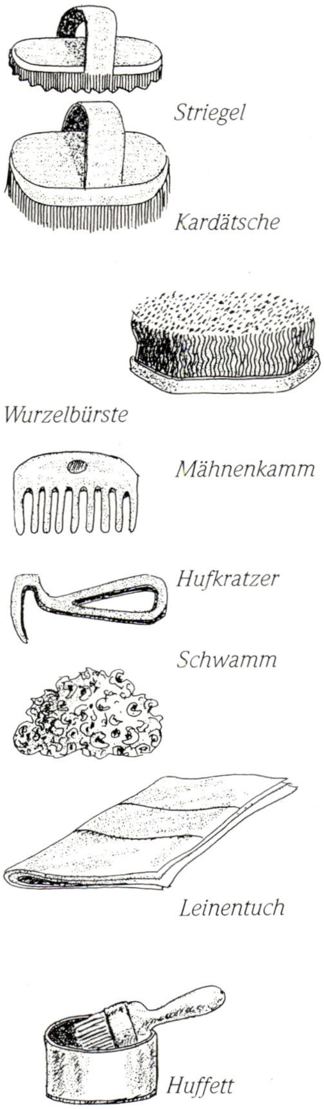

Pflegezubehör des Pferdes

1 Ute und Frank mit ihrem Pferd

Seit einigen Jahren hält Bauer Gerdes für seine Feriengäste Pferde. In diesem Jahr ist sogar noch ein Fohlen hinzugekommen, das schon kurze Zeit nach der Geburt mit dem Muttertier auf die Weide darf. Wie die Rinder zählen auch die Pferde zu den Nestflüchtern. Den Kindern macht es viel Spaß, die Tiere zu pflegen, zu füttern und mit ihnen auszureiten. Auch Ute kommt schon am frühen Morgen zu den Pferdeboxen. Sie möchte gern einmal eine gute Reiterin werden. Am liebsten würde sie sich den ganzen Tag mit den Pferden beschäftigen. Morgens bürstet und striegelt sie die Tiere und säubert die Hufe. Sie gibt ihnen frisches Trinkwasser, Heu und dazu als Kraftfutter Hafer. Im Laufe des Tages weiden die Tiere auf der Wiese das Gras ab. Abends bekommen sie im Stall dann noch Möhren oder Rüben mit Hafer und Stroh.

Pferde sind **Pflanzenfresser.** Sie beißen das Gras mit den Schneidezähnen ab. Kürzeres Gras zupfen sie mit den beweglichen Oberlippen ab. Dann zermahlen sie die Nahrung zwischen ihren Backenzähnen (Abb. 2). Die Backenzähne haben

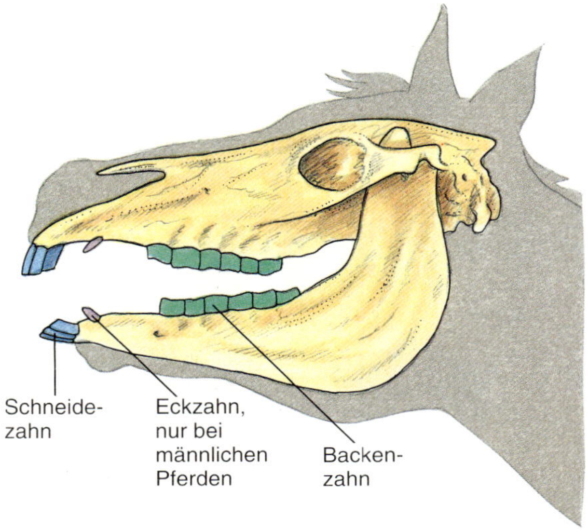

2 Schädel und Gebiß des Pferdes

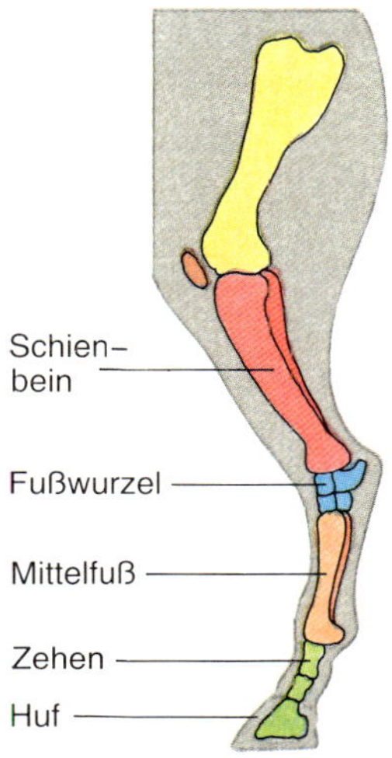

3 Beinskelett

Die Geschwindigkeit eines Pferdes beträgt im Trab etwa 15 Kilometer in der Stunde, im Galopp 25 bis 35 Kilometer pro Stunde. Ein Rennpferd kann im Galopp für kurze Zeit eine Geschwindigkeit von 60 Kilometern in der Stunde erreichen.

breite Kauflächen mit rauhen Falten. Die Falten nutzen sich im Laufe der Jahre immer mehr ab. Der Fachmann kann das Alter eines Pferdes daran erkennen, wie die Zähne abgenutzt sind. Die Eckzähne sind bei den Pferden sehr klein. Pferde haben ein **Pflanzenfressergebiß**.

Pferde können über kurze Strecken sehr schnell laufen. Sie treten nur mit einem Zehen auf. Dieser Zeh ist sehr stark entwickelt und ist am äußeren Ende von einem Huf überzogen (Abb. 3). Die anderen Zehen sind sehr klein und kaum zu erkennen. Alle Tierarten, die wie die Pferde nur mit einem Zeh auftreten, zählt man zu den **Unpaarhufern**.

Heute werden besonders schnelle, temperamentvolle Pferde als Reit- und Turnierpferde gezüchtet. Man nennt sie **Warmblutpferde.** Dieser Name bedeutet nicht etwa, daß die Tiere eine höhere Körpertemperatur als andere Pferde hätten. Der Begriff „Warmblutpferde" soll ausdrükken, daß diese Tiere temperamentvoller und schneller als andere sind. Ihr Körper ist langgestreckt, schmal und schlank. Ihre Beine sind länger als die anderer Pferde.

Die langsamen, grobknochigen **Kaltblutpferde** eignen sich gut zum Verrichten von schweren Arbeiten (Abb. 4). Sie werden z. B. in der Forstwirtschaft eingesetzt. Sie richten bei ihrer Arbeit dort weit weniger Schäden an als ein großer Traktor. Früher wurden Kaltblutpferde in der Landwirtschaft benötigt. Sie mußten Wagen und Pflüge ziehen.

Aufgaben

① Beschreibe das Gebiß des Pferdes (Abb. 2). Vergleiche mit dem Gebiß des Rindes Abb. 3, S. 21. Beschreibe die Unterschiede und Gemeinsamkeiten.

② Pferdekoppeln sind im allgemeinen kürzer abgegrast als die Weiden der Rinder. Gib hierfür eine Erklärung.

Pferde sind Pflanzenfresser.
Die Backenzähne haben breite Kauflächen. Man unterscheidet zwischen Warmblutpferden, die als Reit- und Rennpferde gehalten werden, und den Kaltblutpferden, die schwere körperliche Arbeit verrichten können.

4 Kaltblutpferde bei der Arbeit

2.6 Kennübung: Huftiere

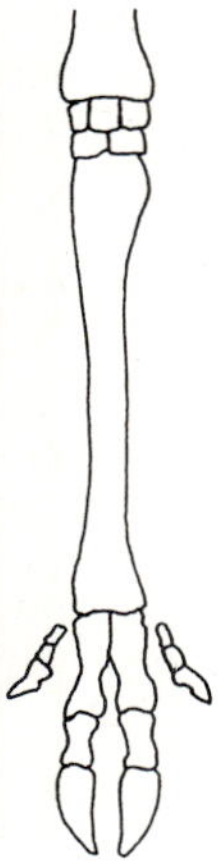

Rothirsch

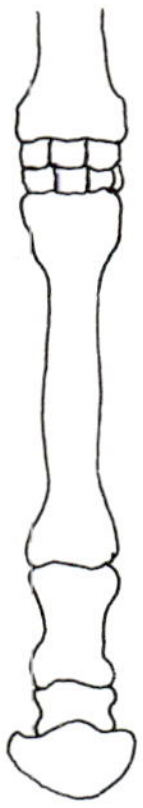

Steppenzebra

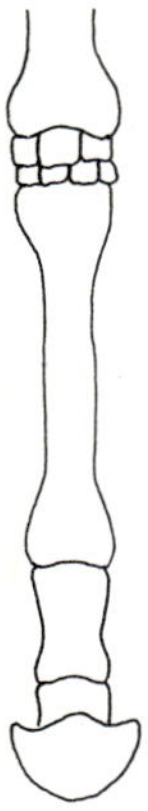

Hausesel

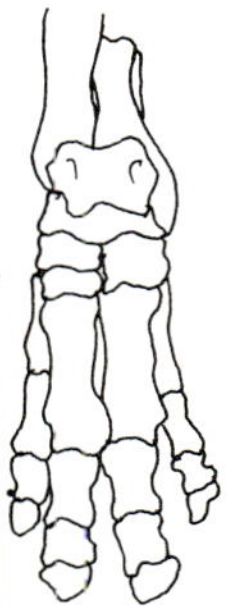

Flußpferd

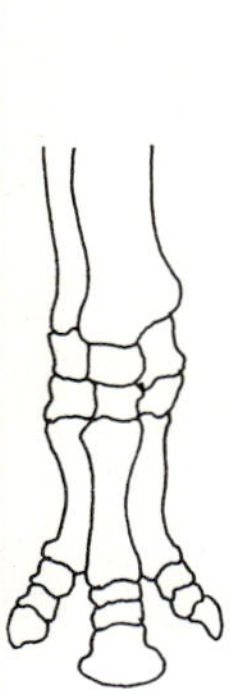

Breitmaulnashorn

Reh mit Rehbock

2.7 Im Schweinestall

1 Ute und Frank im Schweinestall

Die Haut des Schweins wird für die Herstellung von robustem Leder verwendet. Aus seinen Borsten macht man Bürsten und Pinsel.

Ute und Frank dürfen dem Bauern beim Füttern der Schweine zusehen. In jeder Box drängen sich die Schweine laut quiekend an den Futtertrog (Abb. 1). Der Bauer schüttet einen grauen Futterbrei in jeden Trog. Gierig und schmatzend verschlingen die Tiere das feinzermahlene Futter. Der Bauer erzählt Ute und Frank: „Eigentlich fressen Schweine alles: Gras, Kartoffeln, Rüben, altes Brot und sogar Fleischreste. Schweine sind **Allesfresser**. Damit die Tiere jedoch schneller wachsen, bekommen sie eine Kraftfuttermischung." Bauer Gerdes kauft die Jungschweine im Alter von etwa sechs Wochen bei einem Nachbarn, der Schweine züchtet. Dieser Bauer hat mehrere Sauen, die pro Jahr ein- bis zweimal acht bis dreizehn Ferkel werfen.

Meist werden Schweine zu Hunderten in riesigen Stallungen gehalten. Diese Art der Haltung wird **Intensivhaltung** genannt. Dadurch werden die Kosten gesenkt und das Fleisch kann billig produziert werden. Jeweils sechs bis zehn Tiere stehen dichtgedrängt in einer kleinen Box. Sie haben wenig Bewegung, bekommen viel Futter und nehmen so schnell an Gewicht zu. Damit die Schweine bei der wenigen Bewegung und bei dem vielen Fressen nicht krank werden, bekommen sie häufig Medikamente. Nach viereinhalb Monaten erreicht ein Schwein dann bereits ein Gewicht von 100 kg und kann geschlachtet werden. Läßt man die Tiere dagegen frei herumlaufen, so sind sie erst nach zehn Monaten schlachtreif.

2 Schwein auf der Weide

Bauer Gerdes hält nicht viel von einer solchen Schweinehaltung. Er füttert seine Schweine zwar auch mit Kraftfutter, läßt ihnen aber im Sommer viel Bewegung auf der Weide (Abb. 2). Hier wühlen sie mit ihren rüsselartigen, kräftigen Schnauzen im Boden. Sie fressen dabei alles Eßbare: Larven, Käfer, Würmer, Gras und Wurzeln. Bei dieser Art der Haltung sind die Schweine weniger anfällig für Krankheiten als bei der Intensivhaltung. Sie benötigen selten Medikamente, ihr Fleisch ist frei von unnatürlichen Zusätzen und damit für den Menschen gesünder. Die Käufer von Bauer Gerdes Schweinefleisch

Steckbrief Hausschwein:

Lebensdauer: 10 Jahre
Verkaufsalter: nach 6 Wochen; nach 137 Tagen erreichen Schweine bei Stallmästung ein Gewicht von 100 kg und sind dann schlachtreif
Geschlechtsreif: ab 9. Monat
Tragzeit: ca. 18 Wochen
Zahl der Jungen: 8–13
Geburtsgewicht: ca. 1200 g
Besonderheiten: Die Haut des Schweins wird für die Herstellung von robustem Leder verwendet. Aus seinen Borsten macht man Bürsten und Pinsel.

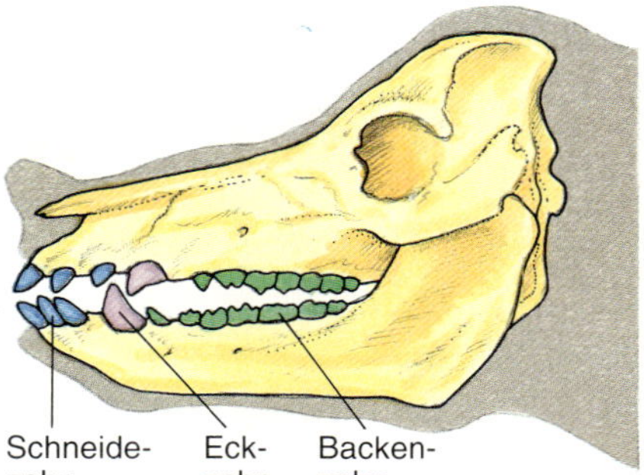

3 Schädel und Gebiß des Schweins

wissen das zu schätzen: Sie zahlen ein wenig mehr für die bessere Qualität.

Unsere Hausschweine haben vieles gemeinsam mit ihren Vorfahren, den Wildschweinen (Abb. 4). Wildschweine leben heute noch frei in größeren Wäldern. Sie halten sich gern im Schutz des Dickichts auf und kommen nur zur Nahrungssuche auf die Felder. Ähnlich wie die Hausschweine von Bauer Gerdes durchwühlen sie mit ihrer rüsselförmigen Nase und den nach oben gebogenen Eckzähnen den Boden nach Nahrung. Im Gegensatz zum Hausschwein schlingen sie ihre Nahrung nicht so gierig herunter. Außerdem fressen sie nicht so große Mengen wie die Hausschweine. Wild- und Hausschwein haben ein Allesfressergebiß mit spitzen Schneidezähnen. Die dolchartigen Eckzähne sind beim Wildschwein jedoch stärker entwickelt als beim Hausschwein. Die vorderen vier Backenzähne sind scharfkantig. Sie eignen sich besonders zum Abschneiden der Nahrung. Die drei hinteren Backenzähne sind dagegen stumpf. Sie werden vor allem zum Zerreiben pflanzlicher Nahrung benötigt (Abb. 3).

Wildschweine suhlen sich genauso gern im Schlamm wie die Schweine von Bauer Gerdes. Die Schlammkruste auf dem Körper verschafft den Tieren im Sommer Abkühlung und Schutz vor Insektenstichen. Zum Schutz vor der Kälte haben Wildschweine einen wärmenden Haarpelz.

Aufgaben

① Betrachte das Gebiß des Schweins (Abb. 3). Begründe, warum das Gebiß sowohl für die Aufnahme pflanzlicher als auch tierischer Nahrung geeignet ist.

② Übertrage die folgende Tabelle in dein Heft und fülle sie aus:

Aussehen und Aufgabe von:	Fleisch-fresser	Alles-fresser	Pflanzen-fresser
Schneidezähne			
Eckzähne			
Backenzähne			

③ Vergleiche Verhalten und Körperbau von Wildschwein und Hausschwein.

	Wildschwein	Hausschwein
Haarkleid		
Körperbau		
Kopfform		
Verhalten beim Fressen		

Das Schwein ist für uns der wichtigste Fleischlieferant. Das Schwein ist ein Allesfresser. Seine Vorfahren sind die Wildschweine.

4 Wildschwein mit Jungen

2.8 Goldhamster, Meerschweinchen, Mongolische Rennmaus

1 Goldhamster mit Jungen

Nach dem Kauf eines **Goldhamsters** wird sich dieser vermutlich, nachdem er kurz seine neue Umgebung erkundet hat, in sein Schlafhäuschen zurückziehen. Hamster verschlafen den größten Teil des Tages. Erst in der Dämmerung werden sie munter und suchen ihre Futterstelle und ihre Wasserflasche auf. Hamster dürfen immer nur allein im Käfig gehalten werden. Nur zur Paarungszeit dulden sie den Partner im Käfig; danach verbeißen sie ihn sofort wieder. Nach 15 bis 18 Tagen wirft das Weibchen vier bis sieben kleine, nackte Jungtiere. Hamster sind **Nesthocker.** Sie werden etwa 21 Tage von dem Muttertier gesäugt und müssen danach einzeln gehalten werden. Bereits nach vier Wochen sind die Tiere geschlechtsreif. In einem Jahr kann ein Hamster sieben bis acht Würfe junger Hamster gebären und großziehen.

2 Meerschweinchen mit Jungen

Als Spielgefährten für kleine Kinder eignen sich Hamster gar nicht. Sie schlafen tagsüber, wenn sich die Kinder mit ihnen beschäftigen möchten; nachts, wenn die Kinder schlafen sollen, werden Hamster munter und lärmen in ihrem Käfig. Sie sind ausgesprochene Lauftiere und verbringen bis zu sechs Stunden nachts in ihren Laufrädern. Da die Tiere Einzelgänger sind, sind sie auch kaum zur Beobachtung ihres Familienlebens geeignet.

Wie Hamster zählen auch **Meerschweinchen** zu den Nagetieren, d. h., laufen Meerschweinchen frei in der Wohnung herum, nagen sie alles an. Die Meerschweinchen benötigen ständig genügend Material zum Nagen, denn ihre Zähne wachsen dauernd nach und müssen sich daher immer wieder abschleifen.

Meerschweinchen sind gesellig lebende Tiere. Wer keinen Nachwuchs züchten möchte, hält am besten zwei oder mehrere Weibchen zusammen. Männliche Tiere können, sobald sie erwachsen sind, nicht mehr zusammen gehalten werden. Bei ihren Revierkämpfen fügen sie sich oft Verletzungen zu. Werden männliche und weibliche Tiere zusammen gehalten, ist nach 60–72 Tagen Tragzeit mit einem Wurf von 3–4 Jungen zu rechnen. Die Tiere sind **Nestflüchter,** ihre Augen sind schon bei der Geburt geöffnet, sie haben ein vollkommen entwickeltes Gebiß und Fell, und können sofort selbständig fressen, obwohl sie meist noch etwa drei Wochen gesäugt werden. Schon wenige Stunden nach der Geburt ist das Weibchen wieder brünftig. Man sollte daher das männliche Tier einige Tage vor der Geburt aus dem Käfig nehmen. Am besten können Meerschweinchen im Sommer im Garten gehalten werden. Sie benötigen nachts ein festes Häuschen und einen abgedeckten Stall mit Auslauf, damit sie nicht von Vögeln oder Katzen verletzt werden. Temperaturen unter 10°C vertragen sie nicht.

Auch jüngere Kinder, etwa ab fünf Jahren, können die friedlichen Meerschweinchen selbständig versorgen.

Mongolische Rennmäuse sollen niemals einzeln gehalten werden. Am besten kauft man zwei Männchen oder Weibchen aus einem Wurf. Wer das gesellige Leben der tag- und nachtaktiven Tiere innerhalb ihres Familienverbandes beobachten möchte, kauft gleich ein männliches und ein weibliches Tier unterschiedlicher Elternpaare. Sind die Tiere zwei bis vier Monate alt, ist erstmals mit Nachwuchs zu rechnen. Nach einer Tragzeit von 14–17 Tagen wirft das Weibchen bis zu neun Jungtiere. Sie werden etwa drei Wochen von der Mutter gesäugt und sind dann selbständig. Sofort nach der Geburt der ersten Jungtiere wird das Weibchen wieder befruchtet. Bleiben die Jungtiere des ersten Wurfes im Käfig, so erfolgt nach der Geburt des zweiten Wurfes keine Paarung der Elterntiere mehr. Auch die Jungen paaren sich nicht, solange sie in diesem Käfig gehalten werden. Sie leben, ohne daß es unter ihnen zu Beißereien kommt, gemeinsam in einem Käfig.
Gelangt eine fremde Rennmaus in den Käfig, wird sie von allen Familienmitgliedern angegriffen und verbissen. Auch eine Rennmaus, die zwischenzeitlich mit anderen Mäusen in einem anderen Käfig gehalten wurde, wird vom Familienverband nicht mehr akzeptiert.

Aufgaben

① Beobachte einen Hamster am Wochenende von frühmorgens bis spätabends in regelmäßigen Abständen und notiere seine Aktivitäten.

② Erkundige dich bei Bekannten, die einen Hamster haben, wieviel Zeit sie täglich für Pflege und Unterhalt ihres Hamsters benötigen.

③ Erkundige dich beim Zoohändler oder lies in Fachbüchern nach, was ein Hamster mag und was nicht. Trage die Ergebnisse deiner Überlegungen in eine Tabelle nach folgendem Muster ein:

So fühlt sich ein Hamster wohl	Das ist nichts für einen Hamster
tagsüber ausschlafen, nachts im Käfig herumturnen	tagsüber aufgeschreckt und gestört werden

④ Zähle die Lebensbedürfnisse der Mongolischen Rennmaus auf und vergleiche sie mit denen des Goldhamsters. Fertige eine Tabelle nach folgendem Muster an:

Lebensbedürfnisse	Goldhamster	Mongol. Rennmaus
Schlafbedürfnis		
Ernährung		
Fortpflanzung		
Pflegebedürfnis		

Hamster sind nachtaktive Einzelgänger. Meerschweinchen und Mongolische Rennmäuse sind tagsüber aktiv und sollten immer gesellig gehalten werden.

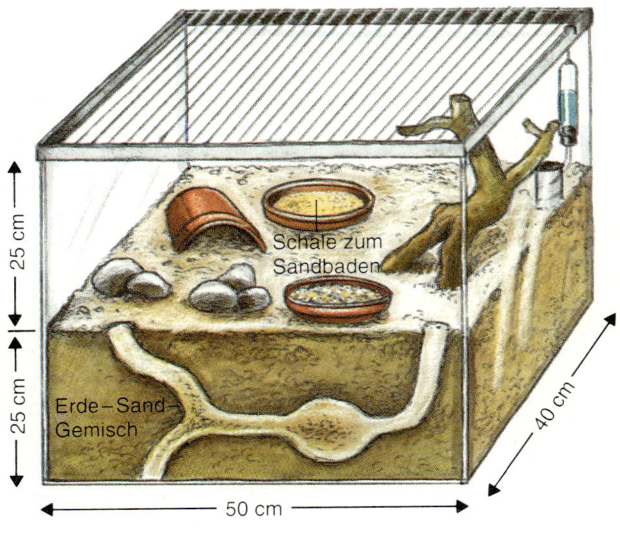

3 Käfig für Mongolische Rennmäuse

4 Mongolische Rennmaus mit Jungen

3 Säugetiere sind an ihre Umwelt angepaßt

3.1 Wildkaninchen im Stadtpark

Kaninchenkopf

1 Wildkaninchen

Herr Kleinert führt seinen Schäferhund Alex aus. Plötzlich bellt Alex! Dann rennt er über den Rasen des Stadtparks und verfolgt ein Kaninchen. Doch schon nach einer halben Minute ist die wilde Verfolgung zu Ende. Alex steht winselnd vor dem Eingang eines Kaninchenbaus. Die Röhre des Eingangs ist nur 15 cm weit, doch Alex ist erheblich größer! Er kann nun das Kaninchen nicht weiter verfolgen. Es ist durch die enge **Fallröhre** in seinem **Erdbau** verschwunden (Abb. 2). Fallröhren führen auf kürzestem Weg in den Kaninchenbau. Bei Gefahr läßt sich ein Kaninchen schnell durch die Fallröhre in den Bau fallen.

Wildkaninchen entfernen sich niemals mehr als 200 m von ihrem Erdbau.

Ein Kaninchenbau besteht aus vielen Röhren (Abb. 2). Im Inneren des Baus befindet sich der **Kessel.** Darin schlafen die Kaninchen am Tage. Manche Röhren sind sehr weit verzweigt und enden wie eine Sackgasse. Wenn z. B. ein Wiesel ein Kaninchen bis in den Bau verfolgt, kann das Wiesel sich in dem verzweigten Bau verirren und selten ein Kaninchen fangen. Oft legen Kaninchen Gemeinschaftsbaue an, die durch Röhren miteinander verbunden sind. Darin leben viele Kaninchen.

Ein Kessel mißt etwa 50 cm im Durchmesser. Die Gänge können bei einem Bau 50 m lang sein.

In einem Stadtpark haben Wildkaninchen kaum Feinde. Kaninchen können Hunden und Katzen leicht entkommen. Kaninchen vermehren sich sehr stark. Ein Kaninchenweibchen bringt von März bis August bis zu fünfmal Junge zur Welt. Die auf einmal geborenen Jungen bezeichnet man als **Satz.** Ein Kaninchen kann in einem Satz drei bis sieben Junge bekommen. Die Jungen des ersten Satzes werden noch im gleichen Jahr geschlechtsreif und können dann ebenfalls Junge bekommen. Kaninchen werden nackt geboren, die Augen sind noch geschlossen. Die hilflosen Jungen bleiben etwa drei Wochen in der **Satzröhre.** Die Satzröhre wird vom Kaninchenweibchen zugescharrt. In ihr sind die Jungen gut vor Feinden geschützt. Die Satzröhre wird nur dann geöffnet, wenn das Weibchen darin die Jungen säugt.

Man fand heraus, daß sechs Kaninchen in einem Jahr so viel Gras fressen wie ein Schaf!

Durch die wenigen Feinde und die große Zahl der Nachkommen hat die Anzahl der Kaninchen in vielen Städten zugenommen. Kaninchen sind **Kulturfolger**. So bezeichnet man Tiere, die bevorzugt in der vom Menschen gestalteten Landschaft leben. Kaninchen richten erhebliche Schäden an. In Gärten beißen sie Blütenknospen ab oder fressen junge Gemüsepflanzen. In Parks nagen sie mit Hilfe ihrer scharfen Zähne an Gräsern, Baumrinden und anderen Pflanzen (◁). Die Schneidezähne der Oberkiefer und Unterkiefer sind besonders auffällig. Sie sind nach innen gebogen und besonders lang und spitz. Man nennt diese Zähne **Nagezähne.**

2 Bau und Wegnetz einer Kaninchengruppe

Aufgaben

① Zähle die Ursachen auf, weshalb die Zahl der Kaninchen sich bei uns vergrößert hat. Nimm zur Beantwortung der Frage den Buchtext zu Hilfe.

② Abb. 2 zeigt den Lebensraum einer Kaninchengruppe in der Umgebung ihres Baus. Notiere, welche Aufgaben die verschiedenen Röhren und Wege erfüllen. Lies zur Beantwortung der Aufgabe auch den Buchtext genau durch.

Wildkaninchen leben gemeinsam in ihren weitverzweigten Bauen oft in der Nähe menschlicher Siedlungen. Sie sind Kulturfolger. Kaninchen vermehren sich schnell. Durch das Abfressen von Pflanzen richten sie in Gärten und Parks Schäden an.

Biotip

Gegen Wildkaninchen im Garten kann man sich schützen. Man baut dazu einen kleinen Zaun aus Drahtgitter um die Beete. Der Zaun sollte mindestens 50 cm hoch sein. Zu niedrige Zäune werden übersprungen. Die kleinen Drahtzäune sollten im Frühjahr um die Beete gestellt werden, denn die jetzt keimenden Pflanzen werden von Wildkaninchen als Nahrung bevorzugt. Ende Mai kann man die Drahtgitter wieder entfernen. Nun finden Kaninchen auch außerhalb des Gartens genug Nahrung.

Feldhase

Wildkaninchen

3.2 Sterben Feldhasen aus?

1 Feldhasen zur Paarungszeit

Geduckt sitzen Feldhasen am Rand einer Wiese. Die Ohren sind eng an den Körper angelegt. Ein Hund läuft direkt auf die Hasen zu. Schon lange vorher haben die Hasen den Hund gehört und gerochen. Doch kurz bevor der Hund die Hasen erreicht, springen sie auf und rennen davon (Abb. 1). Die Hasen werden vom Hund verfolgt. Bis auf wenige Meter nähert er sich einem Hasen. Doch dann schlägt der Hase einen Haken, er ändert plötzlich seine Richtung. Der Hund saust am Hasen vorbei! Noch zweimal nimmt der Hund die Verfolgung auf. Doch vergebens. Immer, wenn er sich dem Hasen genähert hat, schlägt der Hase wieder einen Haken. Schließlich ist der Hund erschöpft, er gibt auf.

Feldhasen leben von 60 verschiedenen Pflanzen.

Tagsüber liegt ein Feldhase in einer Bodenmulde, die er mit seinen Pfoten gegraben hat. Diese Bodenmulde nennt man **Sasse.** Feldhasen legen Sassen an geschützten Stellen von Feldrändern oder Feldhecken an. In der Sasse verbringt der Feldhase den Tag. Die graubraune Fellfarbe des Feldhasen ist kaum von der Umgebung zu unterscheiden und macht ihn fast unsichtbar. Er hat eine **Tarnfärbung.** Durch die Tarnfärbung ist der Feldhase an ein Leben auf dem Boden angepaßt.

Dreimal im Jahr bringt das Hasenweibchen zwei bis fünf Junge in einer Sasse zur Welt. Neugeborene Feldhasen sind gut entwickelt. Sie haben ein graubraunes Fell. Es schützt gegen die Kälte, aber nicht gegen Nässe. Die Augen sind bereits geöffnet. Schon vier Tage nach der Geburt können Hasenjunge bei Gefahr schnell davonlaufen. Feldhasen sind **Nestflüchter.**

Feldhasen halten sich zur Nahrungssuche in der Dämmerung gern im dichten Bewuchs der Wegränder oder Feldhecken auf. Hier finden sie verschiedene Pflanzen und Früchte als Nahrung, z. B. Kleeblätter, verschiedene Gräser und Löwenzahn. Gelegentlich fressen Feldhasen auch Pilze, Eicheln, Bucheckern, Kohlblätter oder Beeren. Feldhasen lieben abwechslungsreiche Nahrung. Felder ohne Büsche und Kräuter meiden sie, denn hier finden sie nicht genug Nahrung (◁).

In den letzten Jahren sind Feldhasen seltener geworden. Sie finden auf den Feldern immer weniger Wildkräuter. Weil der Autoverkehr zugenommen hat, werden immer mehr Hasen überfahren. Durch die Beseitigung von Hecken und Sträuchern finden Feldhasen weniger Schutz vor Feinden. Feldhasen sind **Kulturflüchter**. Sie meiden die vom Menschen veränderte und geschädigte Landschaft.

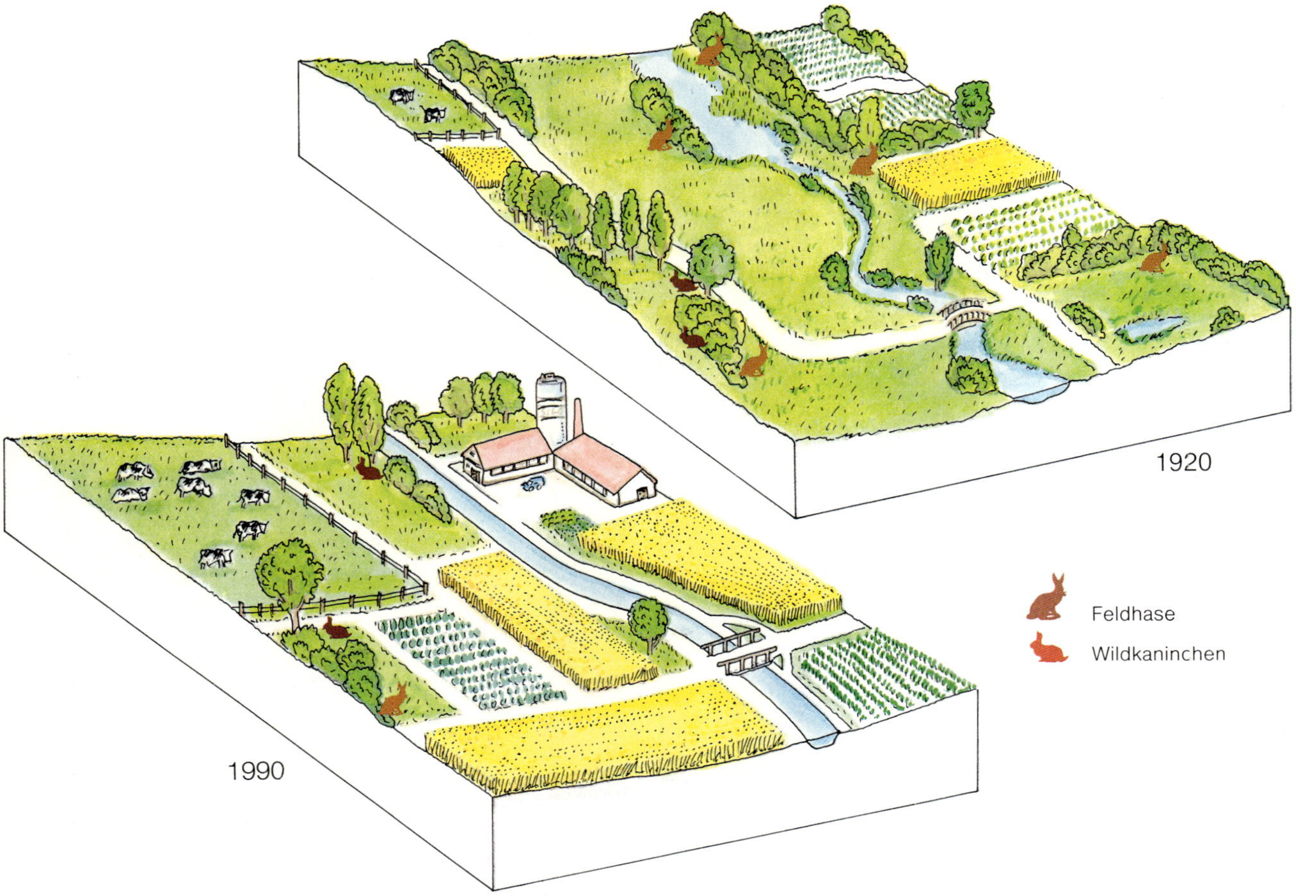

2 Sassen von Feldhasen und Baue von Wildkaninchen um 1920 und 1990

Aufgaben

① Vergleiche Feldhase und Wildkaninchen. Welche Unterschiede weisen Feldhase und Wildkaninchen auf? Notiere sie in Form einer Tabelle, die folgendes Aussehen haben kann:

	Feldhase	Wildkaninchen
Ohren	lang	...
...	...	...

② Die Anzahl der Hasen wurden in einem bestimmten Gebiet 1920 und 1990 gezählt. Die Ergebnisse sind in Abb. 2 dargestellt. Zähle die Anzahl der Tiere. Erkläre ihre Verteilung in den jeweiligen Gebieten. Gib Gründe an, die zum Rückgang der Hasen führen.

③ Gib an, wo sich Feldhasen tagsüber und während der Dämmerung aufhalten. Gib Gründe an, die die unterschiedlichen Aufenthaltsorte tags und in der Dämmerung erklären.

④ Im Gegensatz zum Wildkaninchen nimmt die Anzahl der Feldhasen nach einem nassen und kalten Frühjahr und Sommer meistens ab. Wie ist das zu erklären? Lies zur Beantwortung der Frage die Texte über Wildkaninchen und Feldhase noch einmal durch.

Feldhasen sind an ein Leben auf dem Boden angepaßt. Sie haben eine Tarnfärbung, können schnell laufen und sind Nestflüchter. Durch die Beseitigung vieler Kräuter an Feldern und Wegen wird den Feldhasen Nahrung und Lebensraum genommen.

3.3 Fledermäuse – fliegende Säugetiere

Eine warme, windstille Sommernacht. Anne sitzt mit ihren Eltern auf dem Balkon. Die Straßenlaterne leuchtet hell. Schmetterlinge, Käfer und Mücken umschwirren das Licht. Plötzlich sieht Anne, wie ein vogelgroßer Schatten auf die Straßenlaterne zufliegt und dann wieder schnell verschwindet. Eine Fledermaus! Sie jagt nach Insekten.

Fledermäuse fliegen mit Hilfe ihrer großen Flughäute (Abb. 1, 2). Zwischen den langen Fingerknochen und den Beinen sind die Häute wie ein Regenschirm gespannt. Flughäute befinden sich auch zwischen dem Schwanz und den Beinen. Die Flughäute sind durchblutet und nicht mit Fell bedeckt wie der übrige Körper der Fledermäuse. Auch auf dem Boden können Fledermäuse noch recht geschickt umherlaufen. Dazu benutzen sie ihre Hinterbeine und die Armknochen. Die Flughäute sind dann zusammengefaltet.

Das Sehvermögen von Fledermäusen ist schlecht. Mit Hilfe ihrer Augen können sie nur Hell und Dunkel unterscheiden. Trotzdem können Fledermäuse in stockdunkler Nacht Insekten aufspüren und Hindernisse wie Zweige oder Drähte umfliegen. Um herauszufinden, wie sich Fledermäuse während des Fluges orientieren, spannte man in einem Käfig Drähte, die nur 0,4 Millimeter dick waren. Die Drähte wurden im Abstand von etwa 10 bis 15 Zentimetern kreuz und quer gespannt. Die Fledermäuse konnten umherfliegen, ohne die Drähte zu berühren (Tab. 1). Wenn man den Tieren jedoch Maul oder Ohren verband, stießen sie häufiger an die Fäden. Fledermäuse stoßen während des Fluges sehr hohe Töne aus, die wir nicht hören. Man bezeichnet diese Laute als **Ultraschall**. Die Töne breiten sich sehr schnell in der Luft aus. Wenn sie auf ein Objekt, zum Beispiel ein Insekt, treffen, wird das Echo zurückgeworfen. Fledermäuse nehmen mit Hilfe ihrer Ohren das Echo auf. So können Fledermäuse fast alle Gegenstände im Dunkeln orten.

Auch das Geruchsvermögen der Fledermäuse ist sehr gut ausgeprägt. Sie können sogar während des Fluges im Boden oder auf Blättern lebende Käfer riechen und finden. Fledermäuse nehmen auch wahr, wenn Maikäfer aus der Puppe schlüpfen und an die Bodenoberfläche gelangen. Dann warten die Fledermäuse am Boden auf die Käfer und fressen sie sofort.

Tagsüber schlafen Fledermäuse in ruhigen Dachböden, Baum- oder Felshöhlen. Mit Hilfe der scharfen Krallen halten sie sich am Holz oder Fels fest und hängen kopfunter (Abb. 3).

Fledermäuse sind Säugetiere. Im Frühsommer bringen die Weibchen nur ein Junges zur Welt, das mehrere Wochen gesäugt wird. Während des Winters verkrie-

1 Fledermaus im Flug

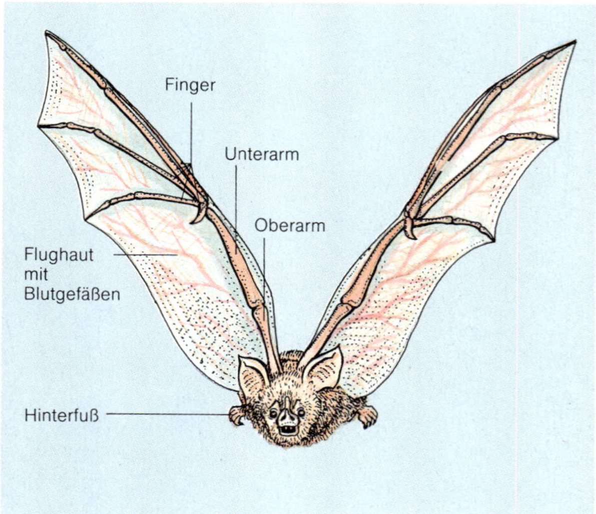

2 Bau der Fledermaus

Behandlung der Fledermäuse Die Fledermäuse flogen jeweils 100mal:	Ohne Behandlung (Kontrolliere)	Augen zugeklebt	Ohren verstopft	Maul zugebunden
Anzahl von Flügen ohne Berühren eines Drahtes	70	71	35	35

Tab. 1: Flugversuche mit Fledermäusen in einem Drahtlabyrinth

chen sich Fledermäuse in Häusern oder Felshöhlen. Dort halten sie **Winterschlaf**. Die Körpertemperatur kann bis nahe null Grad Celsius absinken. Das Herz schlägt nur wenige Male in der Minute. Während der Überwinterung darf man Fledermäuse auf keinen Fall stören. Störungen verursachen Gewichtsverlust, sogar Abmagerung und den Tod der Tiere.

Fledermäuse sind in ihrem Bestand sehr gefährdet: Besonders, wenn es während des Sommers nachts kalt und regnerisch ist, finden die Weibchen nicht genügend Insekten und sind unterernährt. Ihre Jungen erhalten dann zu wenig Muttermilch und sterben.

- Die Nahrung der Fledermäuse wird immer knapper, weil wichtige Lebensräume der Insekten vernichtet werden. Besonders Hecken, alte Baumbestände oder Feuchtgebiete werden zerstört, obwohl sie Lebensraum für viele Insekten und Fledermäuse sind.
- Häufig werden alte Gebäude abgerissen. Die neuen Häuser haben aber keine Einfluglöcher in die Dachböden. Alte Bäume mit natürlichen Höhlen bleiben nur selten erhalten.
- Fledermäuse werden vergiftet, wenn sie vergiftete Insekten fressen. Insekten nehmen Gifte auf, wenn Pflanzen- oder Insektenbekämpfungsmittel in Landwirtschaft oder Gartenbau eingesetzt werden. Auch Dachbalken, die mit giftigen Holzschutzmitteln behandelt sind, vergiften Fledermäuse.
- Bei Störungen reagieren Fledermäuse sehr empfindlich, geben schnell ihr Versteck auf und finden oft keine geeigneten Unterkünfte.
- Besonders in kalten Nächten fliegen entlang der warmen Teerstraßen viele Insekten. Auf der Jagd nach diesen Insekten werden die Fledermäuse häufig von Autos überfahren.
- Es kommt leider immer noch vor, daß Fledermäuse aus Angst oder Aberglauben aus Dachböden vertrieben oder getötet werden.

3 Fledermaus-Kolonie

Aufgaben

① Nenne einige Unterschiede zwischen einer Fledermaus und einem Vogel. Benutze dazu auch die Abb. 1, 2 sowie Abb. 1 auf S. 41 und Abb. 1, S. 43. Ziehe zur Bearbeitung der Aufgabe auch den Text in diesen Abschnitten heran.

② Beschreibe und erkläre Versuche und Ergebnisse zur Orientierung der Fledermäuse in Tabelle 1.

③ Stelle stichwortartig zusammen, wodurch Fledermäuse in ihrem Bestand gefährdet sind.

Fledermäuse fliegen mit Hilfe ihrer großen Flughäute und jagen in der Dunkelheit nach Insekten. Während des Fluges stoßen Fledermäuse Ultraschall-Laute aus, die wir nicht hören können. Das Echo dient der Ortung von Gegenständen und Insekten. Fledermäuse sind bei uns in ihrem Bestand gefährdet.

3.4 Der Maulwurf im Garten

1 Maulwurf in der Erde

Ein ausgewachsener Maulwurf frißt täglich etwa 120 g Nahrung. Das entspricht ungefähr 30 Regenwürmern.

Ein Maulwurf braucht täglich mehr Nahrung, als er selbst wiegt (Abb. 1). Jeden Tag frißt er viele Regenwürmer. Gelegentlich ernährt er sich auch von Schnecken, Käferlarven oder jungen Mäusen, die er im Boden findet. Die Nahrung zerkleinert der Maulwurf mit seinen 44 kleinen, spitzen Zähnchen (Abb. 4).

Sommer wie Winter laufen Maulwürfe in ihren Gängen in der Erde umher. Ein Maulwurf hat wenig Feinde. Wer soll ihn schon in der Erde fangen? Im Boden suchen sie nach Tieren, die in die Gänge gefallen sind. Die Maulwurfsgänge sind sehr lang und miteinander verbunden. Im Mittelpunkt der Gänge liegt der **Nestkessel** (Abb. 3). Dort schläft der Maulwurf, hier werden auch die Jungen aufgezogen. Die **Jagdgänge,** in denen der Maulwurf seine Nahrung sucht, können mehrere hundert Meter lang sein. Sie reichen weit in Wiesen, Felder oder Gärten hinein. Wenn Maulwürfe Gänge graben, schieben sie die Erde an die Oberfläche. So entstehen die **Maulwurfshügel.**

Der Maulwurf kann sich mit Hilfe seines **Geruchssinnes** sehr gut in den dunklen Gängen zurechtfinden und Nahrung aufspüren. Er kann kaum sehen, nur Hell und Dunkel unterscheiden. Seine Augen sind klein wie ein Stecknadelkopf und vom Fell verdeckt (Abb. 2). Maulwürfe können auch gut hören und jede Erschütterung auf und in der Erde wahrnehmen. Deshalb ist es schwer, einen Maulwurf beim Aufwerfen der Hügel zu beobachten.

Der Körper des Maulwurfs ist so dicht behaart, daß weder Wasser noch Erde bis zur Haut vordringen können. Er hat an den Vorderbeinen breite Handflächen, die **Grabhände** (Abb. 2, 4). Die Finger der Grabhände sind durch Häute miteinander verbunden, so daß beim Graben keine Erde zwischen ihnen hindurchgleitet. So

2 Maulwurf von vorn

3 Bau eines Maulwurfs

kann sich ein Maulwurf sehr schnell im Erdboden vorangraben. Auch die Körperform des Maulwurfs ist an ein Leben im Erdboden angepaßt. Mit seinem spitzen Kopf schiebt er Erde beiseite. Mit seinem länglichen Körper kann er schnell in den Gängen entlanglaufen.

Aufgaben

① Vergleiche Kaninchenbau (Abb. 2, S. 31) und Maulwurfsbau (Abb. 3). Eine Tabelle kann helfen, die Ergebnisse übersichtlich darzustellen. Sie kann folgendes Aussehen haben:

	Kaninchen	Maulwurf
Fallröhre	vorhanden	...
...	...	...

② Erkläre, weshalb es selten gelingt, einen Maulwurf im Terrarium zu halten.

③ Suche auf einer Wiese nach Maulwurfshügeln. Miß die Entfernungen zwischen den Maulwurfshügeln aus. Notiere die Entfernungen.

④ Nenne Merkmale, durch die ein Maulwurf an ein Leben im Boden angepaßt ist.

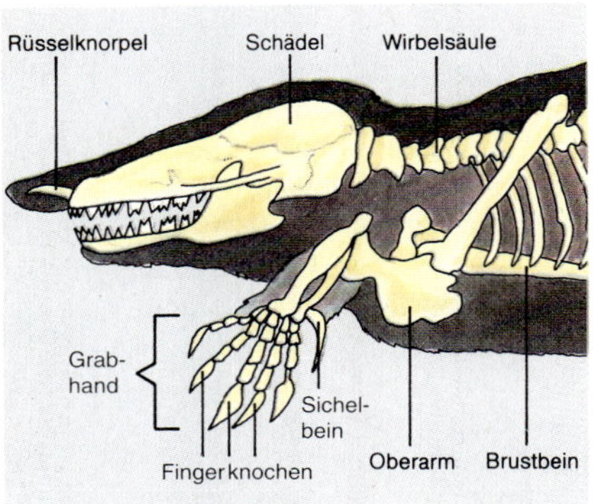

4 Skelett vom Kopf und der Grabhand eines Maulwurfs

Maulwürfe sind durch längliche Körperform, breite Grabhände und dichtes Fell an das Leben im Boden angepaßt. Maulwürfe graben in der Erde einen Bau mit langen Gängen, in denen sie nach Nahrung suchen. Mit Hilfe ihres guten Gehörs und ihres guten Geruchssinns können sie ihre Beute im Boden aufspüren.

3.5 Wale

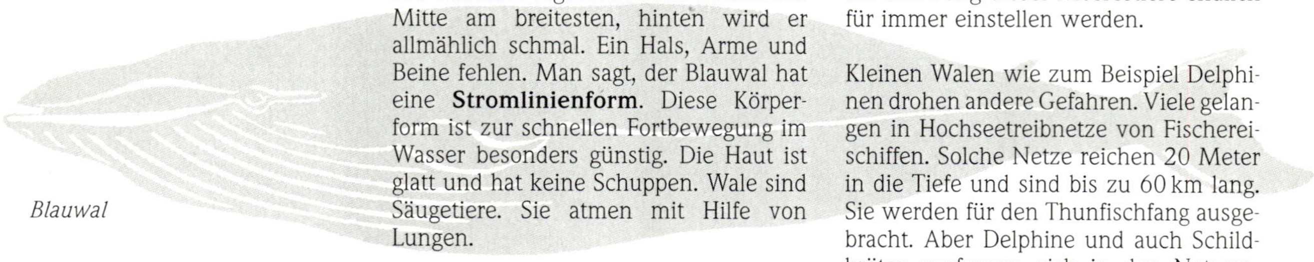

Blauwal

Pottwal

Kleiner Tümmler

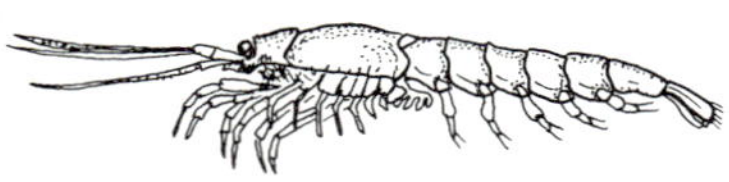

Krill-Krebs, 5 cm lang

Der Blauwal ist das längste und schwerste Tier, das gegenwärtig auf der Erde lebt. Er kann bis zu 33 Meter lang werden und bis 150 Tonnen wiegen. Ein Blauwal ist in der Mitte am breitesten, hinten wird er allmählich schmal. Ein Hals, Arme und Beine fehlen. Man sagt, der Blauwal hat eine **Stromlinienform**. Diese Körperform ist zur schnellen Fortbewegung im Wasser besonders günstig. Die Haut ist glatt und hat keine Schuppen. Wale sind Säugetiere. Sie atmen mit Hilfe von Lungen.

Blauwale müssen jeden Tag riesige Mengen an Nahrung fressen. Die Nahrung besteht vorwiegend aus kleinen Meereskrebsen, dem Krill. Man schätzt, daß der Magen eines Blauwals bis zu fünf Millionen Krillkrebse aufnehmen kann. Blauwale haben im Maul sehr viele Hornplatten, die wie die Borsten einer Bürste hintereinander aufgereiht sind. Man nennt diese Hornplatten **Barten**. Wenn ein Blauwal sein Maul öffnet, nimmt er mit dem Krill viel Wasser auf. Beim Schließen des Mauls wird das aufgenommene Wasser zwischen den Barten wieder herausgepreßt. Der Krill bleibt an den Barten hängen und wird verschluckt.

Die riesigen Pottwale haben keine Barten, sondern Zähne. Damit können sie große Meerestiere, wie zum Beispiel Tiefseekraken, fangen und verschlingen. Auch Delphine sind Wale mit Zähnen. Sie sind nur wenige Meter lang. In der Nordsee lebt der Kleine Tümmler. Er ist der kleinste Wal.

Vor etwa 200 Jahren konnte man in der Nordsee noch andere große Wale sehen. Zu dieser Zeit wurden die Wale besonders wegen ihres Specks von Segelschiffen gejagt. Noch heute werden Wale von schnellen Schiffen verfolgt und abgeschossen. Seit den sechziger Jahren sind die Walbestände aber so sehr geschrumpft, daß man sich endlich entschloß, manche Wale nicht mehr zu jagen. Es scheint, daß die vielen weltweiten Proteste und die der Umweltverbände, z. B. von Greenpeace, geholfen haben. Dennoch können manche Walarten, wie z. B. Zwergwale, immer noch abgeschossen werden. In Japan wird auf das Essen von Walfleisch nicht verzichtet. Auch Länder wie Norwegen oder Island drängen immer wieder, den Walfang aufnehmen zu können. Es ist zu hoffen, daß alle Länder den Fang dieser Meerestiere endlich für immer einstellen werden.

Kleinen Walen wie zum Beispiel Delphinen drohen andere Gefahren. Viele gelangen in Hochseetreibnetze von Fischereischiffen. Solche Netze reichen 20 Meter in die Tiefe und sind bis zu 60 km lang. Sie werden für den Thunfischfang ausgebracht. Aber Delphine und auch Schildkröten verfangen sich in den Netzmaschen, können nicht mehr zum Atmen auftauchen und ersticken. Es ist zu hoffen, daß der Fischfang mit großen, kilometerlangen Netzen verboten wird. Besonders japanische Fischer treiben Delphine auch oft in enge Meeresbuchten und töten sie. Die Fischer meinen, daß Delphine ihnen die Fische wegfressen. Hoffentlich führen die vielen Proteste dazu, daß das Töten von Delphinen endlich aufhört.

Aufgaben

① Wale sind vielen Gefahren ausgesetzt, ihre Bestände nahezu ausgerottet. Nenne die Gründe, indem du die Texte über die Wale liest und Stichpunkte herausschreibst.

② Es gibt viele Aufrufe und Aktionen zum Schutz von Walen. Informiere dich darüber z. B. bei Umweltschutzorganisationen.

③ Lies den Text über das Leben der Pottwal-Kuh durch. Notiere einige Besonderheiten und Daten der Pottwale, z. B. Ernährung, Tauchtiefe, Tauchdauer, Gruppenleben oder Feinden.

④ Nenne andere Säugetiere, die an ein Leben im Wasser angepaßt sind. Gib an, mit Hilfe welcher Merkmale sie an ein Leben im Wasser angepaßt sind.

Wale sind Säugetiere, die in Körperbau und Lebensweise an ein Leben im Wasser angepaßt sind. Blauwale ernähren sich von kleinen Krebsen, dem Krill. Der Walbestand ist sehr bedroht.

Ein Jahr im Leben einer Pottwal-Kuh

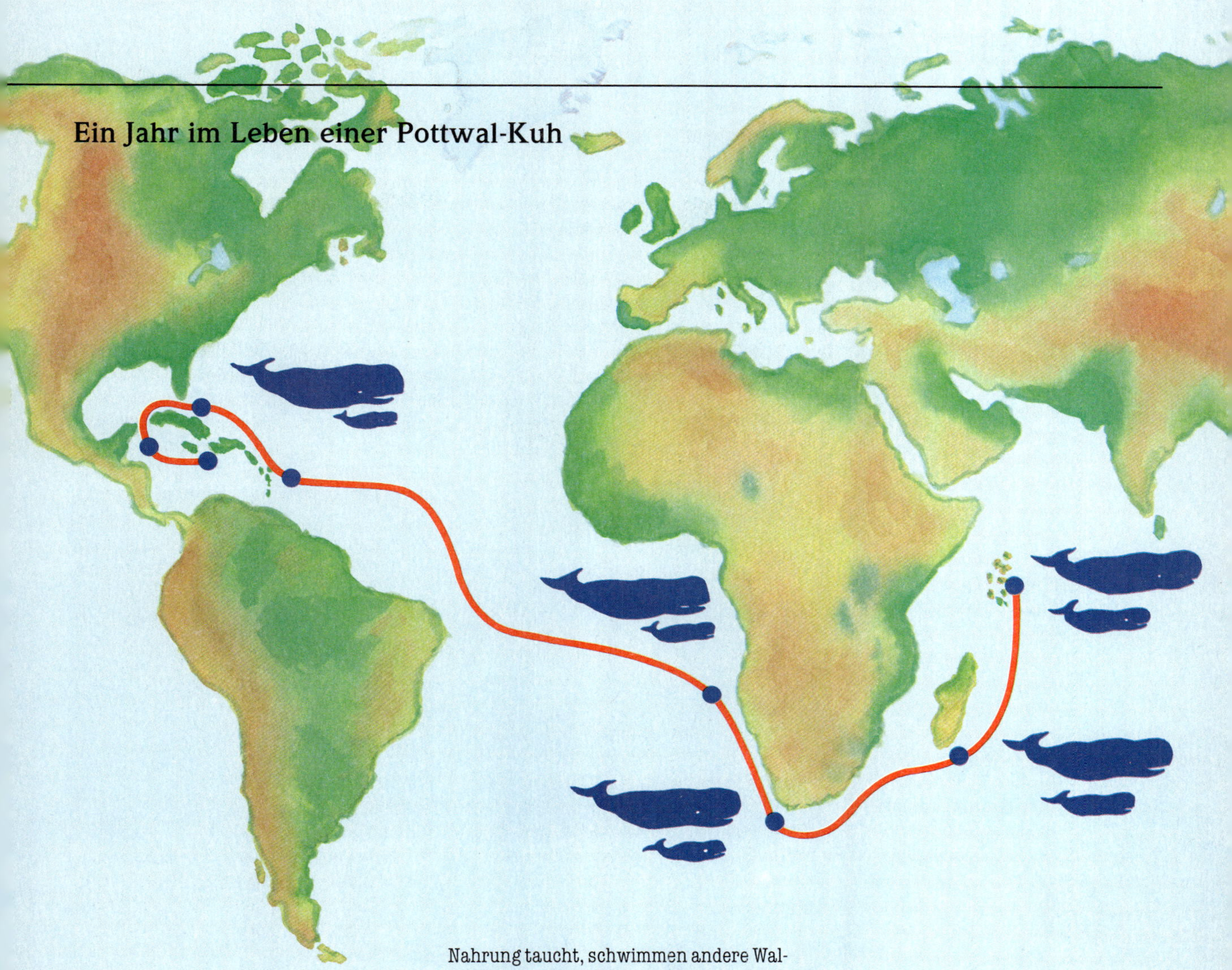

30. Juli Eine Pottwal-Kuh taucht zusammen mit einer Gruppe von 30 Pottwal-Kühen vor Haiti nach Nahrung. In 900 Metern Tiefe erbeutet sie eine Riesenkrake von 12 Metern Länge. Nach langem Kampf wird die Krake mit den Zähnen gepackt und verschlungen. Nach etwa einer Stunde taucht die Pottwal-Kuh wieder auf und schnappt nach Luft.

10. September Die Pottwal-Kuh bringt nach 15 Monaten Tragzeit vor der Küste Mexikos ein Kalb zur Welt. Zum Zeitpunkt der Geburt ist es vier Meter lang und wiegt etwas mehr als eine Tonne. Das Kalb bleibt stets an der Wasseroberfläche und in der Nähe der Kuh, die es säugt. Immer dann, wenn die Pottwal-Kuh nach Nahrung taucht, schwimmen andere Walkühe zu dem Jungen und geben ihm Schutz.

21. September Ein schrecklicher Hurrican türmt sich vor Kuba auf. Manche Wellen sind 17 Meter hoch. Das Kalb kann im aufgewühlten Wasser kaum noch Luft holen.

28. Oktober Bei Barbados hören Walkuh und Walkalb in der Ferne die Töne einer Gruppe von Orca-Walen. Fünf Orcas greifen die Pottwale an, werden aber in die Flucht geschlagen.

18. Dezember Die Wal-Gruppe wird vor Angola von einem japanischen Walfangschiff entdeckt. Doch Pottwale sind heute international geschützt und werden nicht mehr abgeschossen. Das Schiff dreht ab.

2. Februar Walkuh und Walkalb gelangen vor Kapstadt in eine große Ölfläche. Ein Tanker hat hier seine Tanks gereinigt und dabei Altöl in das Meer abgelassen. Das Öl verklebt die Atemlöcher der Wale. Erst nach vielen Tagen löst sich das restliche Öl vom Atemloch.

8. März Bei Madagaskar stoßen drei Pottwal-Bullen zur Walgruppe. Bei einem Kampf um die Führung der Weibchen-Gruppe wird ein 71 Jahre alter Pottwal-Bulle verletzt.

13. Mai Walkuh und Kalb gelangen in einen großen Thunfisch-Schwarm vor den Seychellen. Es gibt Nahrung im Überfluß. Das Kalb frißt zum erstenmal Fische.

23. Juni Das Pottwal-Kalb ist nun sieben Meter lang und fünf Tonnen schwer. Es wird aber immer noch gesäugt und noch mindestens drei Jahre beim Muttertier bleiben.

4 Bau und Flug der Vögel

4.1 Fliegen – aber wie?

Bereits am 31. Mai 1811 versuchte der Schneidermeister Albrecht Ludwig Berblinger, die Donau fliegend zu überqueren. Der „fliegende Schneider" fiel ins Wasser und wurde klitschnaß.

Am 15. Juni 1986 fand in Ulm ein Wettbewerb statt. Als Siegprämie waren 50 000 DM zu gewinnen. Die Aufgabe: Überquerung der Donau mit einem selbst gebauten Fluggerät ohne Motor. Die Donau ist bei Ulm etwa 70 m breit. Die Hobbyflieger mußten von einer geneigten Rampe Anlauf nehmen und starten (Abb. 1). Von den 43 Teilnehmern schaffte nur einer die Aufgabe. Der neunzehnjährige Holger Rochelt überquerte den Fluß mit einem Fluggerät seines Vaters in sieben Sekunden.

Menschen können auch ganz anders fliegen als Holger bei seinem 70-Meter-Flug. Raketen transportieren Astronauten in ihren Raumschiffen in Umlaufbahnen mehrere hundert Kilometer über der Erde. Mit einem modernen Düsenjet kann man in wenigen Stunden von Hannover nach Sydney in Australien fliegen. Ein Heißluftballon treibt langsam mit dem Winde, mit großen Tragflächen kann man als Drachenflieger über der Landschaft segeln.

1 Flug über die Donau

2 Flugversuch eines Menschen nach einer alten Erzählung

Aufgaben

① So wie es in Abbildung 2 dargestellt ist, kann ein Mensch nicht fliegen. Schreibe mögliche Ursachen dafür auf.

② Das Fluggerät des Siegers im Wettbewerb von Ulm hatte folgende Maße: Gesamtfläche: $21\,m^2$, Spannweite: 9 m, Gesamtmasse: 22 kg, Geschwindigkeit: 35 bis 40 km pro Stunde. Schreibe mögliche Ursachen dafür auf, warum es Holger Rochelt gelang, die Donau zu überqueren.

③ Vergleiche den Flug einer Rauchschwalbe (Abb. 3) mit dem Flug von Holger Rochelt über die Donau. Beachte dabei Wendigkeit, Start- und Landebahn, Entfernungen und Geschwindigkeit.

3 Rauchschwalbe

4.2 Federn – ein Merkmal der Vögel

1 Kohlmeise, Bau der Schwungfedern

Vögel haben ein Merkmal, das sie von allen anderen Tieren unterscheidet. Das sind ihre **Federn.** An einer großen Feder, zum Beispiel einer **Schwungfeder** vom Flügel, läßt sich der Aufbau einer Feder gut untersuchen (Abb. 1). In der Mitte der Feder befindet sich der hohle **Federschaft.** Rechts und links davon zweigen **Federäste** ab. Von jedem Federast gehen **Bogenstrahlen** und **Hakenstrahlen** ab. Die Hakenstrahlen eines Federastes greifen über die Bogenstrahlen des folgenden Federastes. So bilden sie eine Art Reißverschluß. Wenn die Schwungfedern nach einem längeren Flug oder wegen heftiger Windböen zerzaust wurden, schüttelt

Steckbrief Kohlmeise:

Masse: 20 Gramm
Länge: 14 cm
Ernährung: im Sommer überwiegend Insekten, im Winter auch Samen
Alter: etwa 2–3 Jahre, höchstens 9 Jahre
Fortpflanzung: 6–12 Eier, die ca. 14 Tage bebrütet werden.
Nestlingszeit etwa 2–3 Wochen

2 Schwungfeder, Deckfeder und Daunenfeder vom Uhu

3 Amsel bei −20 °C, 0 °C und +30 °C

Mit den Daunenfedern von Gänsen und Enten werden Federbetten gefüllt.

Bevor es Bleistift, Kugelschreiber und Füllfederhalter gab, haben die Menschen mit Feder und Tinte geschrieben.

sich der Vogel, oder er streicht mit seinem Schnabel über die zerzausten Federn. Dadurch rasten die Hakenstrahlen in die Bogenstrahlen ein. Die Feder bildet dann wieder eine geschlossene Fläche.

Ähnlich den Schwungfedern sind die langen Federn des Schwanzes gebaut. Indem ein Vogel während des Fluges seinen Schwanz seitwärts, aufwärts oder abwärts bewegt, kann er die Flugrichtung ändern. Er kann dadurch Kurven fliegen, aufsteigen oder abwärts fliegen.

Kürzer und weicher als Schwungfedern sind die **Deckfedern** (Abb. 2). Sie bedekken den Körper eines Vogels und Teile seiner Flügel. Die Deckfedern liegen wie Dachziegel übereinander.

Unter den Deckfedern besitzen Vögel weiche, wärmende **Daunenfedern** (Abb. 2). Die Daunenfedern schließen viel Luft ein. Sie bilden so am Körper eines Vogels einen Luftmantel. Da Luft sehr schlecht Wärme vom Körper nach außen leitet, schützt der Luftmantel der Daunenfedern vor großem Wärmeverlust. Viele Vögel können ihre Deckfedern ein wenig sträuben und so den Luftmantel der Daunenfedern vergrößern. Deshalb plustert sich ein Vogel bei kaltem Wetter auf. Dadurch gibt der Körper weniger Wärme ab. Umgekehrt wird Wärme leichter abgegeben, wenn bei warmem Wetter die Federn glatt anliegen und der Luftmantel der Daunenfedern klein ist (Abb. 3).

Manche Vögel haben ein besonders buntes Gefieder, wie zum Beispiel Stockenten. Die Färbung des Gefieders spielt beim Erkennen der Vögel untereinander eine Rolle. Vögel, deren Gefieder man mit künstlichen Farben bemalt hatte, wurden oft von ihren Artgenossen anders behandelt als zuvor. Manchmal wurden die gefärbten Vögel sogar bekämpft.

Aufgaben

① Sammle Federn und ordne sie in Schwungfedern, Deckfedern und Daunenfedern. Klebe die Federn mit Klebestreifen in dein Heft. Wenn du Federn in der Hand hattest, mußt du dir die Hände waschen. Die Federn könnten Krankheitserreger enthalten.

② Trenne bei einer Schwungfeder mit einem Finger benachbarte Federäste voneinander. Füge dann die getrennten Federäste wieder zusammen. Beschreibe, was dabei geschieht. Untersuche den Vorgang mit der Lupe.

③ In der Abb. 3 ist eine Amsel bei verschiedenen Temperaturen dargestellt: −20 °C, 0 °C, +30 °C. Ordne jedem Foto eine der Temperaturen zu. Begründe deine Zuordnung.

④ Besorge dir eine große Schwungfeder. Schneide die Spitze schräg ab und schneide einen kleinen Schlitz in Längsrichtung des Schaftes. Tauche die Spitze in Tinte und versuche, mit der Feder zu schreiben.

Ein Merkmal der Vögel sind Federn. Dazu gehören Schwungfedern, Deckfedern und Daunenfedern. Die Federn eines Vogels dienen zum Fliegen und bilden einen Kälteschutz. Die Färbung des Gefieders spielt eine Rolle beim Erkennen von Artgenossen.

4.3 Vögel – leicht gebaut

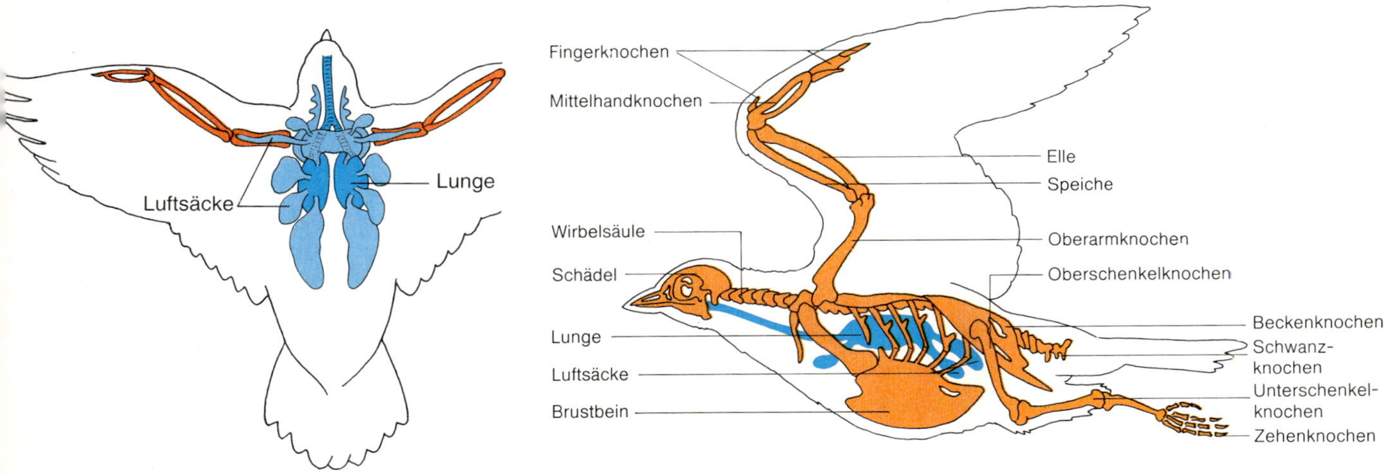

1 Skelett und Atmungsorgane beim Vogel

Vögel fliegen bei starkem Sturm und bei Windstille, sie fliegen in großen Höhen und dicht am Boden, sie führen blitzschnelle Wendungen durch und fliegen als Zugvögel riesige Strecken ohne Unterbrechung. Wenn wir einen Vogel, z. B. eine Taube, betrachten, so stellen wir fest, daß der Körper stromlinienförmig ist. Federn bedecken den ganzen Körper außer den Fußknochen und dem Schnabel. Durch ihre dachziegelartige Anordnung glätten die Federn den Körper so, daß der Luft wenig Widerstand geboten wird.

Wenn du zum ersten Mal einen Vogel in der Hand hältst, bist du vielleicht überrascht darüber, wie leicht er ist. Dabei hat ein Vogel wie die übrigen Wirbeltiere auch Knochen, Muskeln, Eingeweide und andere Organe. Eine geringere Masse erleichtert das Fliegen. Ein leichter Körper kann mit weniger Kraft in die Luft gehoben werden als ein schwerer Körper von gleicher Größe. Die geringe Masse eines Vogels erklärt sich durch den sehr leicht gebauten Körper.

2 Aufgeschnittene Oberschenkelknochen von Gans und Hase

Jeder Vogelflügel hat innen ein Knochenskelett. Dieses ähnelt unseren Arm- und Fingerknochen. Die Anordnung der Knochen und ihre Anzahl stimmen weitgehend überein. Dementsprechend wird das Skelett des Flügels ebenfalls in Oberarm, Unterarm und Hand gegliedert (Abb. 1). Die Knochen sind leicht und hart gebaut. Viele Knochen eines Vogels sind hohl und luftgefüllt (Abb. 2). Ein Fregattvogel mit zwei Kilogramm Masse und einer Flügelspannweite von zwei Metern hat ein Skelett, das nur 100 Gramm wiegt.

Der Körper eines Vogels wird von vielen **Luftsäcken** durchzogen. Luftsäcke gehen von den Lungen aus und ziehen bis tief in einige Knochen und zwischen Muskeln und die Organe des Rumpfes (Abb. 1). In die Luftsäcke kann ein Vogel viel Luft und den darin enthaltenen Sauerstoff aufnehmen. Dadurch wird die Leistungsfähigkeit der Vögel gesteigert. Einige Zugvögel können noch in 7000 Meter Höhe fliegen; dort ist die Luft sauerstoffärmer als am Boden. Ein Mensch müßte in dieser Höhe eine Sauerstoffmaske haben, um zu überleben.

Die Federn sind sehr leicht. Alle Federn einer etwa 350 Gramm schweren Taube wiegen nur wenige Gramm. Federn sind aus Horn aufgebaut. Dies ist ein leichtes, aber festes Material. Das Gefieder eines Vogels wird regelmäßig mit Fett aus der **Bürzeldrüse** eingefettet. Dadurch werden die Federn wasserabweisend. Das Gefieder kann sich bei Regen nicht mit Wasser vollsaugen und deshalb auch nicht schwerer werden.

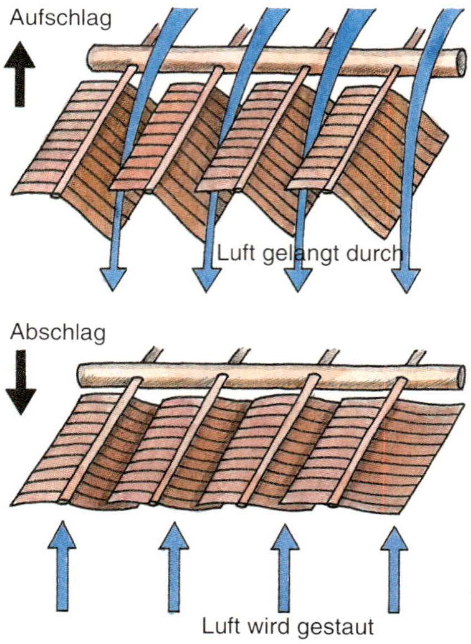

3 Auf- und Abschlag des Flügels

Vögel haben eine starre Wirbelsäule. Die Brust- und Lendenwirbel sind miteinander verwachsen. Mit diesem starren Körper können Vögel zwar schlecht laufen, behalten aber im Flug immer die richtige Körperhaltung. Die kräftigsten und größten Muskeln sind die großen Brustmuskeln zwischen Brustbein und Armknochen. Sie dienen zur Bewegung der Flügel. Wenn sie sich zusammenziehen, schlagen die Flügel mit einer kleinen Drehung nach vorn unten. Gegenspieler sind die kleinen Brustmuskeln. Sie heben die Flügel. Beim Abschlag drücken die gestreckten Flügel die Luft kräftig nach unten und hinten (Abb. 3). Dadurch bewegt

Versuch Modellversuch zum Auftrieb

Halte einen Bogen Papier, wie in der Abbildung angegeben. Blase zunächst gegen den nach unten hängenden Teil, dann über das Papier hinweg.

Übertrage die Versuchsergebnisse auf einen Vogelflügel. Beschreibe, auf welche Weise ein Vogelflügel angehoben wird.

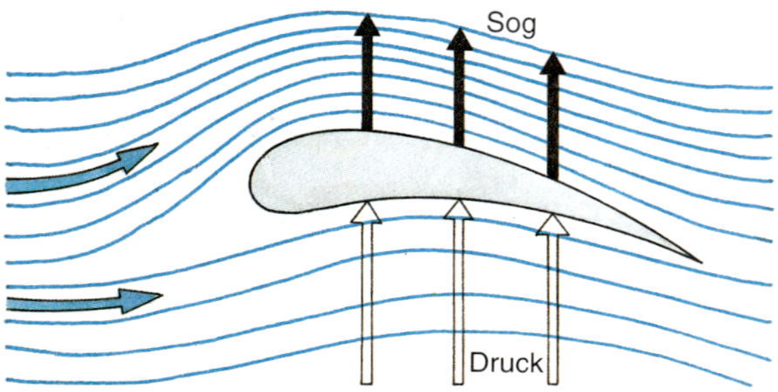

Versuch Modellversuch zum Strömungswiderstand

Mit unterschiedlichen Wachsformen gleicher Masse kann man ein Wettschwimmen veranstalten, um herauszufinden, welche Form am leichtesten durch das Wasser gleitet. Forme dazu aus Knetwachs die abgebildeten Figuren. Am Zugende jeder Form wird ein Metallhaken befestigt, an dem ein Nylonfaden verknotet wird. Alle Nylonfäden müssen gleichlang sein. Am freien Ende jeden Fadens wird jeweils ein Gewicht gleicher Masse befestigt.
Als Rennstrecke dienen zwei wasserdichte, langgestreckte Blumenkästen, die mit Wasser gefüllt werden. Mit Klebeband wird die Startlinie und die Ziellinie auf der Oberkante des Kastens markiert. Am Beckenende befestigt man mit Stativmaterial einen glatten Stab. Über den Stab wird der Faden mit dem Zuggewicht gelegt. Beide Blumenkästen werden so nebeneinander angeordnet, daß Start- und Ziellinie parallel zueinander liegen.
Beim Wettschwimmen werden immer zwei Wachsformen zur gleichen Zeit gestartet. Dazu wird zunächst die Startposition überprüft, beide Metallhaken müssen sich direkt hinter der Startlinie befinden, das Zuggewicht muß den Nylonfaden straffen. Dann wird gleichzeitig losgelassen. Stelle Vermutungen auf, welche Wachsform am schnellsten durchs Wasser gleitet. Überprüfe deine Vermutungen durch den Versuch. Welche Wachsform bietet den geringsten Strömungswiderstand? Welche Wachsform ähnelt am ehesten der Körperform eines Vogels?

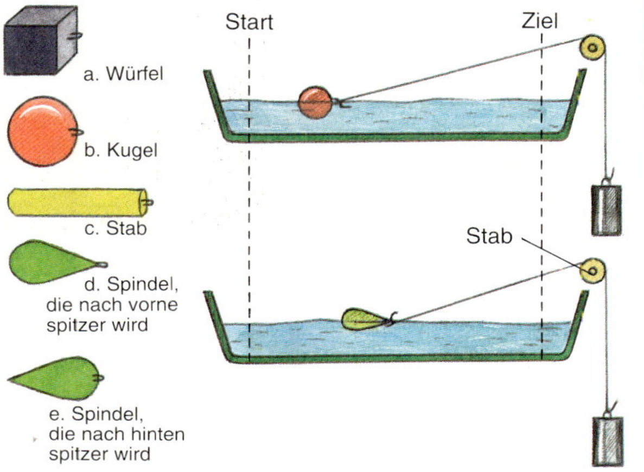

sich der Vogel nach oben und vorn. Dabei bilden die eng aneinanderliegenden Federn eine geschlossene Fläche, mit der sich der Vogel abdrückt. Beim Aufschlag werden die Flügel etwas gebeugt und gedreht. Dabei stehen die Federn so, daß die Luft weitgehend ungehindert zwischen ihnen durchströmen kann (Abb. 3).

Alle Vogelflügel sind nach oben gewölbt. Ein Modellversuch zeigt, wie sich diese Form des Flügels in der strömenden Luft auswirkt. Wenn man gegen die Unterseite eines gewölbten Papiers bläst, so staut sich vor dem herabhängenden Teil der Unterseite die Luft. Dadurch wird das Papier hochgedrückt. Es wird durch den nach oben gerichteten **Druck** angehoben. Bläst man über das Papier hinweg, so entsteht an seiner Oberseite ein **Sog**. Das Papier hebt sich dabei ebenfalls. Diese Versuchsergebnisse kann man auf den Vogelflügel übertragen. Unter dem Flügel staut sich die Luft, und es entsteht ein Druck. An der Oberseite wird beim Fliegen ein Sog erzeugt. Beide Kräfte ergeben zusammen den **Auftrieb**. Er wirkt der Anziehungskraft der Erde, der Schwerkraft, entgegen. Der Auftrieb ist die Kraft, die beim Fliegen entsteht. Ein in der Luft fliegender Vogel überwindet mit dem Auftrieb die Schwerkraft.

Art	Körperlänge (Kopf–Schwanz)	Masse
Wildkaninchen	46 cm	1800 g
Igel	28 cm	700 g
Graugans	98 cm	3100 g
Kohlmeise	14 cm	18 g
Dohle	33 cm	225 g
Stockente	60 cm	1200 g
Gartengrasmücke	15 cm	13 g
Wintergoldhähnchen	9,5 cm	5 g
Feldhase	67 cm	4000 g
Amsel	25 cm	100 g
Mäusebussard	50 cm	950 g
Rabenkrähe	48 cm	550 g
Feldspitzmaus	10 cm	10 g
Feldmaus	15 cm	30 g
Maulwurf	16 cm	90 g

Tab. 1: Körperlänge und Masse von Säugetieren und Vögeln

Aufgaben

① Stelle zusammen, welche Merkmale der Vögel dazu führen, daß Vögel sehr wenig wiegen.

② Betrachte Abb. 2. Welche Unterschiede beim Bau der Knochen erkennst du?

③ In der Tabelle 1 sind die Namen verschiedener Tiere, ihre durchschnittlichen Körperlänge und ihre Masse aufgeschrieben. Fertige eine Tabelle an, in der die Vögel nach ihrer Körperlänge geordnet sind und eine weitere Tabelle, in der die Säugetiere nach ihrer Körperlänge geordnet sind. Vergleiche die Masse von Vögeln und Säugetieren, die ungefähr die gleiche Körperlänge haben. Notiere das Ergebnis des Vergleichs in dein Heft.

Vögel haben leichte Federn, luftgefüllte Knochen und Luftsäcke. Der leicht gebaute Körper und die kräftigen Flugmuskeln sind für das Fliegen eine wichtige Voraussetzung. Beim Fliegen entsteht Auftrieb, der der Schwerkraft entgegen wirkt.

4.4 Flugformen

1 Ruderflug der Bartmeise

Ruderflug (Abb. 1): Der Ruderflug ist die häufigste Form des Fliegens der Vögel mit eigener Muskelkraft. Dabei werden die Flügel auf und ab bewegt. Man sagt, der Vogel „rudert“ mit den Flügeln. Beim Abschlag drücken die gestreckten Flügel die Luft kräftig nach unten und hinten. Dadurch bewegt sich der Vogel nach oben und vorn. Dabei bilden die eng aneinanderliegenden Federn eine geschlossene Fläche, mit der sich der Vogel abdrückt. Beim Aufschlag werden die Flügel etwas gebeugt und so gedreht, daß ihre Vorderkante die Luft „durchschneidet“. Dabei stehen die einzelnen Federn so, daß die Luft weitgehend ungehindert zwischen ihnen durchströmen kann. Auf diese Weise wird verhindert, daß sich der Vogel beim Heben der Flügel wieder um die gleiche Strecke zurückbewegt.

Gleitflug (Abb. 3): Beim Gleitflug fliegt ein Vogel ohne Flügelbewegungen mit ausgebreiteten Flügeln in der Luft. Die Flügel wirken als Tragfläche. Allerdings sorgt die Masse des Vogels dafür, daß er langsam zur Erde gleiten würde, wenn er nicht zwischendurch mit den Flügeln schlagen würde. Gleitflug zeigen unter anderem Albatrosse, Möwen, manche Falken und Schwalben.

Segelflug (Abb. 4): Manche Vögel können ohne Flügelbewegungen in der Luft hochsteigen. Bei diesem Segelflug nutzen die Vögel aufsteigende warme Luftströmungen aus. Segelflug zeigen Bussarde, Milane, Störche, Geier, manche Rabenvögel.

Schwirrflug (Abb. 2): Beim Schwirrflug werden die Flügel sehr schnell vorwärts und rückwärts bewegt. Die Flügelspitzen beschreiben dabei eine liegende Acht. Dabei stehen die Tiere ortsfest in der Luft. Schwirrflug kommt bei Kolibris vor.

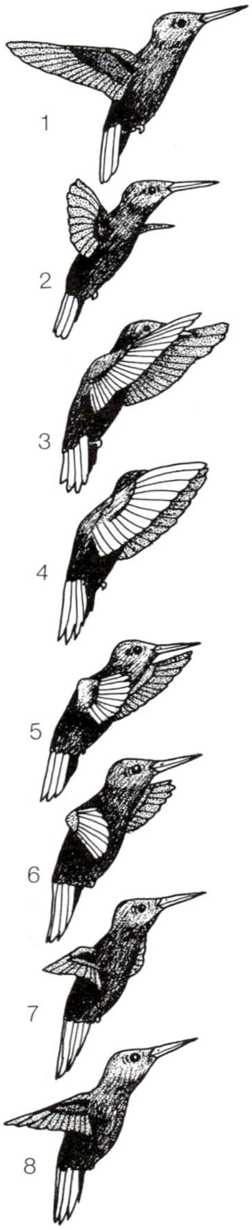

2 Schwirrflug

3 Gleitflug

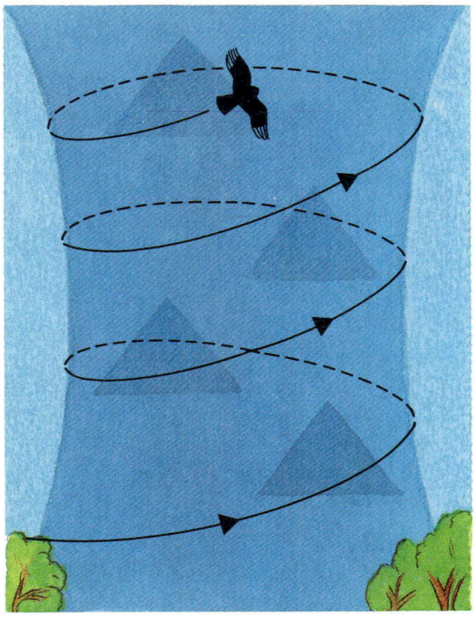

4 Segelflug im warmen Aufwind

Aufgaben

① Beschreibe den Unterschied zwischen Gleitflug und Segelflug.

② Nenne für jeden der nachfolgend genannten Vögel die Flugformen, die man bei ihnen am häufigsten beobachten kann: Amsel, Mehlschwalbe, Mäusebussard, Turmfalke, Haussperling, Stockente, Schwan, Kolibri, Mauersegler.

③ Beobachte (mit dem Fernglas) Vögel beim Flug. Beschreibe die Form des Fluges.

Versuch: Einen Papierflieger bauen und seinen Flug beobachten

Fertige aus gleichem DIN A5-, DIN A4- und DIN A3-Papier gleichartig gebaute Papierflieger an. Laß die einzelnen Flieger an einem windstillen Tag von einem erhöhten Ort (z. B. Fenster im 1. Geschoß) aus fliegen. Versuche dabei, jedem der Flieger gleichen Schwung zu geben. Miß die Flugdauer. Erkläre die Unterschiede. Wie verändert sich das Flugverhalten, wenn du die Papierflieger mit Büroklammern belastest?

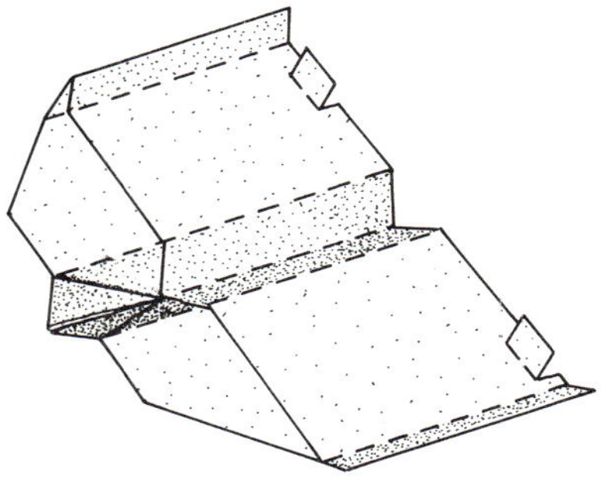

5 Fortpflanzung bei Vögeln

5.1 Beobachtungen auf dem Hühnerhof

1 Hühner im freien Auslauf

Aufgabe

① Betrachte Abb. 1 und beschreibe, an welchen äußerlichen Merkmalen du Hahn und Henne unterscheiden kannst.

Manchmal hat man heute wieder Gelegenheit, Hühner zu beobachten, die sich draußen frei bewegen können (Abb. 1). Nur nachts und bei schlechtem Wetter halten sich die Hühner in einem angrenzenden Stall auf. Dort sind auch mit Stroh ausgepolsterte Holzkisten aufgestellt, in die die Hennen die Eier legen.

Die Hühner sind fast den ganzen Tag damit beschäftigt, im Boden nach Würmern, Käfern, Samen und frischen Pflanzenteilen zu scharren. Zusätzlich werden sie mit Körnern, Kraftfutter und zerkleinerten Muschelschalen gefüttert. Dadurch legen die Hennen mehr und regelmäßiger Eier.

An warmen, trockenen Tagen kann man beobachten, wie die Hühner staubbaden. Sie setzen sich dazu in lockere Erde, sträuben ihr Gefieder und öffnen ihre Flügel. Dann werfen sie durch kräftiges Scharren die Erde hoch, so daß sie ihnen über den Rücken durch das Gefieder rieselt. Danach schütteln sich die Hühner kräftig und ordnen ihre Federn. Durch das Staubbaden hält das Huhn das Gefieder trocken und locker und befreit es von Schmutz und Parasiten.

Hühner leben in einer **Rangordnung**. Beim Füttern kann man z. B. beobachten, daß die ranghöheren Hennen zuerst fressen. Erst dann dürfen die rangniederen Hennen ans Futter. Im Stall nehmen die ranghöheren Hennen und der Hahn die hochgelegenen, sichersten Schlafplätze ein. Die rangniederen Hennen schlafen auf den untersten Stangen.

Ein Hahn hat den obersten Rang in der Hühnerschar. Er ist kräftiger gebaut als die Hennen und besitzt einen größeren Kamm und größere Kehllappen. Über der Hinterzehe hat er einen hornüberzogenen Knochenvorsprung, den Sporn. Bei manchen Rassen unterscheidet er sich auch durch ein bunteres Gefieder und längere sichelförmig gebogene Schwanzfedern von den Hennen. Der Hahn warnt die Hennen vor Feinden und verteidigt sie gegen Angreifer. Auf einen ergiebigen Futterplatz macht er durch lautes Schreien aufmerksam. Dann führt er mit seinem Futterlockruf „tuck, tuck, tuck" die Hennen zum Futterplatz. Mit lautem „Kikeriki" hält er die Hennen zusammen und verkündet: „Dies ist mein Revier, wer hier eindringt, bekommt es mit mir zu tun."
Vor der Paarung zeigt der Hahn ein auffälliges Verhalten: Er scharrt mit den Füßen, tritt zurück und pickt unter Lockrufen auf den Boden. So lockt er eine paarungsbereite Henne mit vorhandenem oder vorgetäuschtem Futter an (Abb. 2). Wenn sich ihm eine Henne nähert, um-

2 Balz des Hahnes

kreist er sie mit steifen Schritten, gesenktem Kopf und einem abgespreizten Flügel (Abb. 2). Diese Verhaltensweisen gehören zur Balz des Hahnes. Unter der **Balz** versteht man besondere Verhaltensweisen von Geschlechtspartnern, die der Paarung vorausgehen. Wenn sich die Henne duckt und ihre Flügel ausbreitet, steigt der Hahn auf ihren Rücken und hält sich mit dem Schnabel in ihrem Nackengefieder fest. Dann erfolgt die **Paarung** (Abb. 3). Dabei überträgt der Hahn Spermaflüssigkeit in die Kloake der Henne. Die Eier, die die Henne danach legt, sind befruchtet. Aus ihnen können sich Küken entwickeln.

Aufgaben

② Warum werden die Hühner mit zerkleinerten Muschelschalen gefüttert?

③ Nenne Tiere, die Hühner im freien Auslauf bedrohen können.

④ Beschreibe Verhaltensweisen von Hühnern, die sich draußen frei bewegen können.

⑤ Erkläre, woran man die Rangordnung der Hühner erkennen kann.

⑥ Beschreibe mit Hilfe von Abb. 2 und 3 die Balz und Paarung bei Hühnern.

⑦ Versuche, die Balz des Hahnes mit einem Partner nachzuspielen.

Im freien Auslauf zeigen Hühner viele typische Verhaltensweisen.
Dazu gehören: das Leben in einer Rangordnung, das Picken und Scharren bei der Nahrungsaufnahme, das Staubbaden, das Eierlegen in Nestern sowie die Balz und die Paarung.

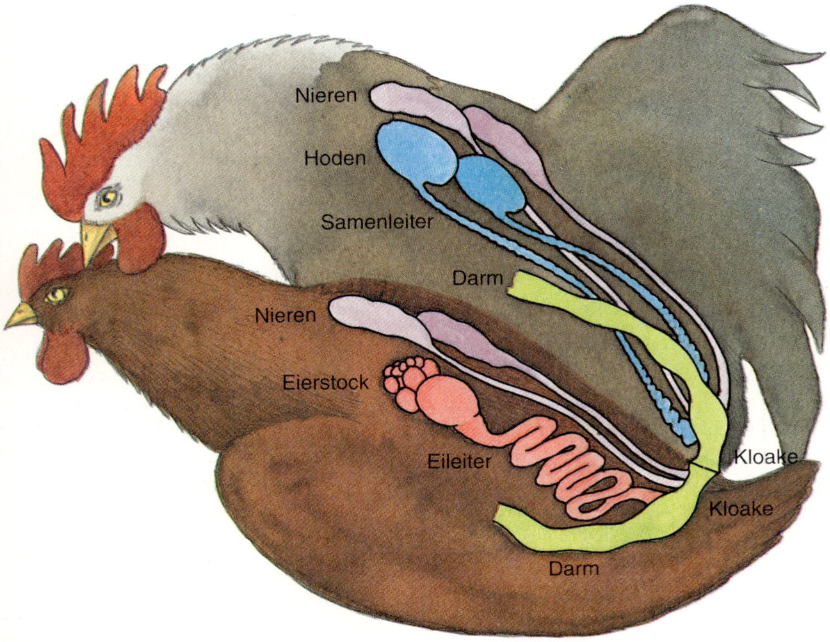

3 Paarung von Hahn und Henne

5.2 Aufbau und Bildung des Hühnereies

Versuch **Untersuchung eines Hühnereies**

Material:
1 Hühnerei
1 Lupe
1 Teelöffel
1 Pinzette mit abgerundeten Spitzen
1 Petrischale

– Betrachte die Kalkschale des Eies mit der Lupe. Beschreibe deine Beobachtungen.

– Halte das Ei vorsichtig fest. Klopfe mit der Unterseite des Löffels leicht auf eine Längsseite des Eies, so daß die Kalkschale eingedrückt wird. Die unter der Kalkschale befindliche Haut soll dabei nicht beschädigt werden. Hebe mit der Pinzette kleine Stücke der Kalkschale ab. Betrachte die darunterliegende Haut mit der Lupe.

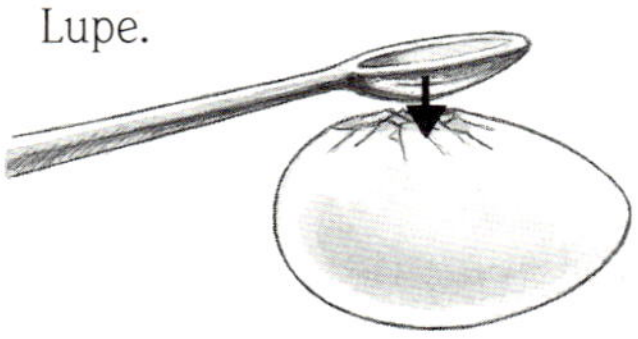

– Entferne mit der Pinzette die Haut. Was kannst du im Innern des Eies erkennen?

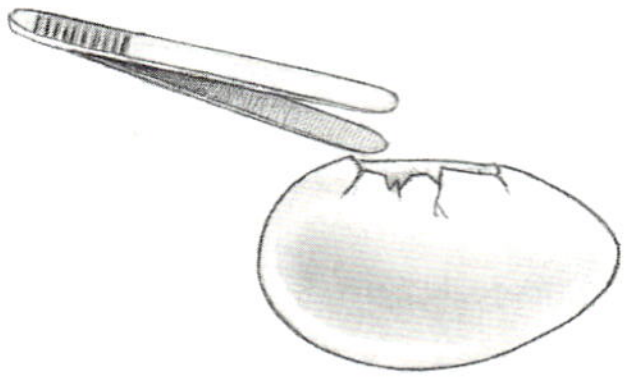

– Vergrößere die Öffnung weiter. Lasse dabei etwas Eiklar in die Petrischale abfließen. Fertige von deinen Beobachtungen eine Zeichnung zum Aufbau des Hühnereies an.

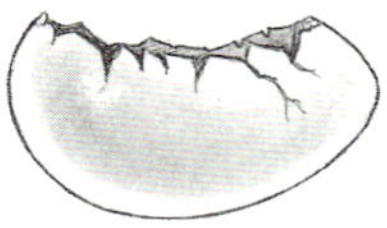

– Drehe das Ei ein wenig um seine Längsachse hin und her. Achte dabei besonders auf die Dotterkugel. Beschreibe, was du beobachtest. Versuche dann auch, mit dem Zeigefinger die Dotterkugel ein wenig zu drehen. Achte auf die Bereiche zwischen den beiden Polen des Eies und dem Dotter. Ergänze deine Zeichnung.

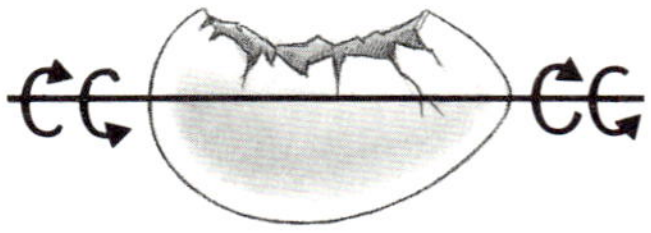

– Schütte den Inhalt des Eies in die Petrischale. Ziehe mit der Pinzette an den gedrehten Schnüren. Was passiert dabei mit der Dotterkugel?

– Stich mit der Pinzette in die Dotterkugel. Erkläre deine Beobachtung. Beschreibe die Unterschiede von Eiklar und Dotter.

– Betrachte die Innenseite der leeren Eischale. Ergänze deine Zeichnung hinsichtlich deiner Beobachtungen.

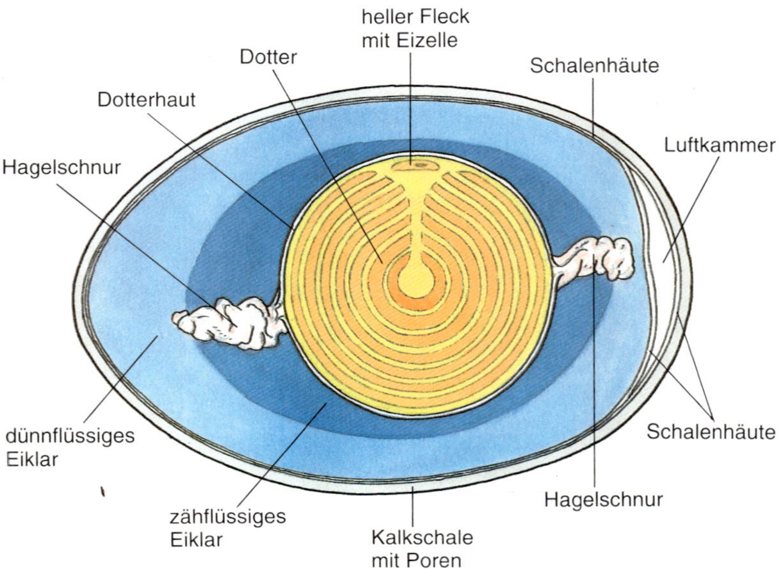

1 Aufbau des Hühnereies

Die äußere Schicht des Eies ist eine feste, aber luftdurchlässige Kalkschale. Mit der Lupe kann man darin zahlreiche Poren erkennen. Wenn man ein Ei am oberen und unteren Pol zwischen Daumen und Zeigefinger hält und gleichmäßig drückt, zerbricht es nicht. Die Schale ist so konstruiert, daß sie einem Druck von mehreren Zentnern standhält, wenn er gleichmäßig einwirkt. Unter der Kalkschale befinden sich die Schalenhäute. Sie verhindern, daß das Ei durch Verdunstung zuviel Wasser verliert. Zwischen ihnen ist am stumpfen Ende des Eies die Luftkammer ausgebildet. Über diese und die Poren der Eischale wird der Embryo bei der Entwicklung mit Sauerstoff versorgt. In der Eimitte, umgeben vom Eiklar, liegt der Dotter. Er wird von der Dotterhaut begrenzt. Auf dem Dotter ist ein heller Fleck zu erkennen. Darin befindet sich die Eizelle. Durch die Befruchtung entsteht daraus die Keimscheibe. Aus der Keimscheibe entwickelt sich der Embryo. Eiklar und Dotter enthalten die Nährstoffe für den Embryo. Die Hagelschnüre halten den

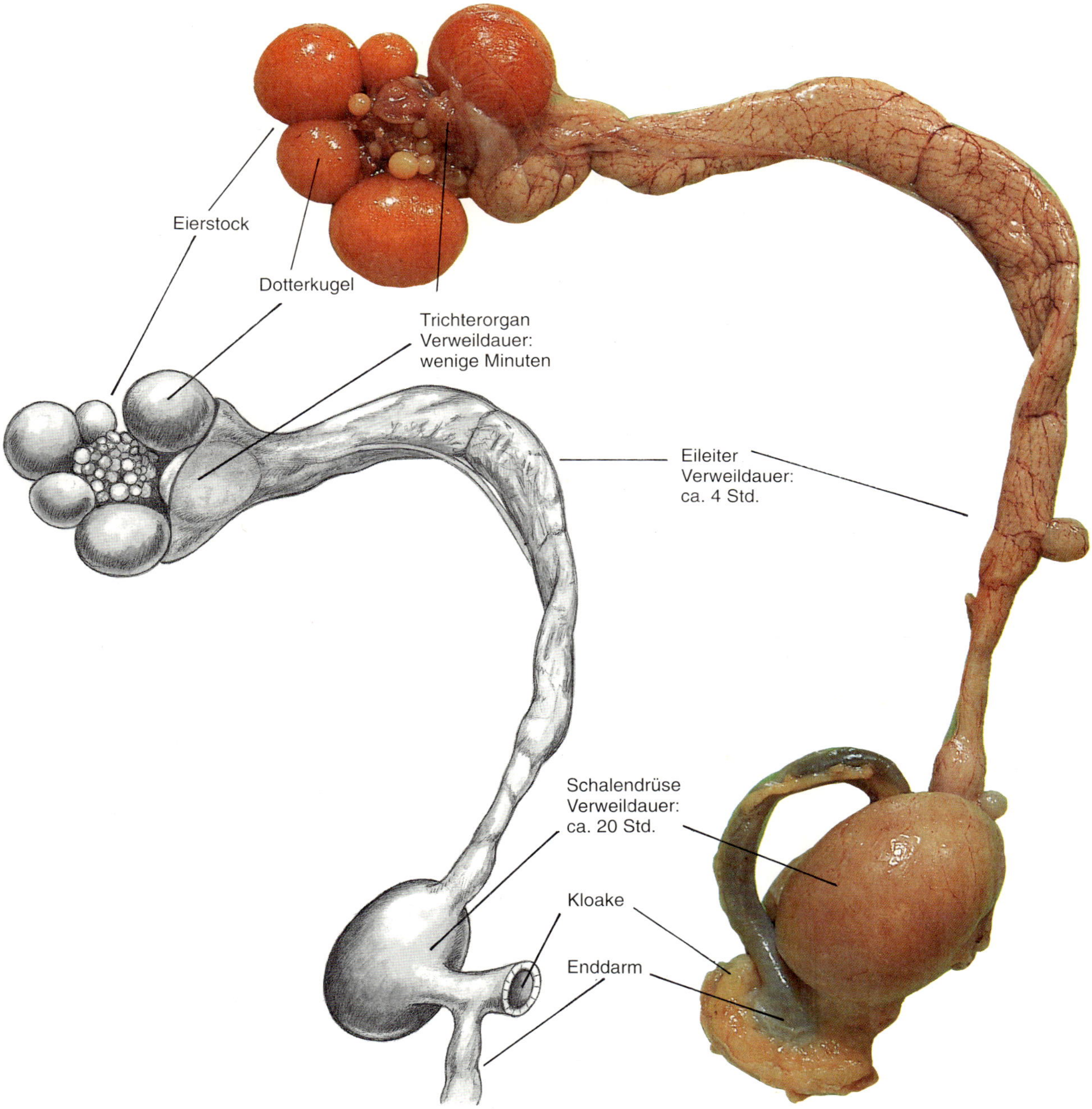

2 Bildung eines Hühnereies

Dotter in der Eimitte und drehen ihn so, daß die Keimscheibe stets oben liegt. So bleibt die Keimscheibe der Wärme zugewandt, die von der brütenden Henne ausgeht.

Die Bildung eines Hühnereies beginnt im Eierstock der Henne (Abb. 2). Hier reift die Eizelle heran. Sie ist so winzig, daß man sie gerade noch mit bloßem Auge wahrnehmen kann. Noch im Eierstock wird sie mit Dotter angereichert und etwas vergrößert. Auf dem Weg durch den Eileiter werden zuerst Dotterschichten an die Eizelle angelagert. Der vollständige Dotter wird dann mit verschiedenen Lagen von Eiklar umgeben. Danach werden die Schalenhäute gebildet. Am Ende des Eileiters, in der Schalendrüse, wird das Ei mit einer kalkhaltigen Paste umhüllt. Diese erstarrt dann zur Kalkschale, und das Ei wird durch die Kloake ausgeschieden. Das so gebildete Ei ist nicht befruchtet.

Aufgaben

① Gib in einer Tabelle die Aufgaben der einzelnen Bestandteile eines Eies an.

Bestandteil	Aufgabe
Kalkschale	Schutz vor Druck
Dotter	....

② Beschreibe anhand der Abb. 2 und mit Hilfe des Textes die Bildung eines Hühnereies.

③ Bei der Lagerung von Eiern soll man folgende Empfehlungen beachten:
- kühl lagern bei 8 bis 10 °C
- nicht mit stark riechenden Stoffen, z. B. Zwiebeln oder Seife zusammenlagern
- nicht länger als 3 bis 4 Wochen lagern.

Begründe diese Empfehlungen.

④ Hühnereier werden vor der Verpakkung durchleuchtet und in die drei Güteklassen A, B und C sortiert. Dafür werden folgende Merkmale überprüft: Höhe der Luftkammer, Aussehen und Beschaffenheit von Eiklar und Dotter, Sauberkeit und Beschaffenheit der Schale sowie Geruch. Eier der Güteklasse A, deren Luftkammer beim Durchleuchten weniger als 4 mm hoch ist, dürfen mit der Bezeichnung „Extra" verkauft werden.
Die Eier werden zusätzlich in sieben Gewichtsklassen mit einer Abstufung von jeweils fünf Gramm sortiert. Eier der Gewichtsklasse 1 wiegen 70 Gramm und mehr; Eier der Klasse 7 wiegen unter 45 Gramm. Die erste Ziffer der Kenn-Nr. gibt das Verpackungsland an (z. B.: 2 = Deutschland). Bei Eiern aus Deutschland folgt nach der 2 die Zahl für das Bundesland (z. B.: 14 = Sachsen).
Die anschließenden Ziffern beziehen sich auf den Verpackungsbetrieb.
Auf jeder Eierpackung müssen: Güteklasse, Gewichtsklasse, Anzahl der Eier, Name, Anschrift und Kenn-Nr. des Verpackungsbetriebes vermerkt sein. Nach der Hühnereiverordnung vom Mai 1993 muß zudem auf der Packung das Mindesthaltbarkeitsdatum der Eier stehen. Ermittle aus einer Eierpackung aus eurem Haushalt diese Angaben. Welche Informationen kann man der Verpackung noch entnehmen?

Ein Hühnerei besteht aus: Kalkschale, Schalenhäuten, Luftkammer, Eiklar, Dotter und Eizelle. Das Hühnerei wird im Eierstock und im Eileiter des Huhns gebildet.

Eier und Eierprodukte sind Lebensmittel, die besonders häufig mit Salmonellen infiziert sind. Salmonellen sind stäbchenförmige Bakterien die schwere Magen-Darm-Infektionen verursachen. Salmonellen werden durch zehn minütiges Erhitzen der Speisen auf 80°C abgetötet.

Biotip

Wie frisch ist das Ei?

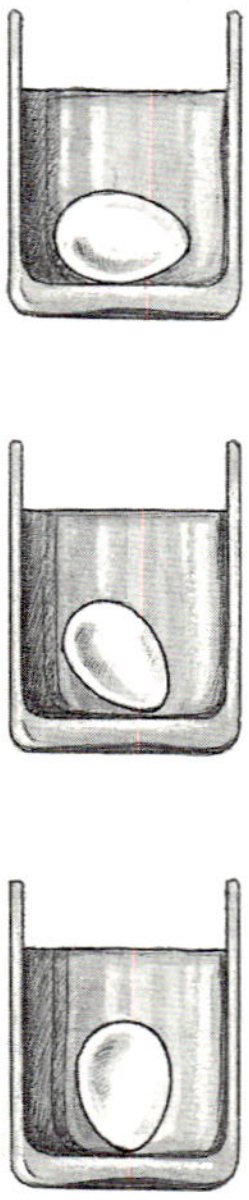

Aus dem Inhalt eines Eies verdunstet ständig Wasser. So nimmt das Volumen von Dotter und Eiklar langsam ab, und die Luftkammer wird größer. An ihrer Größe kann das Alter eines Eies abgeschätzt werden.
Mit einem einfachen Test kannst du die Frische eines Eies kontrollieren. Dazu mußt du das Ei in ein Glas Wasser geben.
Bei einem ganz frischen Ei ist die Luftkammer noch so klein, daß das Ei waagerecht am Boden des Glases liegt. Bei einem Ei, das ca. eine Woche alt ist, hat sich die Luftkammer soweit vergrößert, daß das stumpfe Ende im Wasser leicht angehoben wird. Nach drei Wochen Lagerung steht das Ei fast senkrecht im Wasser.
Am besten schmecken Eier, wenn sie ca. eine Woche alt sind. Je frischer Eier sind, um so besser kann man daraus Eischnee schlagen oder damit backen.

5.3 Ein Küken entsteht

1 Befruchtetes Ei nach 2–3 Bruttagen

2 Brütende Henne

Nur nach der Paarung können befruchtete Eier entstehen. Die in der Spermaflüssigkeit vorhandenen Spermazellen bewegen sich den Eileiter hinauf. Über eine Woche lang bleiben sie im Trichterorgan befruchtungsfähig (Abb. 2, S. 51), Treffen sie auf eine Eizelle, so dringen sie darin ein. Die Kerne einer Ei- und einer Spermazelle verschmelzen miteinander. Damit ist die Eizelle befruchtet. Unmittelbar danach beginnt sie sich zu teilen. So entsteht auf dem Dotter eine flache Keimscheibe. Bei einem frisch gelegten, befruchteten Ei ist sie deutlich auf dem Dotter zu erkennen. In der Brutwärme entwickelt sich aus der Keimscheibe das Küken (Abb. 1). Bereits nach drei bis vier Bruttagen lassen sich auf der Dotteroberfläche Blutäderchen erkennen. Mit dem Blut werden dem Embryo die Nährstoffe aus dem Dotter zugeführt. Das Herz des Embryos schlägt bereits.

Am vierten Tag sieht man neben dem stark verzweigten Blutgefäßsystem schon eine deutliche Gliederung des Embryos. Der Kopf mit dem Auge hebt sich gut ab von einem länglichen Teil, in dem die Wirbelsäule erkennbar ist (Abb. 3). Am achten Tag hat der Kopf fast seine endgültige Größe erreicht (Abb. 4). Er erscheint sehr groß im Vergleich zum Körper. Die Augen und der Schnabel sind schon fast fertig entwickelt. An den Füßen sind Zehen zu erkennen. Auch die Anlagen der inneren Organe wie Herz, Gehirn und Lunge sind zu diesem Zeitpunkt schon abgeschlossen. Nach 20 Tagen ist das Küken vollständig entwickelt. Dotter und Eiklar sind fast aufgebraucht. Das Küken hat kaum noch Platz im Ei, obwohl Kopf und Beine eng an den Körper gepreßt sind (Abb. 5). Das Küken hat die Schalenhaut zur Luftkammer mit dem Schnabel durchstoßen und atmet bereits mit den Lungen. Es piepst schon und hört auch die Lockrufe der brütenden Henne. Deshalb können die Küken nach dem Schlüpfen die Henne an deren Lauten erkennen.

An der Spitze des Schnabels befindet sich ein kleiner Höcker, der Eizahn (Abb. 5). Damit ritzt und pickt das Küken die Kalkschale von innen ringförmig auf. Mit den kräftigen Füßen und dem Nacken stemmt es sich gegen die Kalkschale. Dabei dreht und wendet es sich, bis es ihm gelingt, die Kalkschale in zwei Teile zu sprengen (Abb. 6). Über sechs Stunden dauert das Aufbrechen der Schale. Zunächst ist das

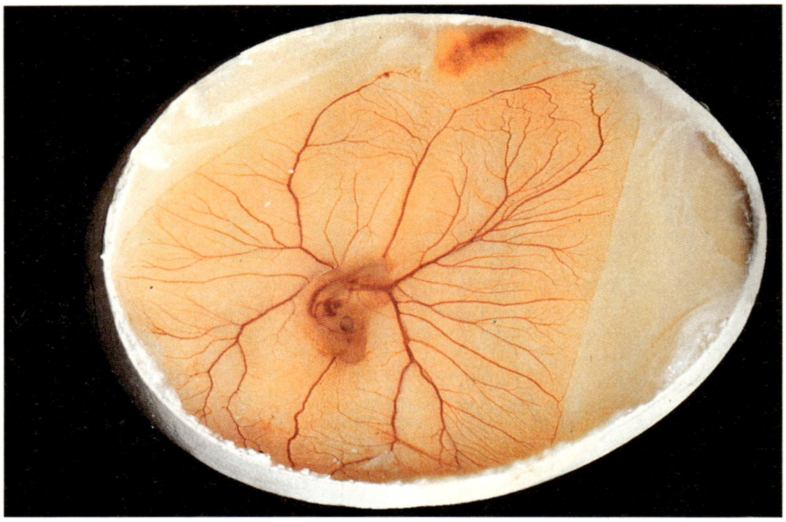

3 Entwicklungsstand des Embryos nach vier Bruttagen

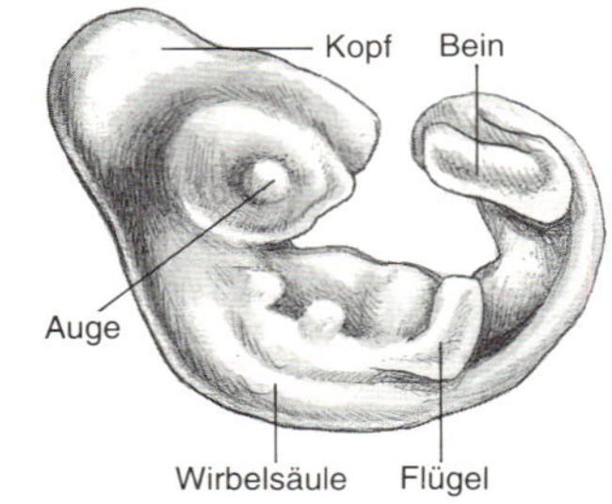

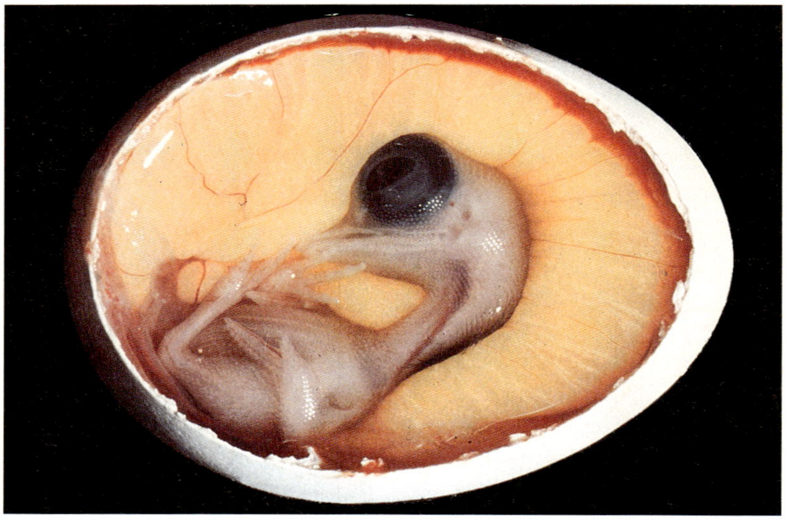

4 Entwicklungsstand des Embryos nach acht Bruttagen

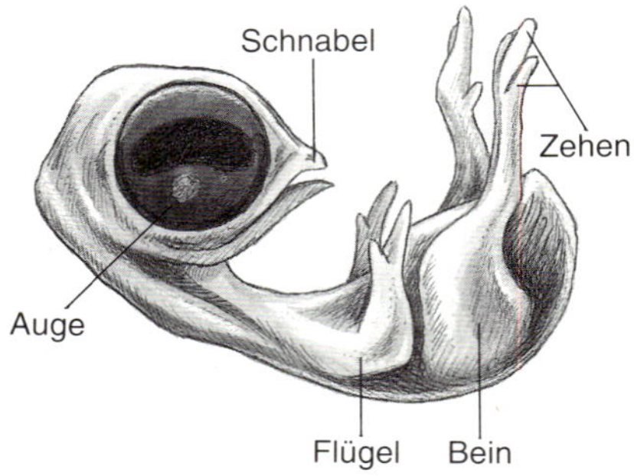

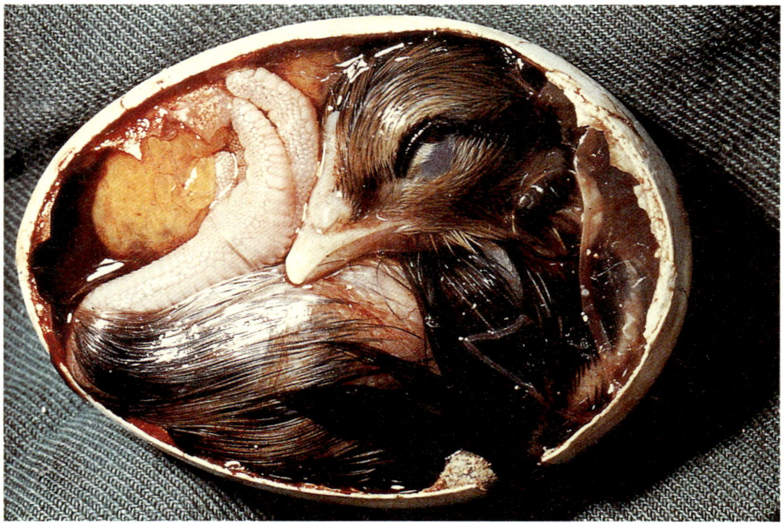

5 Entwicklungsstand des Kükens nach 20 Bruttagen

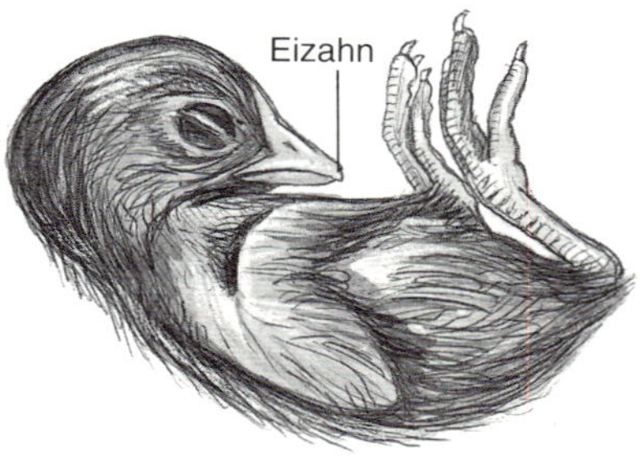

Küken noch völlig erschöpft. Die feinen Daunenfedern stecken zusammengefaltet in haardünnen Hüllen. Diese sind nach dem Schlüpfen noch völlig verklebt (Abb. 6). Beim Trocknen zerfallen die Hüllen, die Daunen können sich entfalten. Dann sieht das Küken rund und flaumig aus.

Die Küken haben kräftige Beine und können sofort nach dem Schlüpfen stehen und laufen. Schon nach wenigen Stunden suchen sie nach Nahrung. Jungtiere, die nach der Geburt oder dem Schlüpfen bereits so selbständig sind, nennt man **Nestflüchter**. Die Küken picken zuerst wahllos nach allem, was klein, rund und glänzend ist, oder wie ein Wurm aussieht. So picken sie in den ersten Tagen auch nach den Zehen anderer Küken. Die Küken halten sich zuerst immer in der Kopfnähe der Glucke auf und picken dorthin, wohin auch die Henne pickt. Durch Vorpicken und durch Laute zeigt diese genießbares Futter an. So lernen die Küken schnell, was sie fressen können.

Aufgaben

① Beschreibe, wie ein Ei befruchtet wird.

② Vergleiche den Entwicklungsstand des Kükens am 8. und 20. Bruttag (Abb. 4 und 5). Beschreibe die Unterschiede in einigen Sätzen.

③ Beschreibe anhand der Abb. 6 und mit Hilfe des Textes das Schlüpfen von Küken. Welche Stadien des Schlüpfens sind auf dem Foto zu erkennen?

④ Erkläre, warum frisch geschlüpfte Küken naß aussehen.

⑤ Stelle die Unterschiede zwischen Nesthocker und Nestflüchter in einer Tabelle zusammen.

⑥ Nenne je drei Beispiele von Nesthockern und Nestflüchtern.

Nach der Paarung können die Spermazellen die Eizellen der Henne befruchten. Aus der befruchteten Eizelle entsteht zuerst die Keimscheibe und später der Embryo. Nach 20 Bruttagen ist das Küken voll entwickelt und schlüpft aus dem Ei. Hühner sind Nestflüchter.

Nesthocker werden mit geschlossenen Augen und Ohren geboren und sind noch nicht zur selbständigen Fortbewegung und Nahrungssuche fähig.

6 Küken beim Schlüpfen

6 Vögel sind an ihre Umwelt angepaßt

6.1 Anne beobachtet Amseln

1 Amselmännchen zieht Regenwurm aus der Erde

2 Singendes Amselmännchen

Steckbrief Amsel:

Länge: 25 cm
Ernährung: Würmer, Insekten, Beeren und Früchte
Fortpflanzung: 3–5 Eier, bläulich mit rötlichen Flecken, die ca. 12 Tage bebrütet werden
Nestlingszeit: ca. 13 Tage, Nesthocker
Besonderheiten: früher ein Waldbewohner, heute haben sich viele Amseln stark an das Stadtleben angepaßt

Anne sitzt am Schreibtisch. Sie hat ihre Hausaufgaben gerade beendet und blickt aus dem Fenster. Es ist Mitte März. Die Bäume sind noch kahl. Auf dem Rasen hüpft ein Amselmännchen. Nach ein paar Hüpfern bleibt es stehen, neigt den Kopf etwas zur Seite und blickt auf den Boden. Plötzlich stößt die Amsel mit dem Schnabel zu und zieht einen Regenwurm aus dem Boden und frißt ihn auf (Abb. 1). Dann hüpft sie ein paar Meter weiter und bleibt wieder stehen. Das Amselmännchen hat wieder einen Regenwurm entdeckt und zieht ihn aus dem Boden. Schließlich fliegt es davon.

Am Abend entdeckt Anne auf dem Dach des Nachbarhauses ein Amselmännchen. Es sitzt auf der Fernsehantenne und hat den Schnabel weit geöffnet (Abb. 2). Das Amselmännchen singt so laut, daß Anne den Amselgesang sogar durch das geschlossene Fenster hören kann. Anne versucht den melodischen Gesang mit den flötenden Tönen nachzumachen. Das will ihr aber nicht so recht gelingen.

Am frühen Morgen erwacht Anne vom Amselgesang. Noch etwas verschlafen schaut sie aus dem Fenster. Ein Amselmännchen steht auf dem Rasen. Plötzlich landet ein zweites Amselmännchen (Abb. 4 a). Das Amselmännchen, welches zuerst auf dem Rasen stand, senkt Kopf und Schwanz und sträubt die Rückenfedern. Nun läuft es auf den Eindringling zu (Abb. 4 d, e). Während des Vorwärtslaufens heben sich Kopf und Schwanz immer mehr. Schließlich bleibt das Amselmännchen mit erhobenem Kopf und Schwanz vor dem Eindringling stehen (Abb. 4 f). Plötzlich springen beide Vögel einander an und schlagen heftig mit den Flügeln. Jeder der beiden Vögel versucht, den anderen mit Schnabel und Krallen zu treffen (Abb. 4 g, c). Das Aneinanderhochspringen und Hochfliegen wiederholt sich einige Male. Anne will gerade das Fenster öffnen und die Vögel auseinandertreiben, da fliegt das eine der beiden Amselmännchen davon.
Am späten Nachmittag stellt Anne ihr Fahrrad auf den Hof. Unter den Sträuchern entdeckt sie ein Amselweibchen. Es pickt ein paar verdorrte Grashalme auf (Abb. 3). Damit verschwindet es in einem Rhododendronbusch. Anne geht zu dem Busch und biegt die Zweige vorsichtig auseinander. Auf einer Astgabel hat das Amselweibchen aus dünnen Zweigen und feinen Wurzeln ein halbkugelförmiges Nest gebaut. Es ist mit den Grashalmen ausgepolstert. Eier kann Anne jedoch noch nicht entdecken.

3 Amselweibchen mit Nistmaterial

Der Gesang des Amselmännchens dient hauptsächlich der Abgrenzung seines Reviers. Im Frühjahr lockt es mit seinem Gesang ein Weibchen an.

Wer Vögel oder andere Tiere beobachtet, kann verschiedene Bewegungen und Laute wahrnehmen. Solche Laute und Bewegungen sind **Verhaltensweisen.** Es ist sehr schwer, Verhaltensweisen genau zu beobachten. Viele Tiere sind sehr scheu und außergewöhnlich flink. Noch schwieriger ist es, herauszufinden, welchen Sinn eine Verhaltensweise wie zum Beispiel der Gesang für ein Tier hat. Die genaue Beobachtung eines singenden Amselmännchens reicht dazu nicht aus. Dazu ist viel mehr Wissen über das Leben der Amseln notwendig.

Aufgaben

① Vergleiche anhand von Abb. 1, 2 und 3 Amselweibchen und Amselmännchen. Wie unterscheiden sie sich?

② Beobachte Amseln bei der Futtersuche oder bei einer anderen Verhaltensweise. Beschreibe genau die Bewegungen und Laute der Amseln.

③ Beschreibe mit Hilfe von Abb. 4, wie zwei Amselmännchen einander begegnen und miteinander kämpfen. Nimm eventuell den Buchtext zur Hilfe.

Verhaltensweisen sind alle Laute und Bewegungen eines Tieres. Zu den Verhaltensweisen bei Amseln gehören z. B. Futtersuche, Gesang, Kampf und Nestbau.

4 Kämpfende Amselmännchen

6.2 Wasservögel

1 Stockente mit Jungen

2 Haubentaucher mit Jungen

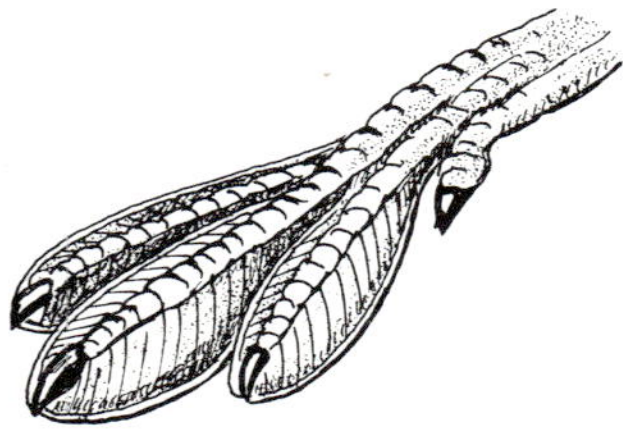

Fuß des Haubentauchers

Aufgabe

① Bei einem Ausflug zu einem Teich oder See kannst du verschiedene Vögel auf dem Wasser beobachten. Beschreibe auffallende Merkmale, aber auch Verhaltensweisen, wie beispielsweise Eintauchen des Kopfes, vollständiges Untertauchen oder Schwimmen in Gruppen. Erstelle nach folgendem Muster eine Tabelle, in die du deine Beobachtungen einträgst:

Vogel	Merkmal	Verhalten
.....	.....	.....

Auf einem See ist die große Zahl der Stockenten besonders auffällig (Abb. 1). Seltener sieht man einen Haubentaucher (Abb. 2). Beide Arten sind an ein Leben im Wasser angepaßt: Sie bewegen sich im Wasser geschickt und ausdauernd, suchen ihre Nahrung im Wasser und ziehen dort ihre Jungen auf. Man bezeichnet sie daher als **Wasservögel**.

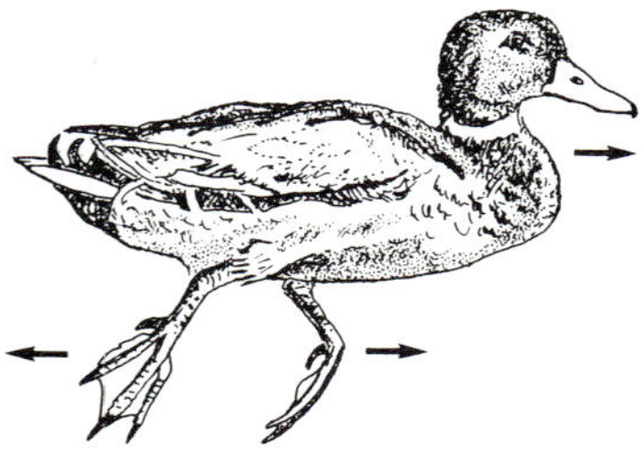

Bein- und Fußbewegungen der Stockente beim Vorwärtsschwimmen

Stockenten besitzen an ihren Füßen jeweils drei Zehen, die nach vorne gerichtet sind. Zwischen diesen sind Schwimmhäute gespannt. Mit gespreizten Zehen und gespannten Schwimmhäuten stoßen die Füße das Wasser nach hinten. Wenn die Füße nach vorn gezogen werden, sind Schwimmhäute und Zehen aneinandergefaltet und bieten dem Wasser wenig Widerstand. Haubentaucher besitzen Hautlappen an den Zehen (◁). Füße mit Schwimmhäuten oder Hautlappen werden als **Schwimmfüße** bezeichnet.

Manchmal kann man Stockenten am Ufer dabei beobachten, wie sie mehrmals mit dem Schnabel über ihr Gefieder streichen. Mit diesen Bewegungen fetten sie ihre Federn ein. Sie besitzen oberhalb des Schwanzes eine große **Bürzeldrüse**, in der Fett gebildet wird. Dieses Fett nehmen sie mit dem Schnabel ab und verteilen es auf den Federn. Dadurch entsteht eine wasserabstoßende Fetthülle. Das Wasser kann beim Schwimmen nicht bis auf die Haut gelangen. Da sich zwischen den Federn Luftpolster befinden, ist es den Wasservögeln möglich, sich ohne Anstrengung oder Schwimmbewegung auf der Wasseroberfläche zu halten.

Stockenten suchen ihre Nahrung im flachen Wasser. Sie stellen sich durch rudernde Beinbewegungen auf den Kopf und suchen den Boden nach Futter ab. Man sagt, sie **gründeln**. Bei der Nahrungssuche nehmen sie mit dem Schnabel gleichzeitig Wasser, Schlamm und

3 Stockente am Nest

4 Haubentaucher am Nest

Seihschnabel der Stockente

Nahrung auf. Die Nahrung besteht aus Pflanzenteilen, aus Larven und Puppen von Insekten. Mit Hilfe von Hornleisten an den Schnabelrändern wird die Nahrung beim Abfließen des Wassers herausgefiltert. Einen solchen Schnabel nennt man **Seihschnabel**. Der Schnabel von Haubentauchern ist lang und spitz. Sie ernähren sich überwiegend von kleinen Fischen, die sie im Wasser erjagen. Dabei tauchen sie bis vier Meter tief.

Während Haubentaucher nur selten das Wasser verlassen, halten sich Stockenten zum Schlafen und Brüten an Land auf. Die weibliche Ente baut ihr Nest meist in Ufernähe, unter Büschen oder im hohen Gras (Abb. 3). Sie übernimmt die Brutpflege allein. Durch das schwarzbraun gefleckte Gefieder hebt sich das Weibchen beim Brüten kaum von der Umgebung ab. Es ist gut getarnt. Die sieben bis elf Küken schlüpfen nahezu gleichzeitig. Sie haben dann bereits Federn, können sehen und verlassen kurze Zeit später das Nest. Wegen dieser Eigenschaften bezeichnet man die Küken als **Nestflüchter**. Zur Nahrungssuche führt eine Stockente ihre Jungen ins Wasser. Die Küken schwimmen wie Korken auf dem Wasser, da sie Luftpolster zwischen den Federn besitzen.

Männchen und Weibchen der Haubentaucher bauen gemeinsam im flachen Wasser ein Nest aus Wasserpflanzen. Es liegt meistens versteckt zwischen Schilf oder überhängendem Gebüsch (Abb. 4). Das Nest schwimmt auf dem Wasser. Beide Eltern sind an der Brutpflege beteiligt. Die Küken schlüpfen in größeren Abständen voneinander. Sie können vom ersten Tag an schwimmen und tauchen. Trotzdem lassen sie sich oft von einem der beiden Eltern auf dem Rücken tragen (Abb. 2).

Aufgaben

② Liste für Stockente und Haubentaucher auf, durch welche Merkmale sie an ein Leben im Wasser angepaßt sind.

Wasservögel sind an ein Leben im Wasser angepaßt. Sie besitzen Schwimmfüße und eine große Bürzeldrüse. Stockenten suchen ihre Nahrung im Wasser, schlafen und brüten an Land. Haubentaucher halten sich fast ausschließlich im Wasser auf. Die Jungen von Stockente und Haubentaucher sind Nestflüchter.

6.3 Der Waldkauz – ein nächtlicher Jäger

1 Waldkauz im Anflug auf eine Maus

Zielsicher stürzt sich der Waldkauz auf seine Beute herab (Abb. 1). Seine großen Augen sind auf die Maus gerichtet, seine Füße nach vorn ausgestreckt. Die kräftigen Zehen mit den langen, gebogenen Krallen sind abgespreizt und bereit, zuzupacken. Die Flügel sind weit ausgebreitet, der Flug wird bereits abgebremst. Im nächsten Augenblick wird der Waldkauz die Maus in seinen Krallen halten und töten.

Die Beutejagd eines Waldkauzes findet in der Dämmerung oder nachts statt. Der Anflug an ein Beutetier geschieht völlig lautlos. Diese Fähigkeit beruht darauf, daß die äußeren Schwungfedern am Rand der Flügel ausgefranst sind. Man hat festgestellt, daß dadurch die Fluggeräusche vermieden werden. Die Beute wird mit den spitzen Krallen ergriffen und getötet. Man nennt die Füße der Waldkäuze auch **Greiffüße**. Beim Transport halten die Waldkäuze ihre Beute mit ihrem Schnabel fest. Der Schnabel ist kräftig und wie ein Haken gebogen. Er wird daher auch als **Hakenschnabel** bezeichnet. Ein Waldkauz verschlingt seine Beute, ohne sie vorher zu zerkleinern. Die unverdaulichen Reste, die Haare, Knochen und Federn werden wieder hervorgewürgt. Man sagt **Gewölle** dazu (Abb. 2). Wenn man viele Gewölle untersucht, kann man aus deren Zusammensetzung feststellen, von welchen Tieren sich Waldkäuze ernähren (Abb. 3). Dies sind vor allem Mäuse und andere kleine Säugetiere, gelegentlich auch kleine Vögel.

Waldkäuze können sehr gut hören und sowohl tags, als auch in der Dämmerung und nachts sehr gut sehen. Ihre großen Augen sind nach vorn gerichtet und können im Kopf nicht bewegt werden. Wenn Waldkäuze in eine andere Richtung sehen wollen, müssen sie daher den Kopf drehen. Im Gegensatz zum Menschen können sie ihren Kopf fast vollständig nach hinten drehen. Mit dem Kopfdrehen wird gleichzeitig das Richtungshören verbessert.

2 Gewölle vom Waldkauz

3 Gewölle, geöffnet

4 Junge Waldkäuze

Die Fortpflanzungszeit der Waldkäuze beginnt bereits Ende Januar. Dann ist nachts sowohl der wie „huu-hu-uuuu" klingende Gesang des Männchens, als auch der laute und schrille „kuit"-Ruf des Weibchens zu hören. Zum Brüten suchen sich Waldkäuze in Laub- oder Mischwäldern größere Baumhöhlen. Sie brüten aber auch in Kirchtürmen oder auf Dachböden. Nach einer Brutzeit von etwa vier Wochen schlüpfen die zwei bis fünf Jungen. Sie sind nackt und haben die Augen noch geschlossen. Waldkäuze sind **Nesthocker**. Nach etwa vier Wochen verlassen die Jungvögel ihre Bruthöhle. Sie sind dann noch nicht flugfähig, sitzen am Boden oder in Bäumen (Abb. 4). Diese jungen Waldkäuze sind aber nicht von den Eltern verlassen, sondern halten durch Bettelrufe Kontakt zu ihnen. Sie können auch bereits gut klettern und suchen sich selbst bald ein geschütztes Versteck. Mit sieben Wochen können die Jungen fliegen. Auch dann werden sie noch von den Eltern mit Futter versorgt.

Aufgaben

① Siehe dir die Abb. 1 genau an und versuche, dazu eine Geschichte zum Beutefang des Waldkauzes zu schreiben.

② Fasse mit Hilfe des Textes zusammen, durch welche Merkmale der Waldkauz an den Beutefang angepaßt ist.

③ Vergleiche Merkmale von Stockente und Waldkauz. Schreibe das Ergebnis in Form einer Tabelle auf:

Stockente	Waldkauz
Seihschnabel	Hakenschnabel ......

Waldkäuze ernähren sich von kleinen Säugetieren und Vögeln, die sie in der Dämmerung und nachts erjagen. Junge Waldkäuze sind Nesthocker. Sie verlassen ihr Nest, bevor sie fliegen können.

6.4 Buntspechte und Kleiber sind Kletterkünstler

1 Buntspecht füttert Junge

2 Buntspecht beim Fressen, Zungenspitze vergrößert

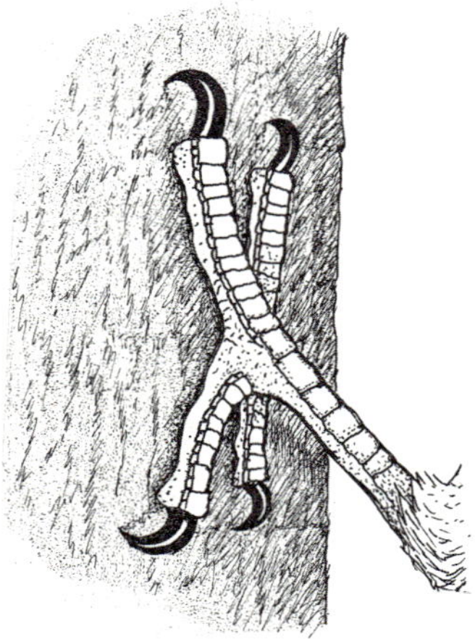

Fuß des Buntspechtes

Im Frühling sind in den Wäldern und Parks manchmal Laute zu hören, die wie schnelles Trommeln klingen. Dies ist ein sicheres Zeichen für die Anwesenheit eines Spechtes. Am häufigsten kommen bei uns Buntspechte vor. Beim Trommeln setzt sich ein Buntspechtmännchen an einen hohlen Stamm oder an einen trockenen Ast und schlägt bis zu 16mal hintereinander mit schnellen Schnabelhieben auf das Holz. Ein solcher Trommelwirbel dauert nur etwa eine halbe Sekunde. Hierdurch zeigt der Specht anderen Spechtmännchen sein Revier an und lockt gleichzeitig Weibchen an.

Buntspechte können am Stamm sehr geschickt klettern (Abb. 1). Geht es hinunter, bewegen sie sich rückwärts den Stamm entlang. Ein Buntspecht stellt jeweils zwei Zehen seiner Füße nach vorn und zwei nach hinten. Die Krallen sind gekrümmt und spitz. Sie greifen in die Rinde des Stammes. Die Füße eines Buntspechtes nennt man **Kletterfüße.** Sie werden immer beide gleichzeitig gesetzt. Aus diesem Grund entsteht eine hüpfende Bewegung. Ein Buntspecht stützt sich am Stamm mit seinem Schwanz ab. Die Schwanzfedern haben einen kräftigen Schaft und sind deshalb sehr steif. Sie liegen zu mehreren übereinander. Buntspechte haben einen **Stützschwanz** (Abb. 1).

Buntspechte suchen unter der Baumrinde vor allem nach Käfern und deren Larven. Hierzu hacken sie die Rinde mit wuchtigen Schnabelhieben auf. Der Schnabel eines Buntspechtes läuft vorn spitz zu und ist besonders fest und stabil. Seine Zunge ist lang und an den Rändern mit Widerhaken versehen (Abb. 2). Buntspechte bohren sie in die Gänge, in denen die Insekten leben. Die Nahrung bleibt an den Widerhaken hängen, wenn die Zunge zurückgezogen wird. Im Herbst und vor allem im Winter ernähren sich Buntspechte überwiegend von Früchten und von den fettreichen Samen der Fichten, Kiefern, Buchen und Haselsträucher. Fichtenzapfen klemmen sie in einen Baumspalt, entfernen die Schuppen mit ihrem Schnabel und fressen die Samen.

3 Kleiber füttert Junge

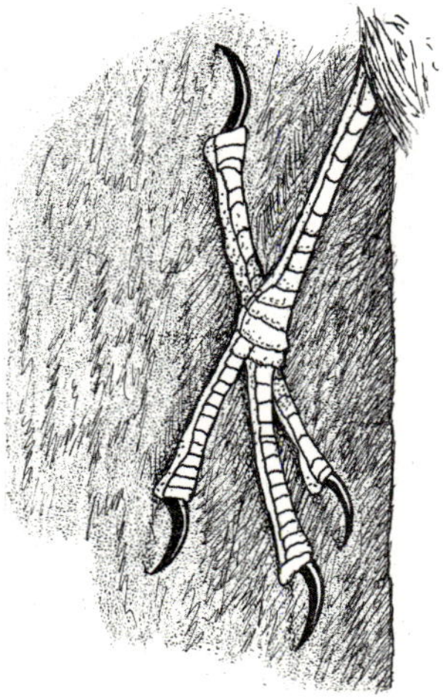

Fuß des Kleibers

Buntspechte sind **Höhlenbrüter**. Sie brauchen einen alten Baum in ihrem Revier, dessen Stamm groß genug ist, um darin eine Bruthöhle anzulegen. Beide Partner schlagen mit kräftigen Schnabelhieben an einer meist schadhaften Stelle des Stammes Holzstücke heraus. Je nach Festigkeit des Holzes dauert der Bau der Bruthöhle zwei bis drei Wochen. Nach einer Brutdauer von zehn bis zwölf Tagen schlüpfen die Jungen. Sie sind Nesthocker. Vier Wochen später verlassen sie die Bruthöhle. Dann wird ein Teil der jungen Vögel vom Weibchen, ein Teil vom Männchen geführt. In dieser Zeit suchen sie alle noch die Bruthöhle zum Schlafen auf. Die verlassenen Höhlen der Buntspechte werden später von anderen Tieren, wie Star, Fledermaus und Insekten genutzt.

Kleiber sind wie Buntspechte Kletterkünstler. Sie bewegen sich mit Hilfe ihrer kräftigen Füße an Baumstämmen, Mauern und Felsen entlang. Klettert ein Kleiber aufwärts, greift er mit einem Fuß nach oben, hält sich mit dem anderen aber unten weiter fest. Dabei stützt er sich nicht mit seinem kurzen Schwanz ab. Wenn er einen Stamm oder eine Mauer hinunterklettert, kann er sich im Gegensatz zu einem Buntspecht kopfabwärts bewegen (Abb. 3).

Während des Kletterns suchen Kleiber mit ihrem spitzen Schnabel in Ritzen und Spalten nach Insekten. Gelegentlich sammeln sie ihre Beute von Blättern und vom Boden ab. Im Winter fressen sie auch verschiedene Samen, wie Bucheckern und Haselnüsse.

Kleiber sind ebenfalls Höhlenbrüter. Sie bauen ihre Bruthöhle jedoch nicht selbst, sondern übernehmen diese beispielsweise von einem Buntspecht. Das Weibchen bringt mit dem Schnabel feuchte, lehmige Erde heran. Damit wird das Einflugloch soweit zugeklebt, daß nur eine körpergroße Öffnung übrigbleibt. Das Weibchen bebrütet bis zu acht Eier. Nach etwa drei Wochen schlüpfen die Jungen. Sie sind Nesthocker. Sie werden von beiden Eltern, auch noch nach dem Verlassen der Bruthöhle, gefüttert.

Aufgaben

① Beschreibe mit Hilfe des Textes, durch welche Merkmale Buntspechte an ihren Lebensraum angepaßt sind.

② Beschreibe, wie Kleiber an ihren Lebensraum angepaßt sind.

③ Vergleiche Buntspechte und Kleiber in ihrer Fortbewegung am Stamm, in ihrer Nahrungssuche und in ihrer Eigenschaft als Höhlenbrüter.

④ Welche Folgen könnte es für die Kleiber haben, wenn in einem Gebiet die Anzahl der Buntspechte abnimmt?

Buntspechte und Kleiber bewegen sich mit Hilfe ihrer Kletterfüße am Stamm. Sie ernähren sich im Sommer hauptsächlich von Insekten, im Winter überwiegend von verschiedenen Samen. Sie sind Höhlenbrüter.

6.5 Jahresvögel, Zugvögel und Wintergäste

1 Jahresvögel, Zugvögel und Wintergäste

Im Winter ist das Nahrungsangebot für die Vögel knapp. Insekten überwintern als Eier oder Puppen in Ritzen, Fugen und Spalten von Baumrinden, Mauern und Dachbalken und sind für Vögel schwer zu erreichen. Manche Insektenfresser unter den Vögeln, wie zum Beispiel die Kohlmeisen, stellen ihre Ernährung im Winter um. Sie fressen dann Samen und Beeren. Die meisten Vögel ernähren sich bei uns im Winter von Samen und Früchten. Wenn der Schnee Boden, Büsche und Bäume zudeckt, sind auch diese Nahrungsquellen für die Vögel schwer zugänglich. Höchstens 16 Stunden kommt ein kleiner Vogel im Winter ohne Nahrung aus. Im Januar dauern aber die Nächte fast 15 Stunden. Nur neun Stunden lang ist es hell! Wenn z. B. eine Kohlmeise während der neun Stunden Tageslicht nicht genug Futter findet, dann sinkt ihre Körpertemperatur während der Nacht so stark ab, daß sie erfriert.

Auch für die fleischfressenden Vögel ist die Nahrung, wenn sie vorwiegend aus Mäusen besteht, unter einer geschlossenen Schneedecke schwer erreichbar. In besonders kalten, langen und schneereichen Wintern finden Schleiereulen oder Mäusebussarde nicht genug Nahrung. Schleiereulen fliegen dann in die Nähe menschlicher Siedlungen. Hier jagen sie Mäuse, die vielleicht in der Nähe von Scheunen oder Gärten umherlaufen.

Etwa zwei Drittel der bei uns brütenden Vögel überwintert in wärmeren Gegenden mit reicherem Nahrungsangebot. Diese **Zugvögel** verlassen jeden Herbst ihr Brutgebiet und kehren im Frühling zurück. **Jahresvögel** können wir das ganze Jahr über beobachten. Vögel, die wir nur im Winter bei uns finden, sind Zugvögel aus dem Norden Europas, die hier überwintern. Sie werden als **Wintergäste** bezeichnet. Wintergäste sind zum Beispiel Bergfinken und Seidenschwänze.

Biotip

Winterhilfen für Jahresvögel und Wintergäste

1. Vielleicht betreust du im Garten deiner Eltern oder im Schulgarten ein eigenes Beet. Bevorzuge solche Blütenpflanzen, Sträucher und Bäume, die den Vögeln auch im Winter Nahrung bieten. Die Vögel können sich im Winter von den Früchten und Samen von Sonnenblumen, Heckenrosen und Ebereschen ernähren.

2. Du kannst auch eine Futterglocke bauen und im Winter die Vögel füttern. Das Futter sollte aus verschiedenen Körnern, Haferflocken, Rosinen, Hagebutten und Vogelbeeren bestehen.

3. In besonders schneereichen Wintern kannst du Mäusebussarden und Eulen helfen, indem du den Schnee vom Erdboden wegfegst und Körner ausstreust. Mäuse werden angelockt und können von den Mäusebussarden und Eulen gefangen werden.

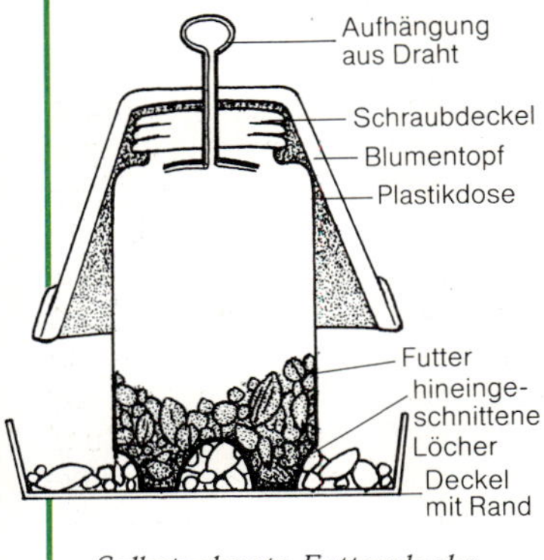

Selbstgebaute Futterglocke

Aufgabe

① Fertige eine dreispaltige Tabelle an. Die Überschriften der drei Spalten lauten: Jahresvögel, Zugvögel und Wintergäste. Ordne die Vögel der Abb. 1 jeweils einer dieser Gruppen zu.

Im Winter finden die Vögel bei uns kaum Insekten. Wenn Schnee liegt, sind Samen, Beeren und Mäuse kaum erreichbar. Den Jahresvögeln und Wintergästen können wir durch Fütterung helfen. Die Zugvögel überwintern in wärmeren Gegenden mit reicherem Nahrungsangebot.

6.6 Der Zug der Weißstörche – einmal Afrika und zurück

Bisher wurden in Deutschland 19 Weißstörche mit afrikanischen Pfeilen gefunden.

Viele Jahrhunderte lang waren die Menschen davon überzeugt, daß Schwalben im Schlamm von Seen überwintern. Vom Kuckuck glaubten sie sogar, daß er sich im Herbst in einen Sperber verwandelt und im Frühling wieder zurück in einen Kuckuck. 1822 erhielten Vogelforscher den ersten Hinweis auf den Aufenthaltsort von Weißstörchen im Winter. In der Nähe von Berlin wurde ein Storch mit einem Pfeil im Flügel gefunden (Abb. 1). Nachforschungen ergaben, daß dieser Pfeil mit solchen Pfeilen übereinstimmte, die die Menschen in Afrika zur Jagd benutzen. Genauere Erkenntnisse über den Zug der Weißstörche erhielt man aber erst durch die Beringung dieser Vögel.

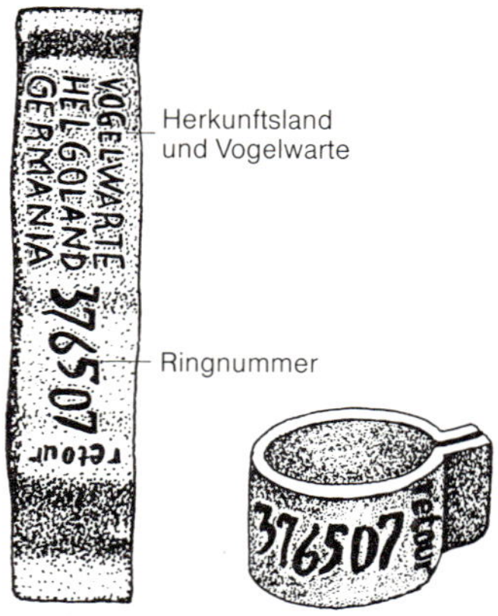

Vogelring

In den Ring sind der Name der Vogelwarte, der Name des Herkunftlandes und eine Nummer eingestanzt. Der Schriftzug „retour" bedeutet „zurück". Hierdurch werden die Finder toter Vögel aufgefordert, den Ring umgehend an die Vogelwarte zurückzuschicken. Man zeichnet alle Orte, an denen Ringe von Weißstörchen gefunden wurden, in Landkarten ein. Auf diese Weise wurden zwei Wege, auf denen Weißstörche nach Afrika ziehen, entdeckt. Ein Zugweg führt von Mitteleuropa über Spanien und Gibraltar nach Afrika. Ein weiterer Zugweg führt über den Bosporus und die Türkei nach Afrika (Abb. 3). Welchen Zugweg die Störche nehmen, hängt davon ab, wo sie aus dem Ei geschlüpft sind. Störche, die westlich einer Linie geschlüpft sind, die mitten durch Europa geht, fliegen über Gibraltar nach Afrika. Störche, die östlich dieser Linie geschlüpft sind, fliegen über den Bosporus.

Erst vor ein paar Jahren fanden Vogelforscher heraus, daß die Beringung die Störche in Gefahr bringt. Störche bekoten an besonders heißen Tagen in Afrika ihre Beine als Schutz gegen die Hitze. Zwischen Ring und Bein werden die Ausscheidungen sehr hart, und das Bein schwillt an. Da Weißstörche schreitend Insekten, Frösche, Eidechsen, Fische und Mäuse jagen, kann der gehbehinderte Vogel nun nicht mehr genügend Nahrung fangen und verhungert. Deshalb werden Weißstörche heute nicht mehr beringt.

In der Bundesrepublik hat die Zahl der brütenden Weißstorchpaare sehr stark abgenommen. 1934 brüteten noch 4407 Paare. 1984 waren es noch 649 Paare. Durch die Trockenlegung von Feuchtgebieten wird der Lebensraum der Weißstörche zerstört. Die Verwendung von

1 Weißstorch mit Pfeil

2 Nest mit Weißstörchen

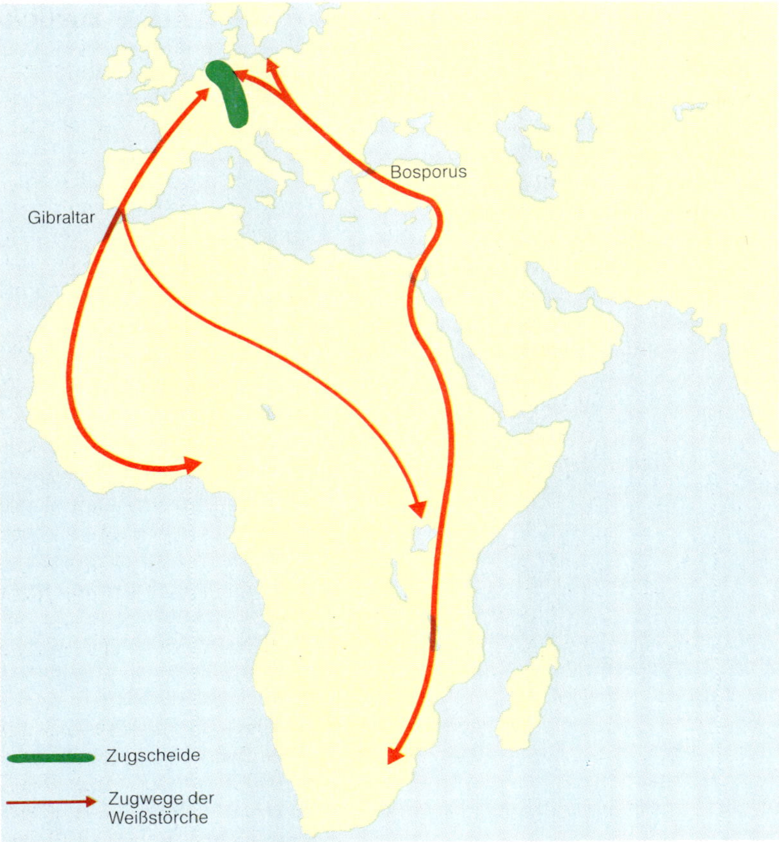

3 Zugwege der Weißstörche

Giften zur Schädlingsbekämpfung in Europa und in Afrika vernichtet ihre Beutetiere. An Hochspannungsleitungen kommen viele Vögel um. Der Weißstorch ist vom Aussterben bedroht.

Obwohl die Weißstörche im August bei uns noch genügend Nahrung finden und das Wetter in der Regel noch warm ist, fliegen sie in den Süden. Wahrscheinlich tritt zu bestimmten Zeiten eine innere Bereitschaft zum Abflug auf. Möglicherweise ist die abnehmende Tageslänge für die Weißstörche das Startzeichen zum Wegzug. Zusammenstöße von Vögeln mit Flugzeugen führen nicht selten zu erheblichen Beschädigungen oder sogar zum Absturz des Flugzeugs. Für die Flugsicherungsdienste ist es deshalb wichtig zu wissen, wann mit ziehenden Vögeln zu rechnen ist. Weißstörche, die den südöstlichen Weg ziehen, fliegen im August von Deutschland fort. Im September überfliegen diese Weißstörche den Bosporus. Im November kommen sie in Südafrika an. Schon im Januar fliegen sie von dort wieder ab und erreichen das Nest vom Vorjahr Ende März, Anfang April. Auf ihrem Flug fliegen die Weißstörche pro Tag durchschnittlich 150 km.

Häufig ziehen die Jungstörche vor ihren Eltern in die afrikanischen Überwinterungsgebiete. Die Kenntnis der Richtung, in der sie vom Nest abfliegen müssen, ist ihnen angeboren. Bei stürmischem Wetter werden immer wieder Störche von ihrem Weg abgetrieben. Wie können diese verirrten Vögel ihren Standort bestimmen? Wie finden sie die richtige Richtung wieder? Über die Orientierung der Weißstörche weiß man wenig. Man vermutet, daß sie sich nach dem Stand der Sonne und/oder nach dem Magnetfeld der Erde orientieren können. Zugerfahrene Weißstörche richten sich nach Gebirgsketten und Flußtälern. Von einigen Vögeln, die nachts ziehen, nimmt man an, daß sie sich nach den Sternen orientieren können.

Aufgaben

① Ein Weißstorch aus dem Hamburger Raum zieht über den Bosporus bis in die Nähe von Johannisburg in Südafrika. Miß auf der Atlaskarte die Flugstrecke aus, die der Weißstorch zurücklegt. Wieviel Kilometer fliegt der Storch jedes Jahr auf seinem Hin- und Rückflug?

② Seit die Weißstörche nicht mehr beringt werden, sind Ringfunde von diesen Vögeln sehr selten geworden. Einer der letzten Weißstorchringe, der an die Vogelwarte Helgoland zurückgeschickt wurde, kam aus Wagadugu. Informiere dich mit Hilfe deines Atlas darüber, wo Wagadugu liegt. Stelle anhand der Abb. 3 fest, auf welchem der bekannten Zugwege der Weißstörche dieser Fundort liegt. Entscheide dann, ob der in Wagadugu tot aufgefundene Weißstorch östlich oder westlich der Zugscheide, die mitten durch Europa führt, aus dem Ei geschlüpft ist.

Durch Wiederfunde beringter Vögel können deren Zugwege erforscht werden. Weißstörche fliegen über Gibraltar oder den Bosporus nach Afrika. Die Kenntnis der Zugrichtung ist den Weißstörchen angeboren.

6.7 Städte – ein Lebensraum für Vögel?

1 Hausrotschwanz nistet im Gebälk eines Hauses

„Für den Rotschwanz ist vor allem, dem Namen gemäß, der rotbraune Schwanz bezeichnend. Ansonsten ist er schwärzlich gefärbt, auf den Flügeln weiß gefleckt. Er ist in Mittel- und Südeuropa, in Kleinasien und Persien verbreitet. Als ein Gebirgskind und Felsenbewohner brütet er in Felsspalten. Er nährt sich von Spinnen und kleinen Insekten, frißt aber auch Beeren ...“

nach: Volks-Brehm, 1937

Hausrotschwänze haben sich in den letzten hundert Jahren bis ins nördliche Deutschland verbreitet. Erstaunlich ist, daß diese Felsenbrüter, die ursprünglich nur in den Gebirgen verbreitet waren, jetzt auch in den Städten leben. Ab Anfang März kann man Hausrotschwänze bei uns beobachten, wenn sie von einem Hausdach sitzen und singen. Gebäude mit ihren Vorsprüngen und Mauernischen ersetzen ihnen Felsspalten und werden als Nistmöglichkeiten genutzt (Abb. 1). In den Mauerritzen mit den darin lebenden Insekten und Spinnen finden sie ihre Nahrung. Hausrotschwänze haben also ihren ursprünglichen Lebensraum erweitert und nutzen nun auch die für sie günstigen Lebensbedingungen in der Nähe des Menschen.

Auch Amseln leben erst seit etwa 90 Jahren in unserer unmittelbaren Umgebung. Ursprünglich sind sie Waldvögel. Sie haben in der Nähe des Menschen günstige Lebensbedingungen vorgefunden. Zum einen bieten Parkanlagen und Gärten mit ihren Rasenflächen und den darin lebenden Würmern ausreichend Nahrung. Zum anderen haben Amseln in der Nähe menschlicher Siedlungen weniger Feinde, da beispielsweise Habichte ihren Lebensraum nicht entsprechend erweitert haben.

Es gibt wenige Vogelarten, denen es wie den Hausrotschwänzen und den Amseln gelungen ist, sich dem Menschen so anzupassen. Man bezeichnet sie als **Kulturfolger**.

„Fliegender Edelstein“ wird der Eisvogel genannt. Mit seinem stahlblauen Rücken und der orangefarbenen Unterseite ist er ein auffälliger und farbenprächtiger Vogel. Minutenlang sitzt er beim Beutefang auf

Biotip

Du kannst die Lebensbedingungen für verschiedene Vogelarten verbessern, indem du am Haus oder im Garten einen Nistkasten anbringst. Dabei solltest du folgendes beachten:

1. Der Kasten darf der Sonne nicht ständig ausgesetzt sein, da sonst die Jungvögel ersticken oder verdursten.

2. Die günstigste Höhe zum Aufhängen des Kastens ist etwa 1,80 Meter.

3. Das Einflugloch soll in Südostrichtung zeigen.

4. Im Herbst muß das alte Nistmaterial entfernt werden, weil in den alten Nestern viele Parasiten überwintern.

3 Kohlmeisen haben gelernt, Milchflaschen zu öffnen

2 Eisvogel

einem Ast oder Pfahl am Ufer eines sauberen Baches, der mit Büschen bewachsen ist. Von dort stürzt er sich auf einen vorbeischwimmenden Stichling oder einen anderen kleinen Fisch. Die Beute wird auf einem Zweig totgeschlagen und vollständig verschlungen. Gräten und Schuppen der Fische werden wieder ausgewürgt. Eisvögel bauen ihr Nest in einer steilen Uferwand. Mit ihrem langen, kräftigen Schnabel hacken sie zunächst ein Loch in die Uferwand. Von dieser Stelle aus legen sie einen bis zu einem Meter langen Tunnel an, der in einem Brutraum endet. Wenn Bäche und Flüsse im Winter zugefroren sind, finden Eisvögel keine Nahrung mehr. Manche verhungern in einem strengen Winter. Umfangreiche Begradigungen unserer Bäche und Flüsse tragen dazu bei, daß die für den Nestbau notwendigen Steilwände selten geworden sind. Der Bestand der Eisvögel ist bei uns in den letzten Jahren immer weiter zurückgegangen.

So wundert es nicht, daß Eisvögel in der Bundesrepublik Deutschland als stark gefährdet gelten. Das gleiche trifft für zahlreiche andere Vogelarten zu, deren Lebensräume durch Eingriffe des Menschen verändert wurden und die in den stark veränderten Lebensraum nicht leben können. Um den Bestand der Eisvögel nicht noch weiter zu verringern, müssen Ufer mit steilen Wänden geschaffen werden und Bäche mit klarem Wasser erhalten bleiben.

Kohlmeisen sind **Insektenfresser.** Häufig kann man beobachten, wie sie die Rinde von Bäumen abziehen, um an die darunter versteckten Eier und Raupen von Insekten zu gelangen. In England wurden Meisen beobachtet, die die vor den Haustüren abgestellten Milchflaschen öffneten. Zunächst hatten einige Meisen zufällig die Metallfolie von den Milchflaschen abgezogen. Dabei machten sie die Erfahrung, daß sich unter dem Deckel der schmackhafte Rahm befand. Diese Erfahrung merkten sich die Kohlmeisen. In Zukunft wiederholten sie das Öffnen der Milchflaschen und das Naschen des Rahms (Abb. 3). Die Kohlmeisen hatten gelernt, eine neue Nahrungsquelle zu erschließen.

Aufgaben

① Fasse zusammen, durch welche Einflüsse Eisvögel in ihrem Bestand bedroht sind. Übernimm dafür die folgende Skizze in dein Heft und beschrifte die Pfeile.

Bedrohung durch:

↓

→ Eisvogel ← verschmutzte Bäche

↑

② Suche dir aus Abb. 3 eine Vogelart heraus, die in ihrem Bestand gefährdet ist. Schlage in einem Buch nach, wodurch diese Art gefährdet ist.

③ Vergleiche die Lebensweise von Hausrotschwanz und Eisvogel. Welche Bedeutung hat die Bebauung ihres Lebensraumes für sie?

Einige Vogelarten haben sich an einen neuen Lebensraum in der Nähe des Menschen angepaßt. Sie werden als Kulturfolger bezeichnet. Die meisten Vogelarten unserer Umgebung gehen in ihrem Bestand immer weiter zurück, da ihr Lebensraum durch die Eingriffe des Menschen zerstört wird.

6.8 Kennübung: Vögel

Bläßhuhn

Kennzeichen:	weiße Stirn, weißer Schnabel
Lebensraum:	Gewässer mit starkem Pflanzenbewuchs, Parks; Jahresvogel
Fortpflanzung:	Nest im Schilf oder auf offenem Wasser, Nestflüchter
Nahrung:	Pflanzenteile, Würmer, Schnecken, Insekten

Teichhuhn

Kennzeichen:	rote Stirn, roter Schnabel mit gelber Spitze
Lebensraum:	Gewässer mit starkem Pflanzenbewuchs, Wiesen in Gewässernähe; Jahresvogel
Fortpflanzung:	Nest im sumpfigen Ufergebüsch, Nestflüchter
Nahrung:	Pflanzenteile, Würmer, Schnecken

Reiherente

Kennzeichen:	schwarz-brauner Federschopf
Lebensraum:	stehende, möglichst tiefe Gewässer, Jahresvogel
Fortpflanzung:	Nest im Ufergebüsch, Nestflüchter
Nahrung:	Schnecken, Fischlaich, Froschlaich, Insekten

Mauersegler

Kennzeichen:	schmale, gebogene Flügel; kurzer, gegabelter Schwanz; weißer Kehlfleck
Lebensraum:	Dörfer, Städte; Zugvogel
Fortpflanzung:	Nest in einer Höhle an Gebäuden
Nahrung:	Insekten

Gartenbaumläufer

Kennzeichen:	dünner, gebogener Schnabel; Stützschwanz; Gefieder braun gestrichelt
Lebensraum:	Laubwälder, Parks, Gärten; Jahresvogel
Fortpflanzung:	Nestmulde im Spalt von Stämmen, hinter abgeplatzter Rinde, in Holzstößen
Nahrung:	kleine Insekten, Spinnen

Türkentaube

Kennzeichen:	schmales, schwarzes Nackenband
Lebensraum:	Parks, Gärten; Jahresvogel
Fortpflanzung:	Nest in Büschen oder Bäumen
Nahrung:	Samen, Beeren

Bachstelze

Kennzeichen:	schwarz-weißes Gefieder; langer, stark wippender Schwanz
Lebensraum:	Felder, Wiesen, oft in Gewässernähe; Teilzieher
Fortpflanzung:	Nest in Spalten
Nahrung:	Regenwürmer, Insekten

Amsel

Kennzeichen:	♂ schwarzes Gefieder, gelber Schnabel; ♀ braunes Gefieder, brauner Schnabel
Lebensraum:	Wälder, Parks, Gärten; Jahresvogel
Fortpflanzung:	Nest in Büschen oder Bäumen
Nahrung:	Regenwürmer, Samen, Beeren

7 Bewegung

7.1 Ein Skelettfund aus der Steinzeit

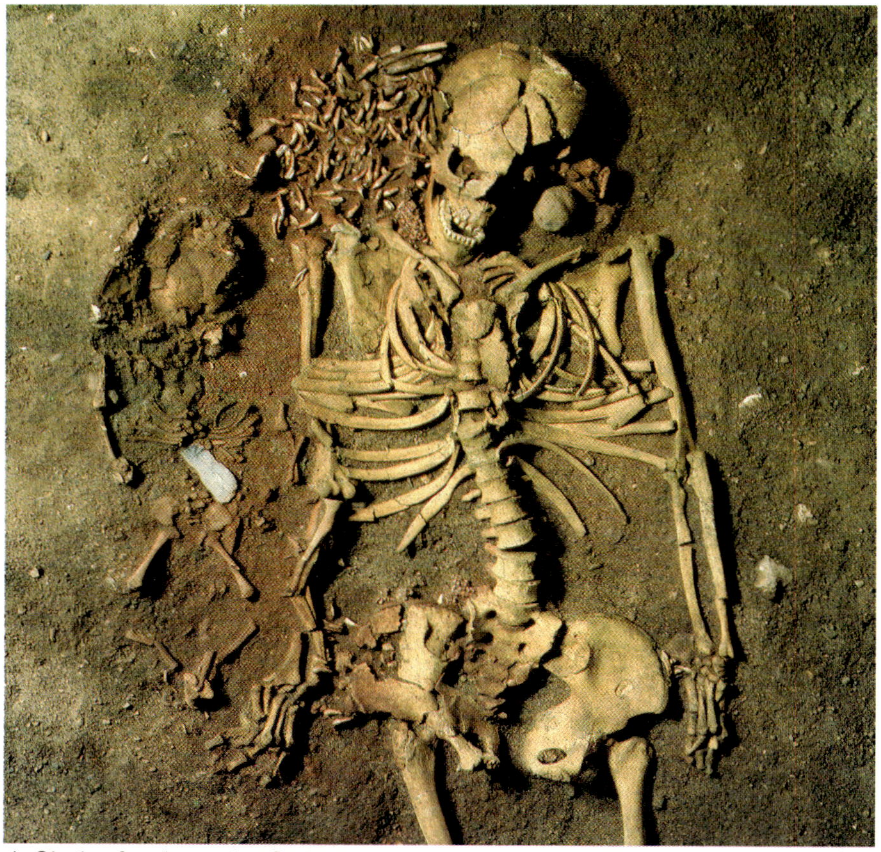

1 Skelettfund aus der Steinzeit

Bei Ausgrabungen in Dänemark fand man 1980 das ziemlich gut erhaltene Skelett einer Frau und eines kleinen Kindes nebeneinander, vermutlich eine Mutter mit ihrem Neugeborenen (Abb. 1). Eine Altersbestimmung ergab, daß die beiden Menschen in der Steinzeit bestattet worden waren. 6000 Jahre sind seitdem vergangen. Trotzdem ist das Skelett noch gut erhalten. Knochen und Zähne sind sehr hart und verwesen deshalb nicht so schnell wie die weichen Teile des Körpers.

Zum **Skelett** eines Menschen gehören über 200 Knochen, die den Körper stützen, innere Organe schützen und an Bewegungen beteiligt sind. Bei aufrechter Haltung wird der Körper von den Beinen und Füßen getragen. Auf den **Beckenknochen** ruht der Oberkörper. Die **Wirbelsäule** hält den Körper aufrecht, sie ist mit den Beckenknochen verwachsen. Die Wirbelsäule umschließt das Rückenmark, das wie ein dicker Strang die Wirbelsäule von oben nach unten durchzieht und mit dem Gehirn in Verbindung steht. Das Gehirn wird durch die **Schädelknochen** geschützt. Kopf und Brustkorb werden von der Wirbelsäule getragen. Der **Brustkorb** schützt Herz und Lungen. Die Knochen der Arme mit Schulterblatt und Schlüsselbein können den Körper abstützen, wenn er fällt.

Aufgabe

① Benenne mit Hilfe der Abb. 2 die Teile des Skeletts, die man bei Ausgrabungen in Dänemark gefunden hat.

Das Skelett eines Menschen wird unterteilt in Arm- und Beinknochen, Beckenknochen, Wirbelsäule, Brustkorb und Schädelknochen. Das Skelett stützt und trägt den Körper und schützt die inneren Organe.

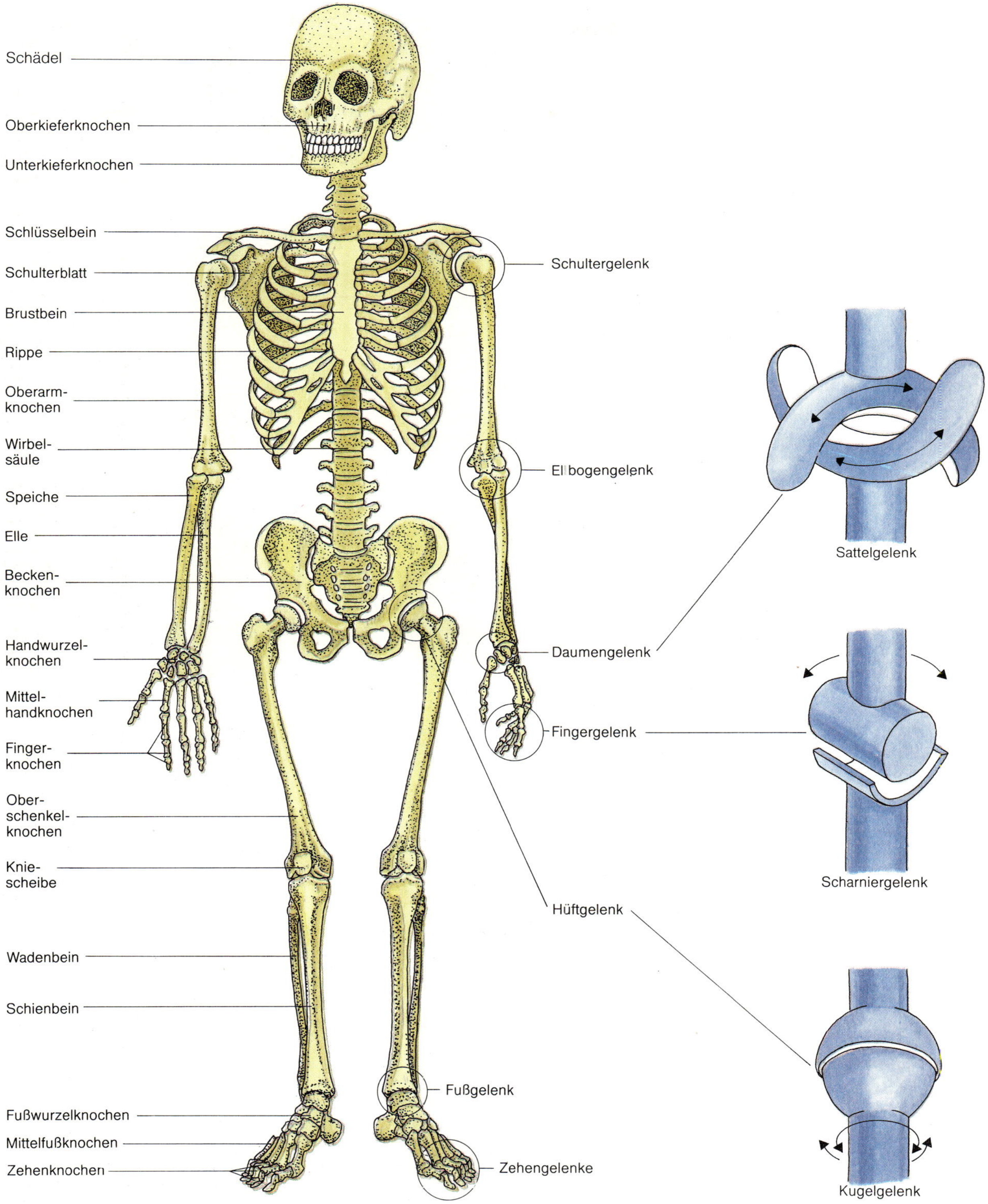

2 Skelett und Gelenke

7.2 Gelenke

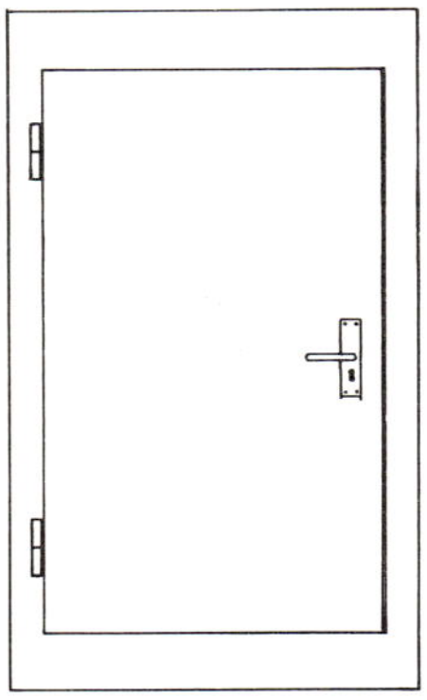

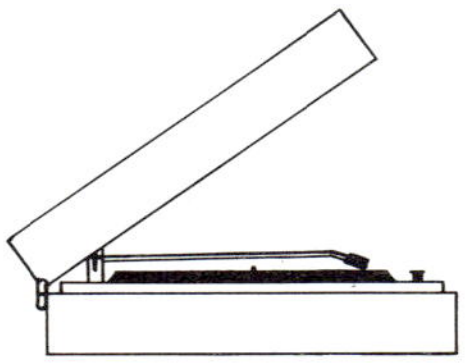

Scharniergelenke

Wenn du die Knochen deines Armes abtastest, bemerkst du, daß sie aus mehreren Abschnitten bestehen. Im Ellbogengelenk ist der Oberarmknochen mit den Unterarmknochen beweglich verbunden. Andere Gelenke, zum Beispiel der Schultern, der Finger oder der Beine kannst du leicht ertasten. Knochen werden einerseits durch **Gelenke** fest zusammengehalten; andererseits ermöglichen Gelenke, daß Knochen beweglich verbunden sind, ohne daß die harten Knochenenden schmerzhaft aneinander reiben.

Abbildung 1 zeigt den Bau eines Gelenks. Das vorgewölbte Knochenende, der **Gelenkkopf** ragt in eine Vertiefung, die **Gelenkpfanne** des anderen Knochens. Beide Knochenenden sind von einer glatten Substanz überzogen, die man **Knorpel** nennt. Die Knochenenden werden von festen Bändern zusammengehalten, die eine Kapsel bilden. Von der Innenseite dieser Kapsel wird Gelenkschmiere abgesondert. Gelenkschmiere und glatter Knorpel verhindern, daß die beiden Knochenenden aufeinander reiben.

Das Hüftgelenk ist ein Beispiel für ein **Kugelgelenk:** Der Oberschenkelknochen bildet den kugeligen Gelenkkopf, eine Vertiefung des Beckens bildet die Gelenkpfanne (Abb. 1). Bei Kugelgelenken sind Bewegungen in viele Richtungen möglich. **Scharniergelenke** erlauben nur Bewegungen in eine Richtung (◁). Die Fingergelenke gehören dazu (Abb. 1). **Sattelgelenke** lassen Bewegungen in zwei Richtungen zu. Am Grunde des Daumens befindet sich ein Sattelgelenk (Abb. 1). Damit kann der Daumen den anderen Fingern gegenübergestellt werden. So sind fein abgestufte Greifbewegungen der Hand möglich.

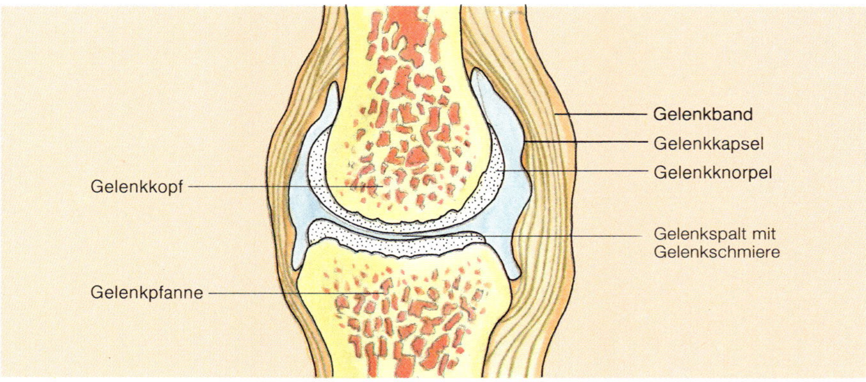

1 Schema eines Gelenks

Aufgaben

① Binde den Daumen mit einem dünnen Tuch an die zugehörige Mittelhand, so daß der Daumen kaum noch bewegt werden kann. Versuche dann mit dieser Hand verschiedene Bewegungen auszuführen: Greifen, Schreiben, Papier falten, Tasse hochheben, im Buch blättern. Berichte über die Schwierigkeiten, die dabei auftreten. Beschreibe, welche Bedeutung das Daumengelenk hat.

② Zeichne in dein Heft ein Strichmännchen. Übertrage die Kreise aus der Abb. 1. Umrande die Kreise farbig: Rot für Kugelgelenke, gelb für Scharniergelenke, blau für Sattelgelenke. Versuche durch Bewegungen der entsprechenden Gelenke herauszufinden, zu welchem Typ die Zehengelenke, das Fußgelenk und das Schultergelenk gehören. Trage die Ergebnisse deiner Untersuchungen mit den angegebenen Farben in die Zeichnung ein.

③ Suche in der Schule und zu Hause verschiedene Gegenstände mit gelenkigen Verbindungen (z. B. Klappstuhl, Tafelzirkel). Welchem Gelenktyp entspricht die jeweilige Verbindung am ehesten?

Gelenke stellen in der Form von Kugel-, Scharnier- und Sattelgelenken eine bewegliche Verbindung zwischen zwei Knochen her.

7.3 Bau der Knochen

Versuche

1. Besorge von einem Schlachthof den Oberschenkelknochen eines Schweins. Säubere den Knochen vorsichtig von anhaftenden Fleischresten. Spanne den Knochen fest in einen Schraubstock, so daß der Gelenkkopf des Hüftgelenks nach oben ragt. Säge nun den Knochen mit einer Bügelsäge (am besten ist eine feinzähnige Metallsäge geeignet) in Längsrichtung von oben bis zur Mitte. Bitte dabei um Hilfe deiner Lehrerin oder deines Lehrers. Entferne die Längshälfte, indem du in der Mitte einmal quer sägst. Die Schnittfläche wird mit einem Tropfen Spülmittel und einer Handwaschbürste gesäubert und entfettet. Beschreibe den Knochenlängsschnitt! Vergleiche ihn mit Abbildung 2.

2. Stelle eine Schweinerippe in ein Becherglas. Gib soviel verdünnte Salzsäure hinzu, daß die Schweinerippe gerade bedeckt ist (Abb. 1 a). Salzsäure löst aus dem Knochen die harten Bestandteile heraus. Übrig bleiben die weichen, biegsamen und elastischen Bestandteile des Knochens. Man nennt diese Stoffe „Knochenleim".
Gieße nach zwei bis drei Tagen nach Anleitung deiner Lehrerin/deines Lehrers die Salzsäure vorsichtig ab. Spüle den Knochen gründlich mit Wasser ab. Prüfe den Knochen auf seine Biegsamkeit und seine Dehnbarkeit.

3. Greife das eine Ende einer Schweinerippe mit einer Tiegelzange (Abb. 1 b). Halte das andere Ende in die Flamme eines Brenners. Wenn der Knochen glüht, werden die weichen, biegsamen Bestandteile des Knochens verbrannt. Übrig bleiben die Bestandteile, die einem Knochen seine Härte geben. Weil diese Bestandteile nach dem Glühen eines Knochens übrigbleiben, nennt man sie „Knochenasche".
Laß den ausgeglühten Knochen 20 Minuten abkühlen. Prüfe anschließend die Festigkeit und Biegsamkeit des Knochens. Stoße mit dem ausgeglühten Knochenende auf eine Tischplatte. Beschreibe das Ergebnis. Vergleiche das Ergebnis dieses Versuchs mit dem Ergebnis von Versuch 2.

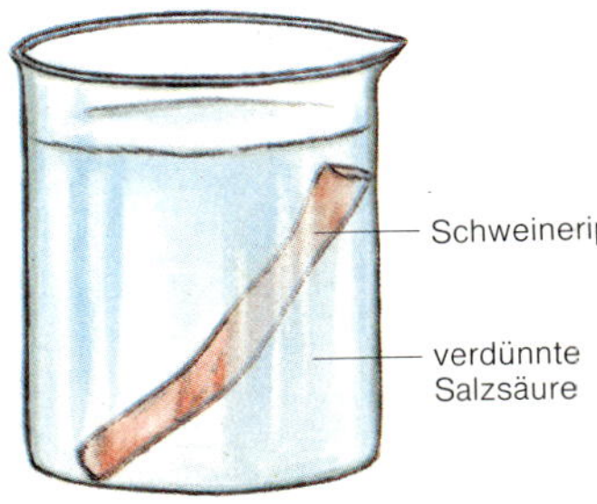

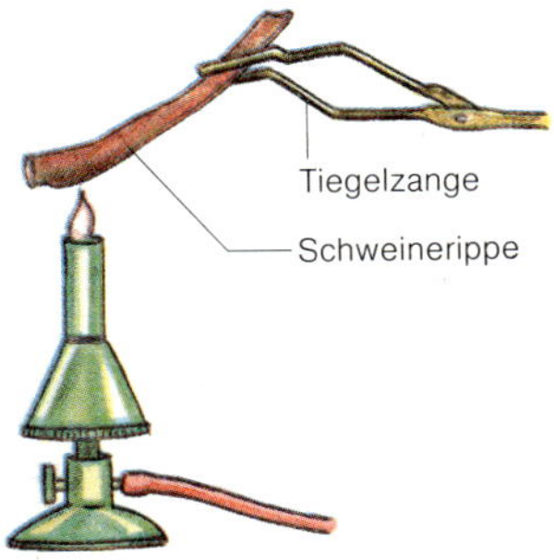

1a Schweinerippe in verdünnter Salzsäure

1b Schweinerippe wird geglüht

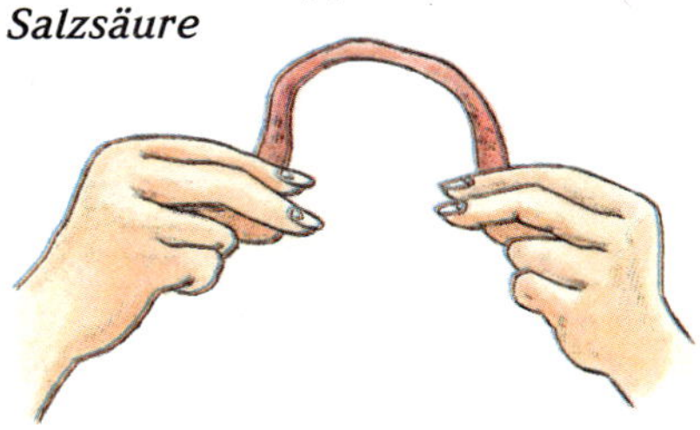

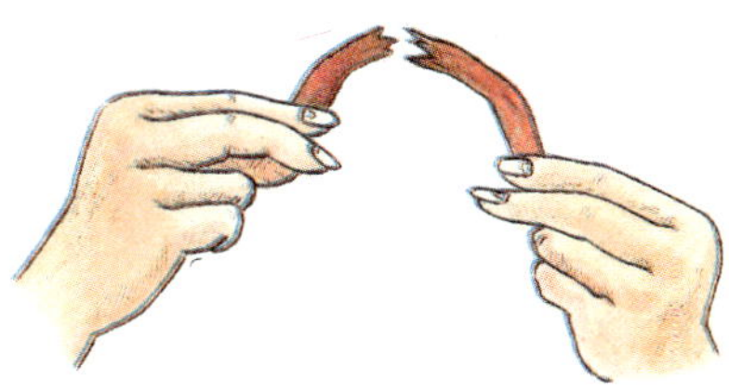

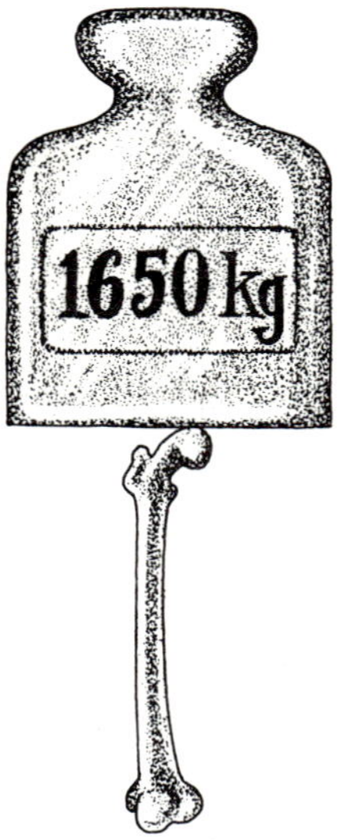

Knochen müssen einiges aushalten, zum Beispiel die Knochen der Beine: Sie tragen die Körpermasse beim Gehen, Laufen und Springen. Der Oberschenkelknochen des Menschen ist so fest gebaut, daß er 1650 Kilogramm tragen könnte – das ist ungefähr die halbe Masse eines ausgewachsenen Elefanten.

Wenn man aus Versehen gegen ein Hindernis stößt, brechen die Knochen nicht gleich. Knochen können einigen Druck vertragen. Knochen sind nicht nur sehr fest und hart, sondern auch ein wenig elastisch. Wenn man einen Knochen in verdünnte Salzsäure legt, werden die festen, harten Bestandteile aus dem Knochen herausgelöst. Übrig bleiben die weichen, biegsamen und elastischen Bestandteile. Diese nennt man **Knochenleim.** Wird ein Knochen in eine Flamme gehalten, so verbrennen die Bestandteile des Knochenleims. Übrig bleibt die Asche des Knochens. Sie ist brüchig und spröde. Die Bestandteile der **Knochenasche** sorgen für die Festigkeit und Härte eines Knochens.

In jedem Knochen sind Bestandteile des Knochenleims und der Knochenasche miteinander verbunden: Knochenleim und Knochenasche bewirken zusammen, daß ein Knochen fest und hart – aber auch ein wenig elastisch ist.

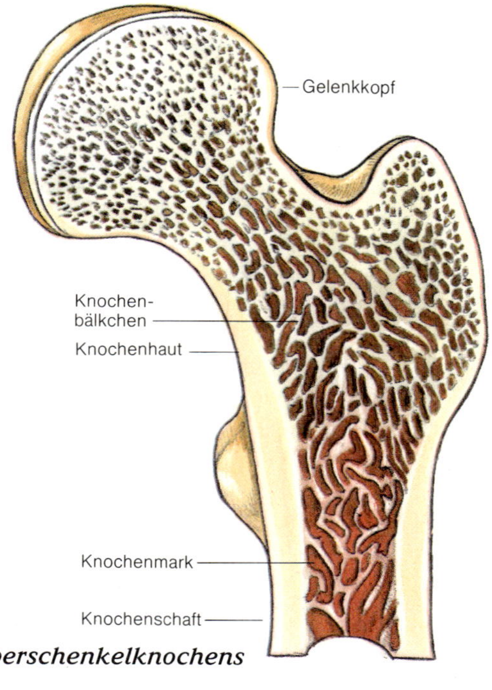

2 Bau eines Oberschenkelknochens

An einem Oberschenkelknochen kann man den langen Knochenschaft und den verdickten, abgerundeten Gelenkkopf unterscheiden (Abb. 2). Die Oberfläche des Knochens ist mit der dünnen **Knochenhaut** bedeckt, die nur im Bereich der Gelenkflächen fehlt. In der Knochenhaut verlaufen Blutgefäße und Nerven, die durch kleine Öffnungen in den Knochen hineinführen und den Knochen versorgen.

Ein Knochen ist aus vielen kleinen **Knochenbälkchen** aufgebaut (Abb. 2). Die Knochenbälkchen sind nicht regellos angeordnet. Ihr Verlauf ähnelt den Verstrebungen eines Krans oder den Stahlseilen einer Brücke. Kran und Brücke müssen schwere Lasten tragen können. Auch ein Knochen ist sehr stark belastbar. Die Anordnung der Knochenbälkchen sorgt dafür, daß ein Knochen viel Belastung aushalten kann.

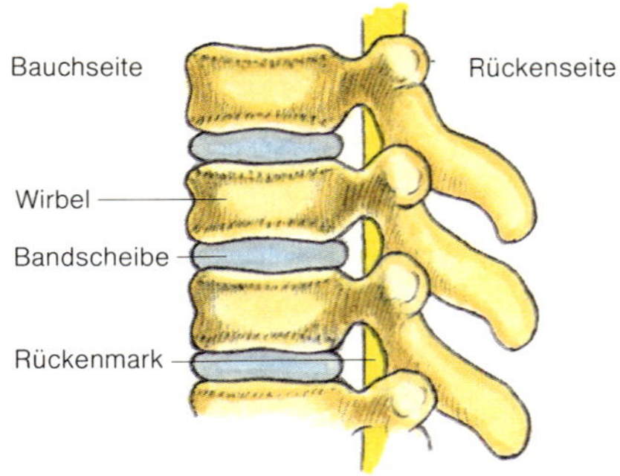

3 Teil der Wirbelsäule, Seitenansicht

Der Knochenschaft ist z. B. beim Oberschenkelknochen innen hohl. Diese Hohlräume sind mit **Knochenmark** gefüllt.

Die Härte der Knochen ist auch ein Schutz für die weichen Organe des Körpers. Die harten Schädelknochen schützen das Gehirn. Die einzelnen **Wirbel** der Wirbelsäule schützen die empfindlichen Nerven des Rückenmarks (Abb. 3). Zwischen den Wirbeln befinden sich die **Bandscheiben.** Durch kleine Stöße beim Gehen oder Springen, werden sie etwas verformt und wirken so wie ein Polster.

Knochen bestehen aus elastischen Bestandteilen, dem Knochenleim, und aus Knochenasche. Knochen werden von Blutgefäßen und Nerven versorgt.

7.4 Muskeln bewegen den Körper

1 Hürdenläuferin

aktiv: selbst tätig
passiv: nicht selbst tätig

Aufgabe

① Abb. 1 zeigt den Bewegungsablauf einer Hürdenläuferin beim Überspringen der Hürde. Beschreibe den Bewegungsablauf. Achte dabei besonders auf die Beine. Welche Bedeutung haben die Arme beim Laufen?

Bei jedem Schritt wird der Unterschenkel gebeugt und gestreckt. Unterschenkel und Oberschenkel sind im Kniegelenk beweglich miteinander verbunden. Das Beugen und Strecken des Unterschenkels wird durch die Zusammenarbeit von zwei Muskeln hervorgerufen. Wenn sich der Muskel auf der Vorderseite des Oberschenkels zusammenzieht, wird das Bein gestreckt. Der Muskel wird deshalb auch als **Streckmuskel** bezeichnet. Wenn sich der Muskel auf der Hinterseite des Oberschenkels zusammenzieht, wird das Bein gebeugt. Der Muskel heißt deshalb auch **Beugemuskel.** Beim Zusammenziehen wird ein Muskel dicker. Das kann man an einigen großen Muskeln des Körpers gut ertasten.

Sehnen stellen die Verbindung zwischen Muskeln und Knochen her. Sehnen sind reißfest und kaum dehnbar. Sie übertragen die Kraft von Muskeln auf Knochen. Der Streckmuskel an der Vorderseite des Oberschenkels ist der größte Muskel des Körpers. Wenn er sich zusammenzieht, wird gleichzeitig der Beugemuskel gedehnt. Muskeln können sich also von selbst nur zusammenziehen, aber nicht von selbst ausdehnen. Streckmuskel und Beugemuskel arbeiten als Paar zusammen. Wenn einer von beiden sich zusammenzieht, wird der andere passiv gedehnt (◁). Streckmuskel und Beugemuskel sind Gegenspieler.

Wenn man einen Arm hin und her bewegen will, sind dazu ebenfalls zwei Muskeln notwendig (Abb. 2). Der Muskel, der sich beim Strecken des Armes zusammenzieht, heißt **Armstrecker.** Du kannst ihn bei gestrecktem Arm auf der Rückseite des Oberarms ertasten. Wenn du den Arm bewegst, so verkürzt sich der Muskel auf der Vorderseite des Oberarms. Er ist der **Armbeuger.** Armbeuger und Armstrecker sind Gegenspieler.

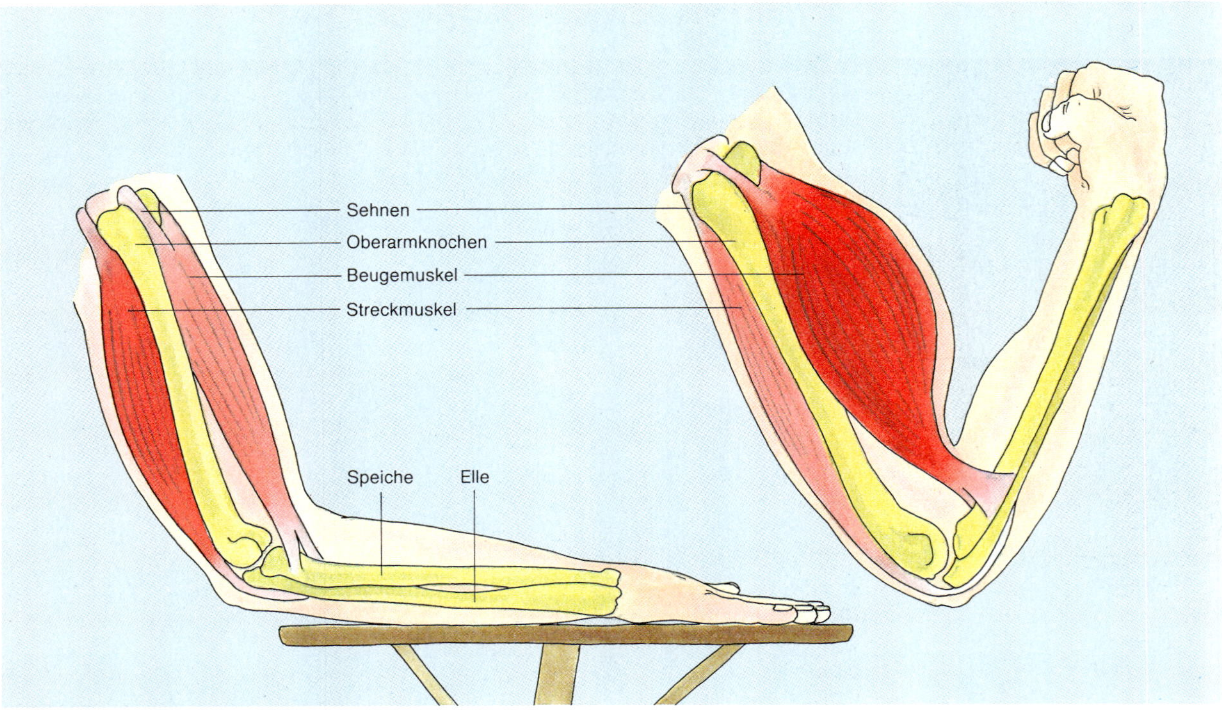

2 Beuge- und Streckmuskel am Arm

Wenn Muskeln stark beansprucht werden, ermüden sie. Die Bewegungen fallen dann nach einiger Zeit zunehmend schwerer. Die an der Bewegung beteiligten Muskeln beginnen zu schmerzen. Die Bewegungen werden langsamer und manchmal ungenau. Die Muskeln benötigen dann eine Erholungszeit. Durch Training kann man die Ausdauer eines Muskels erhöhen. Die Muskeln ermüden dann nicht so schnell. Durch Training können die Muskeln auch dicker und kräftiger werden. Regelmäßiges Bewegungstraining hilft auch Muskelzerrungen vorzubeugen. Muskelzerrungen treten vor allem bei ungewohnter körperlicher Aktivität auf. Eine Zerrung entsteht bei Überdehnung eines Muskels.

Muskeln nehmen einen großen Teil der Körpermasse ein. Das ist auch bei Tieren so. Die Muskeln von Schwein und Rind essen wir als Fleisch. Die Oberschenkelmuskeln des Schweins werden z. B. geräuchert und dann als Schinken verkauft.

Aufgaben

② Ertaste am Unterschenkel Streckmuskel und Beugemuskel für den Fuß. Beschreibe an diesem Beispiel, wie Muskeln paarweise als Gegenspieler wirken.

③ Beschreibe die Zusammenarbeit der Muskeln im Oberarm, wenn der Unterarm gebeugt oder gestreckt ist. Benutze dazu auch Abb. 2.

④ Krümme den Zeigefinger, bis er die Handinnenfläche berührt. Strecke ihn dann wieder. Wiederhole diese Bewegungen ununterbrochen. Zähle, wie oft du diese Übung nacheinander durchführen kannst. Beschreibe das Gefühl, das auftritt, wenn du diese Übung einige Zeit durchgeführt hast.

Muskeln können sich verkürzen und dabei mit Hilfe von festen Sehnen Knochen bewegen. Die meisten Skelettmuskeln arbeiten paarweise: Wenn ein Muskel sich zusammenzieht, wird der andere gedehnt.

7.5 Erkrankungen der Bewegungsorgane

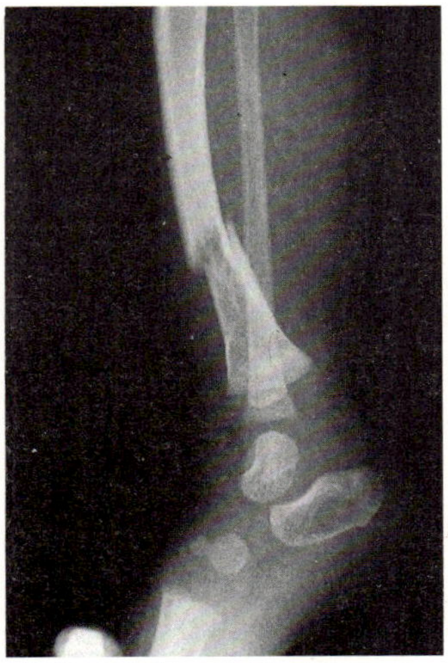

1 Das Schienbein ist gebrochen

Peter ist mit seinem Fahrrad unglücklich gestürzt. Im Unterschenkel des rechten Beines treten heftige Schmerzen auf, besonders wenn er versucht, mit diesem Fuß aufzutreten. Oberhalb des Knöchels schwillt das Bein an, und der Fuß sieht aus, als sei er etwas vom Unterschenkel abgeknickt. Das sind Anzeichen für einen **Knochenbruch.** Sichere Auskunft ergibt erst das Röntgenbild (Abb. 1). Es zeigt, daß das Schienbein etwas oberhalb des Knöchels gebrochen ist.

Auch Gelenke können bei plötzlicher starker Beanspruchung verletzt werden. Wenn ein Gelenk überdehnt wird und dabei der Gelenkkopf aus der Gelenkpfanne springt, aber schnell wieder in seine alte Lage zurückkehrt, spricht man von **Verstauchung.** Oftmals entstehen dabei Blutergüsse im Gelenk und Zerrungen der Gelenkbänder. Bei einer **Verrenkung** bleibt der Gelenkkopf außerhalb der Gelenkpfanne. Besonders häufig wird das Schultergelenk ausgerenkt. Seine Gelenkpfanne ist sehr flach, so daß der Gelenkkopf des Oberarms bei starker Beanspruchung aus der Gelenkpfanne herausgedrückt werden kann.

Bei vielen Kindern und Jugendlichen haben sich häufig unbemerkt Erkrankungen der Wirbelsäule gebildet. Man schätzt, daß jeder dritte Schüler der Klassen 5, 6 **Haltungsschwächen** oder schwerwiegende **Haltungsschäden** hat. Oftmals machen sich Haltungsschäden bei Kindern und Jugendlichen erst im Erwachsenenalter mit Schmerzen in Schultern, Nacken und Rücken bemerkbar. Ein Haltungsschaden liegt zum Beispiel dann vor, wenn die Wirbelsäule so verbogen ist, daß ein **Rundrücken** oder **Hohlrücken** entstanden ist (Abb. 2).

Schlechte Sitzhaltung fördert das Verbiegen der Wirbelsäule. Muskeln, Sehnen und Gelenke werden durch regelmäßige Bewegungen gestärkt. Bei Bewegungsmangel, also wenn die Muskeln nicht durch regelmäßige körperliche Betätigung gefördert werden, kann ein Haltungsschaden eintreten.

Die Füße sind besonderen Belastungen ausgesetzt. Immerhin tragen sie bei aufrechter Haltung das Körpergewicht. Zahlreiche Knöchelchen bilden das Fußgewölbe. Schwache Fußmuskeln können das natürliche Fußgewölbe nicht halten, die Fußknochen senken sich. Wenn der Fuß mit der ganzen Sohle den Boden berührt, so nennt man das einen **Plattfuß.**

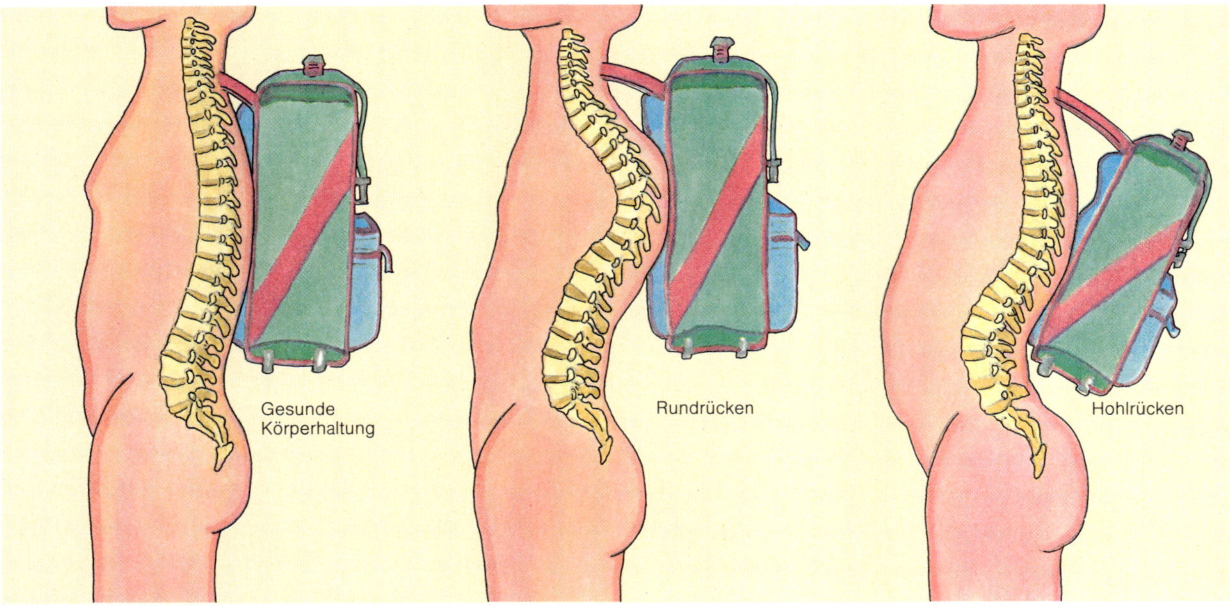

2 Normale und verbogene Wirbelsäule

Gequälte Füße

Häufiges Stehen, Bewegungsmangel, Übergewicht, häufiges Tragen schwerer Lasten und falsches Schuhwerk tragen zu Fußschäden bei. Regelmäßige Bewegung bei Sport und Spiel, Barfußgehen auf Kies, Sand oder Rasen und Fußgymnastik beugen Fußschäden vor.

Aufgaben

① Mit einem gesunden Fuß kann man einen Bleistift mit den Zehen vom Boden aufheben. Versuche es zu Hause einmal. Stelle fest, wie viele Schüler dies in deiner Klasse können.

② Durch Gedankenlosigkeit und aus Gründen der Mode quälen manche ihre Beine und Füße täglich und handeln sich dadurch Fußschäden ein. Betrachte die nebenstehende Abbildung und beschreibe, welches falsche Verhalten im Umgang mit unseren Beinen und Füßen dargestellt ist.

③ Stelle zu Hause mit deinem nassen rechten Fuß auf Tonpapier oder Löschpapier einen Fußabdruck her. Schneide den Fußabdruck aus und vergleiche mit den Fußabdrücken deiner Mitschüler. Liegt bei dir ein Plattfuß vor?

④ Eine Schultasche sollte gefüllt nicht schwerer als 1/10 deiner Körpermasse sein. Berechne, wieviel dies bei dir ist. Überprüfe zwei Wochen lang mit einer Haushaltswaage die Masse der gefüllten Schultasche. Notiere die Masse mit Datumsangabe. Überlegt euch zusammen Wege, um die Masse der Schultasche zu mindern, wenn sich häufiger mehr als 1/10 deiner Körpermasse ergibt.

⑤ Beschreibe die Unterschiede zwischen Normalrücken, Hohlrücken und Rundrücken mit Hilfe der Abb. 2.

Haltungsschäden, wie Rundrücken und Hohlrücken, und Fußschäden, wie z. B. Plattfuß, entwickeln sich meist unbemerkt. Regelmäßige Bewegung, Sport, Spiel und Gymnastik und Vermeidung einseitiger Belastungen wirken vorbeugend.

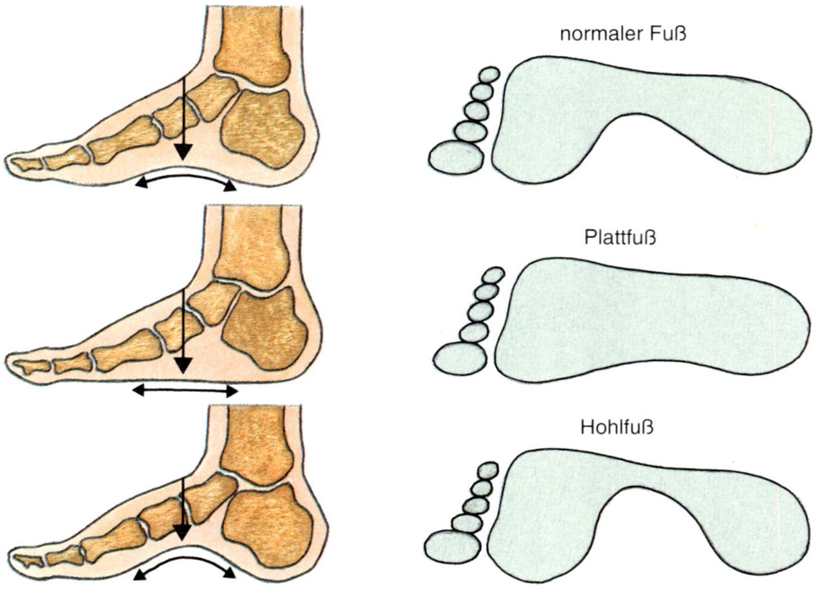

3 Gesunder und geschädigter Fuß

7.6 Fit durch Bewegung

Viele Menschen leiden heute an Bewegungsmangel. In den letzten 40 Jahren hat sich die Zahl der Autos bei uns auf ungefähr 40 Millionen Fahrzeuge erhöht. Vor 40 Jahren gab es weniger als zwei Millionen Autos. Viele Wege wurden zu Fuß oder mit dem Fahrrad erledigt. Maschinen ersetzen heute oft schwere körperliche Arbeit. In vielen Berufen gibt es sitzende Tätigkeiten, die früher seltener waren. Auf der anderen Seite: Heute sterben bei uns fast die Hälfte aller Menschen an einer Erkrankung des Herzens oder an einer Erkrankung des Blutkreislaufs. Vor 50 Jahren waren solche Erkrankungen nur bei einem von sieben Menschen die Todesursache.

Wenn jemand sich über viele Jahre hinweg wenig bewegt, kann das zu ernsthaften Erkrankungen führen, besonders zu Erkrankungen des Herzens und des Kreislaufs. Übergewicht wird durch Bewegungsmangel gefördert.

Um die Folgen des Bewegungsmangels zu vermeiden, kann man sich selbst Bewegung verschaffen und trainieren. Regelmäßiges Bewegungstraining kräftigt die Muskeln und fördert die Durchblutung. Der Körper wird gelenkiger und die Knochen werden fester. Das Herz kann besser Blut pumpen, und die Lungen können bei Anstrengungen mehr Luft ein- und ausatmen. Regelmäßiges Bewegungstraining fördert nicht nur die Leistungsfähigkeit des Körpers bei Anstrengungen, sondern auch das Wohlbefinden. Deshalb machen viele Menschen regelmäßiges Bewegungstraining, z. B. joggen sie. Es genügen schon 15 bis 20 Minuten Training am Tag. Wichtiger ist es, jeden Tag etwas zu trainieren als nur einmal in der Woche sehr anstrengend.

Aufgabe

① Überprüfe deine augenblickliche Fitness mit Test 1 und 2.

Bewegungstraining fördert Muskelstärke, Ausdauer, Beweglichkeit, ein leistungsfähiges Herz und einen leistungsfähigen Blutkreislauf. Bewegungstraining erhöht die Leistungsfähigkeit und das Wohlbefinden.

Test 1

Testziel: Messung der allgemeinen Ausdauer.

Testdurchführung: Dauerlauf im Freien. Dafür benötigst du eine ausgemessene ebene Strecke und eine Uhr mit Sekundenzeiger. Gemessen wird die Laufstrekke, die du in 12 Minuten zurücklegen kannst. Zwischendurch kannst du Pausen einlegen, in denen du nicht läufst, sondern gehst.

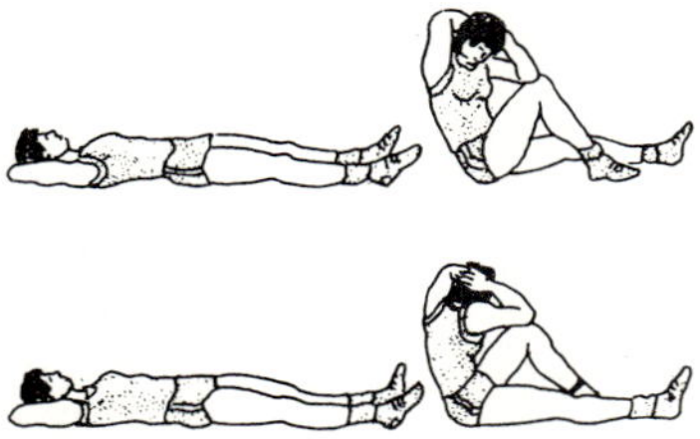

Test 2

Testziel: Messung der Ausdauer und der Kraft der Rumpfmuskulatur und der Hüftmuskulatur.

Testdurchführung: Deine Aufgabe ist es, aus der Rückenlage den Oberkörper möglichst oft aufzurichten und dabei abwechselnd das rechte Knie mit dem linken Ellbogen und das linke Knie mit dem rechten Ellbogen zu berühren. Die Hände werden dabei hinter dem Nacken verschränkt, die Knie werden abwechselnd angewinkelt und gestreckt.
Gezählt wird, wie oft du diesen Bewegungsablauf in einer Minute schaffst.

7.7 Moritz – bewegungsbehindert

1 Moritz

Moritz sitzt in seinem Rollstuhl im Garten seines Elternhauses. Seine beiden Brüder David und Jakob und seine Schwester Elisabeth spielen in der Nähe. Moritz hört seine Mutter im Haus rumoren. Moritz freut sich darüber, wie schön es im Garten ist. Bald gibt es Mittagessen – wie gut es schon riecht!

Moritz denkt an das Heim, in dem er die meiste Zeit des Jahres lebt. Er hat dort viele Freunde – und er mag die meisten Menschen gerne, die ihn dort pflegen und unterrichten. Vor allem freut sich Moritz auf die Dinge, die er tun kann: Er webt, er drechselt, er spielt Theater. Er darf auch beim Volkstanz mitmachen, vom Rollstuhl klopft er dann auf ein Tamburin, klatscht im Rhythmus oder singt mit.

Sicherlich – im Heim vermißt Moritz Vater, Mutter und Geschwister. Aber im Heim kann er viel lernen und sich gut beschäftigen. Das Heim ist für behinderte Kinder wie Moritz eingerichtet, besonders die Werkstätten. In ihnen können

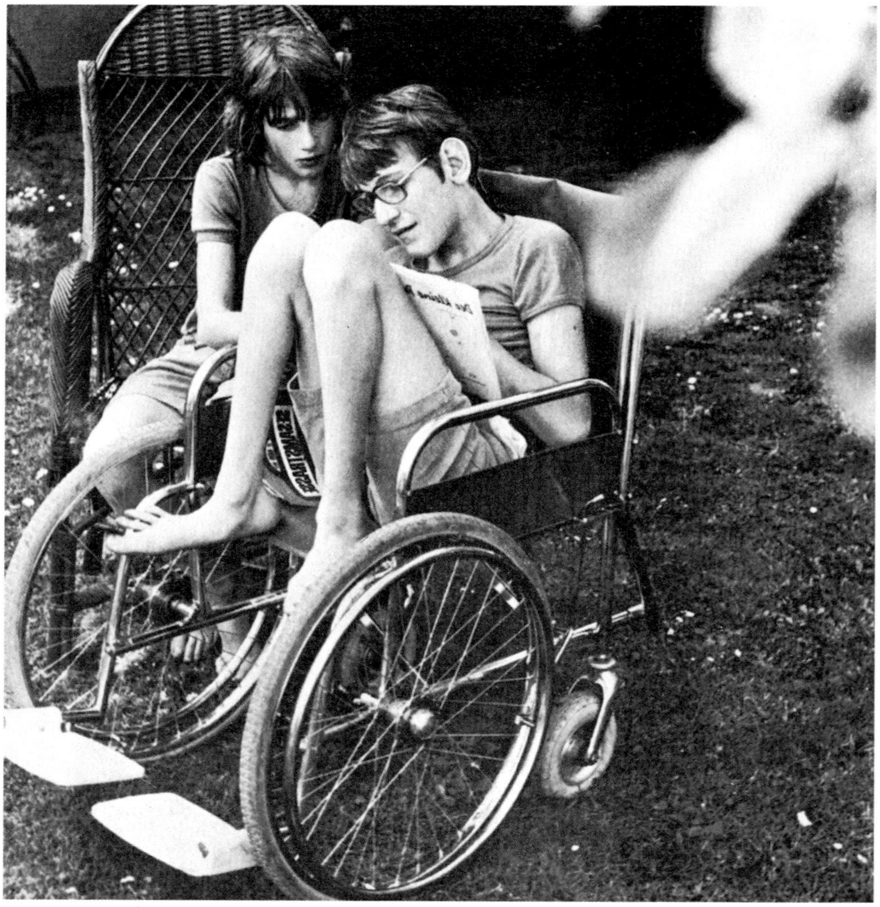

2 Moritz beim Lesen im Rollstuhl

Behinderte ohne Gefahr arbeiten. Es macht Spaß, wenn man ein Stück Stoff selbst gewebt hat. Moritz erinnert sich, wie er einmal alles stehen lassen wollte – Webstuhl, Werkstätte, alles – weil der Faden immer wieder riß. „Komm, mach weiter," hatte die Betreuerin gesagt. Sie war ein wenig streng. Und dann war es gegangen.

„Moritz, wollen wir turnen?" ruft der ältere Bruder David. Zusammen mit seiner Schwester Elisabeth und David macht er täglich bestimmte Übungen. Das macht er auch im Heim. Nach den Übungen holt David die Postkartensammlung von Moritz. Moritz sammelt Postkarten aus fernen Ländern. Er kennt seine Postkarten sehr genau und hat viel über die Länder gelesen. Im Heim erzählt er den anderen viele Geschichten darüber. Weil Moritz ein sehr gutes Gedächtnis hat, behält er fast alles, was er liest.

Als es Mittagessen gibt, freut sich Moritz nicht nur weil es ein gutes Essen gibt, sondern auch, weil es beim Essen immer sehr lustig zugeht. Moritz lacht schrecklich gerne. Besonders mit David versteht er sich sehr gut. Und David versteht und liebt Moritz. Das ist das, was Moritz am meisten braucht.

Moritz ist behindert. Er kann sich nicht so bewegen, wie er will. Seine Muskeln verkrampfen sich derart, daß er zum Beispiel nicht laufen oder richtig stehen kann. Seine Beine gehorchen ihm nicht. Er ist schon oft operiert worden. Jedesmal hat Moritz gehofft, er würde jetzt gesund werden. Es hat schon geholfen, aber nicht so, wie er es sich gedacht hatte – daß er die Krücken in der Ecke stehen lassen oder radfahren könnte. Moritz ist auf den Rollstuhl angewiesen.

3 Moritz macht Gymnastik

Aufgaben

① Kein Mensch kann sicher sein, daß er nicht durch Unfall oder Krankheit behindert wird.
Wie würdet ihr euch gegenüber einem Mitschüler verhalten, der durch Unfall so behindert ist, daß er seine Beine nicht mehr bewegen kann und auf den Rollstuhl angewiesen ist?
Was würdest du von deinen Mitschülern besonders erwarten, wenn du durch Unfall in dieser Weise behindert wärest?

② Moritz kann nicht laufen und auch nicht richtig stehen. Er ist auf die Hilfe anderer Menschen und den Rollstuhl angewiesen. Versuche dich in die Lage von Moritz zu versetzen: Schreibe alle Schwierigkeiten auf, die dir im Laufe eines Tages begegnen würden, wenn du im Rollstuhl sitzen müßtest.

③ Behinderte, die mit dem Rollstuhl in der Stadt unterwegs sind, müssen einige Hindernisse überwinden.
Besorge dir einen Stadtplan oder einen Ausschnitt davon. Zeichne in den Stadtplan die Wege ein, die für folgende Erledigungen nötig sind:
Von der Schule zur Post. Dort am Schalter einen Brief abgeben.
Von der Schule zum Bahnhof. Dort in einen Zug einsteigen.
Von der Schule zum Rathaus. Dort im ersten Stock ein Formular abholen.
Von der Schule zum Großmarkt. Dort einige Lebensmittel einkaufen.
Von dir zu Hause zur Schule. Dort in deinen Klassenraum gehen.
Bildet Gruppen und geht oder fahrt den Weg nach. Versetzt euch dabei in die Lage eines Rollstuhlfahrers, der seine Beine nicht, wohl aber seine Arme und Hände vom Rollstuhl aus bewegen kann. Zeichnet in euren Stadtplan Symbole für folgenden Hindernisse ein:
Bordstein
Enger Durchgang (Tür)
Treppen
Steigungen
Andere Hindernisse
Stellt eure Pläne in der Klasse aus.
Berichtet den Mitschülern darüber, welche Hindernisse auf eurem Weg auftraten.

8 Sexualität des Menschen

8.1 Pubertät bei Mädchen und Jungen

1 Jugendliche

„Was ist das für ein Höllenkrach! Stell' sofort dein Radio leiser!" Herr Peters ist wütend auf seine Tochter Sabine. „Die Musik muß aber so laut sein, dann knallt sie echt rein!" wehrt sich Sabine. „Wenn du den Kasten nicht leise stellst, dann knallt es gleich bei dir rein!" droht Herr Peters. „Glaubst du vielleicht, daß alle diesen Krach mögen?" „Ist ja schon gut. Ich wollte sowieso zu Tina", sagt Sabine, und weg ist sie.

So wie zwischen Sabine und ihrem Vater kann es in vielen Familien Spannungen geben, wenn die Kinder zu Jugendlichen werden. Es ist für Eltern und ihre Kinder oft eine schwierige Zeit. Viele Jugendliche ziehen sich wie Sabine in ihren eigenen Bereich und in eine eigene Welt zurück. Sie hören z. B. gern lautstarke Musik oder verbringen ihre Zeit lieber mit Gleichaltrigen in ihrer Gruppe (Abb. 1) als mit ihren Eltern. Es ist die Zeit der Pubertät.

Die Pubertät beginnt bei Mädchen frühestens im 9. Lebensjahr, meist fängt sie zwischen dem 11. und 14. Lebensjahr an. Bei Jungen setzt die Pubertät erst ein bis zwei Jahre später ein. Die **Pubertät** ist eine Zeit des Umbruchs, die große seelische und körperliche Veränderungen hervorbringt.

Während der Pubertät bilden sich die Geschlechtsmerkmale aus, die den Erwachsenen auszeichnen. Bei **Mädchen** fangen die Achselhaare und Schamhaare an zu wachsen. Die Brust wird größer und das Becken breiter. Zwei Jahre nach Beginn der Brustentwicklung erleben Mädchen die erste **Menstruation.** Dabei tritt blutige Flüssigkeit aus der Scheide aus. Bei den meisten Mädchen dauert es nach der ersten Regelblutung noch ein paar Monate, bis die Geschlechtsreife eintritt. Dann wird jeden Monat eine Eizelle reif.

Bei **Jungen** bilden sich während der Pubertät, zwischen dem 12. und 16. Lebensjahr, die Geschlechtsmerkmale eines erwachsenen Mannes aus: Die Jungen bekommen breitere Schultern, die Muskulatur wird kräftiger, und der Kehlkopf wächst. Gleichzeitig werden auch die Stimmbänder länger, so daß es schließlich zum Stimmbruch kommt: Der Junge verliert seine helle Stimme und hat dann eine tiefere Männerstimme. In dieser Zeit wächst auch die Schambehaarung. Ebenso beginnen Haare in den Achseln, auf dem Körper und ein Bart zu wachsen. Auch die Geschlechtsorgane werden zum Wachstum angeregt. In den Hoden werden Spermazellen reif. Kennzeichen der Geschlechtsreife des Jungen ist der Samenerguß. Er erfolgt unwillkürlich während des Schlafes (Pollution) oder nach Reizung des Gliedes.

In der Pubertät ändert sich auch das Verhalten der Mädchen und Jungen. Das Interesse am anderen Geschlecht erwacht. Man neckt sich und beobachtet sich gegenseitig, redet übereinander. Allmählich bilden sich auch Gruppen von Jungen und Mädchen, in denen man sich besser kennenlernt und näherkommt. Bald entstehen dann auch erste Freundschaften.

Aufgabe

① Welche Veränderungen erleben Jungen und Mädchen während der Pubertät?

Während der Pubertät tritt die Geschlechtsreife ein. Die Körpergestalt verändert sich. Bei Mädchen setzt die Regelblutung ein. Jungen können einen Samenerguß bekommen.

8.2 Männliche Geschlechtsorgane

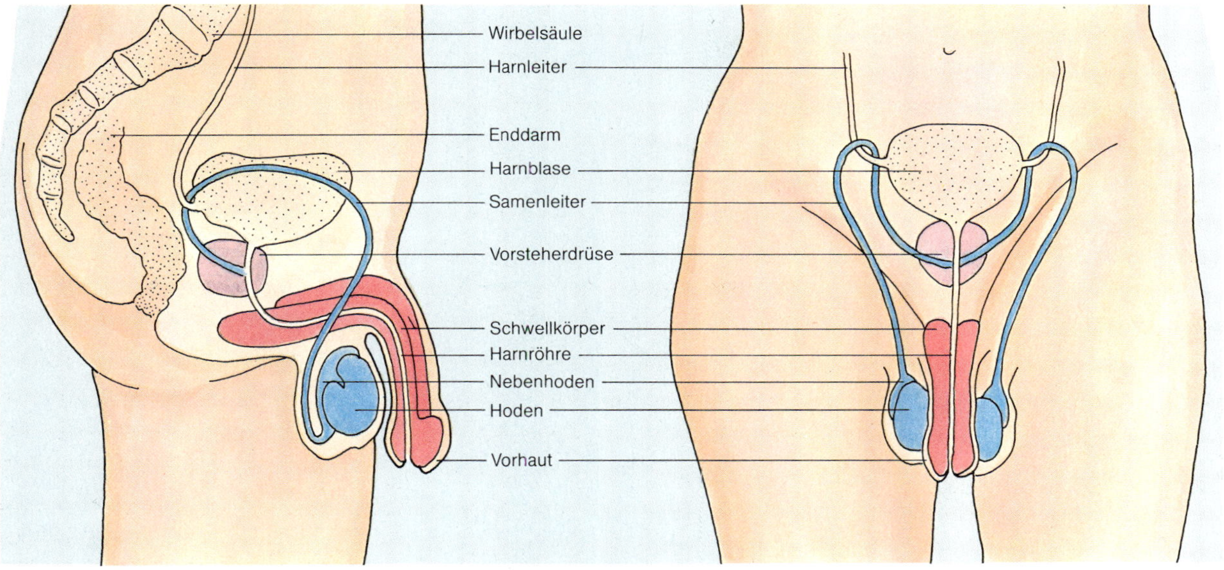

1 Schemazeichnung der männlichen Geschlechtsorgane

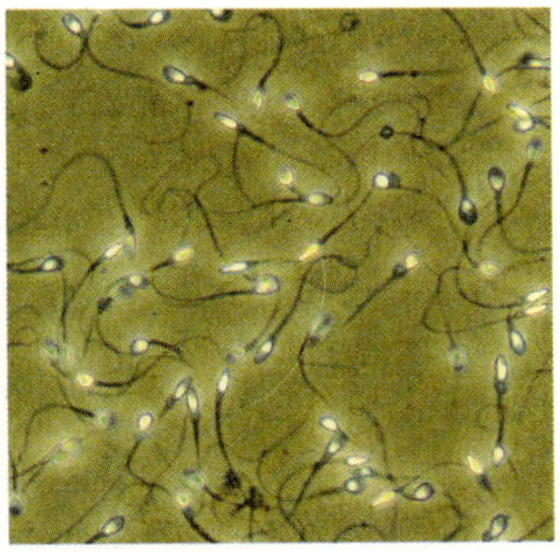

2 Spermazellen

Wenn sich die Vorhaut nicht zurückschieben läßt, sollte man einen Arzt aufsuchen.

In der Pubertät werden die Geschlechtsorgane größer (Abb. 1). Der vordere Teil des **Gliedes** (Penis) heißt Eichel. Sie wird von einer Vorhaut verdeckt, die sich zu rückziehen läßt, so daß die Eichel freiliegt. Das Glied dient zunächst nur zum Wasserlassen. Doch auch schon bei kleinen Jungen kann sich das Glied vergrößern, fest werden und aufrichten, wenn sich die Schwellkörper im Glied prall mit Blut füllen. Dieser Zustand kann z. B. im Schlaf durch den Druck der vollen Harnblase eintreten oder durch Berührungen ausgelöst werden.

Während der Pubertät beginnen die Hoden ständig eine sehr große Zahl von männlichen **Geschlechtszellen** (Spermazellen) zu bilden (Abb. 1, 2). Sie werden in den Nebenhoden gespeichert. Schließlich kommt es zum ersten Samenerguß: Die Spermazellen gelangen zusammen mit Flüssigkeit aus verschiedenen Drüsen, z. B. aus der Vorsteherdrüse, durch den Samenleiter in die Harnröhre. An der Spitze der Eichel tritt diese Flüssigkeit zusammen mit den Spermazellen aus. Der Samenerguß kann unwillkürlich während des Schlafens eintreten oder durch sehr starke Reizung des Gliedes herbeigeführt werden. Er ist von einem starken Lustgefühl, dem Orgasmus, begleitet. So nennt man bei beiden Geschlechtern den Höhepunkt der geschlechtlichen Erregung. In einem Tropfen Samenflüssigkeit findet man unter dem Mikroskop Millionen von Spermazellen. Eine Spermazelle besitzt einen verdickten Kopf und ein langes Schwanzstück, mit dem sie schlängelnde Bewegungen ausführt.

Die Geschlechtsorgane sollten mindestens einmal täglich gewaschen werden, dabei muß man die Vorhaut zurückstreifen. Es können sich sonst fettartige Absonderungen von Drüsen darunter festsetzen, die sich zersetzen. Unangenehmer Geruch oder gar schmerzhafte Entzündungen können sonst die Folge sein (◁).

Aufgaben

① Beschreibe anhand der Abb. 1 den Bau der männlichen Geschlechtsorgane.

② Beschreibe mit Abb. 1 den Weg der Spermazellen von den Hoden bis zum Ausstoßen aus der Harnröhre.

Nach Beginn der Pubertät werden in den Hoden ständig Spermazellen gebildet. Sie werden zusammen mit Drüsenflüssigkeit beim Samenerguß ausgestoßen.

8.3 Weibliche Geschlechtsorgane

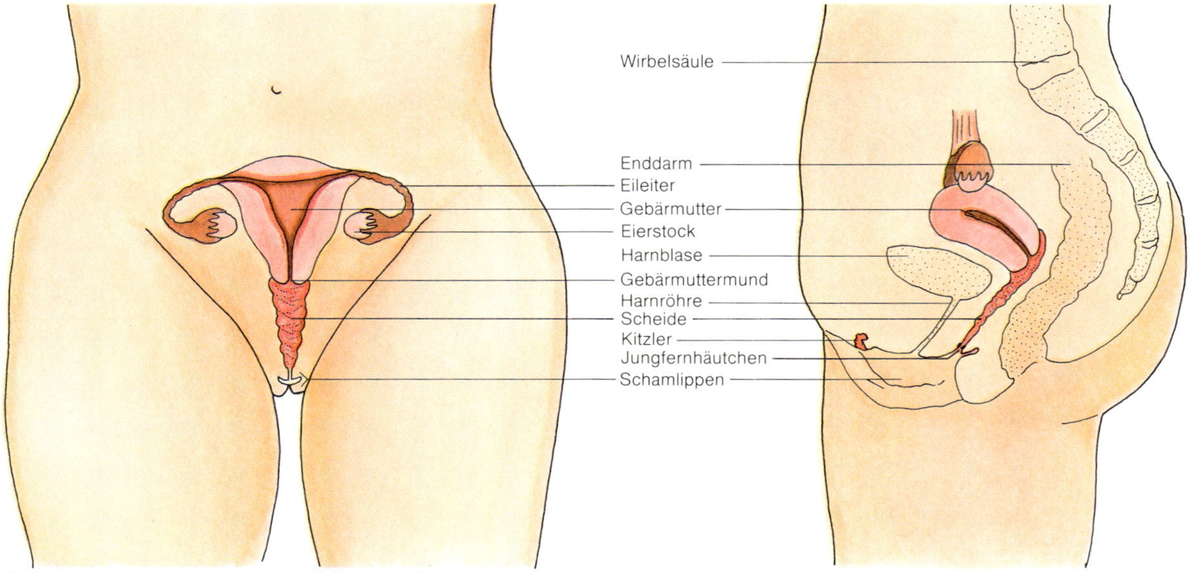

1 Schemazeichnung der weiblichen Geschlechtsorgane

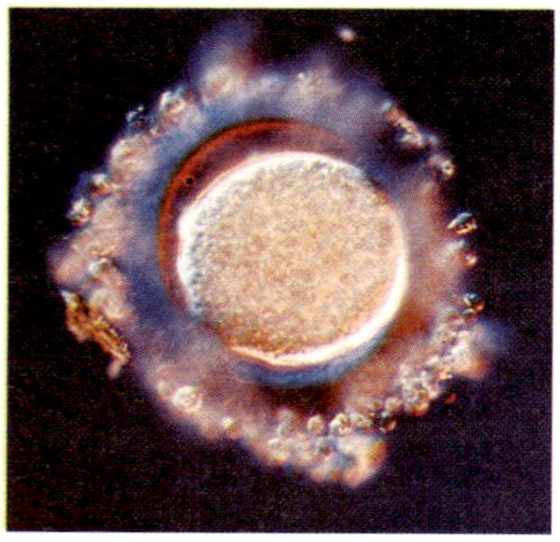

2 Eizelle

Zu den weiblichen Geschlechtsmerkmalen gehören ein breites Becken, der Busen, die Achsel- und Schambehaarung und die weiblichen Geschlechtsorgane (Abb. 1). Zwei größere, an der Außenseite behaarte Schamlippen, die sich in der Mitte berühren, umschließen zwei kleinere unbehaarte Schamlippen. Diese und auch die Scheide sind von einer gut durchbluteten Haut bedeckt. Die Schamlippen umschließen den Scheideneingang und den vorn liegenden Kitzler. Am Scheideneingang befindet sich auch das Jungfernhäutchen.

Im Unterleib liegt, geschützt von den Beckenknochen, die etwa 10 cm lange, birnenförmige **Gebärmutter.** Sie ist ein kräftiger Muskel, der mit dem Gebärmuttermund ein bißchen in die Scheide hineinragt. Der Gebärmuttermund hat eine stecknadelkopfgroße Öffnung. Innen ist die Gebärmutter mit einer gut durchbluteten Schleimhaut ausgekleidet. Links und rechts mündet je ein Eileiter in die Gebärmutter. Es sind dünne schlauchartige Verbindungen zwischen der Gebärmutter und den beiden **Eierstöcken.**

In den etwa pflaumengroßen Eierstöcken sind schon bei der Geburt eines Mädchens ungefähr 400 000 unreife **Eizellen** vorhanden. Mit dem Eintreten der Geschlechtsreife reift ungefähr alle vier Wochen eine Eizelle heran. Wenn eine Frau 45–55 Jahre alt ist, reifen keine Eizellen mehr heran. Eine Frau kann dann keine Kinder mehr bekommen. Die Eizelle ist die größte Zelle des menschlichen Körpers (Abb. 2). Man könnte sie mit bloßem Auge gerade noch erkennen. Die Eizelle ist von einer Hülle umgeben.

Die äußeren Geschlechtsorgane sollte man morgens und abends mit Wasser reinigen. Dazu benutzt man einen Waschlappen, der nur für diesen Zweck verwendet wird. Unterhosen sollten täglich gewechselt werden.

Aufgaben

① Beschreibe den Weg der Eizelle vom Eierstock in die Gebärmutter (Abb. 1).

② Beschreibe die Unterschiede zwischen Eizelle und Spermazelle.

Zu den Geschlechtsorganen der Frau gehören die Schamlippen, der Kitzler, die Eierstöcke, die Eileiter, die Gebärmutter und die Scheide. Nach der Geschlechtsreife reift ungefähr alle vier Wochen ein Ei in einem der beiden Eierstöcke heran.

8.4 Menstruation und weiblicher Zyklus

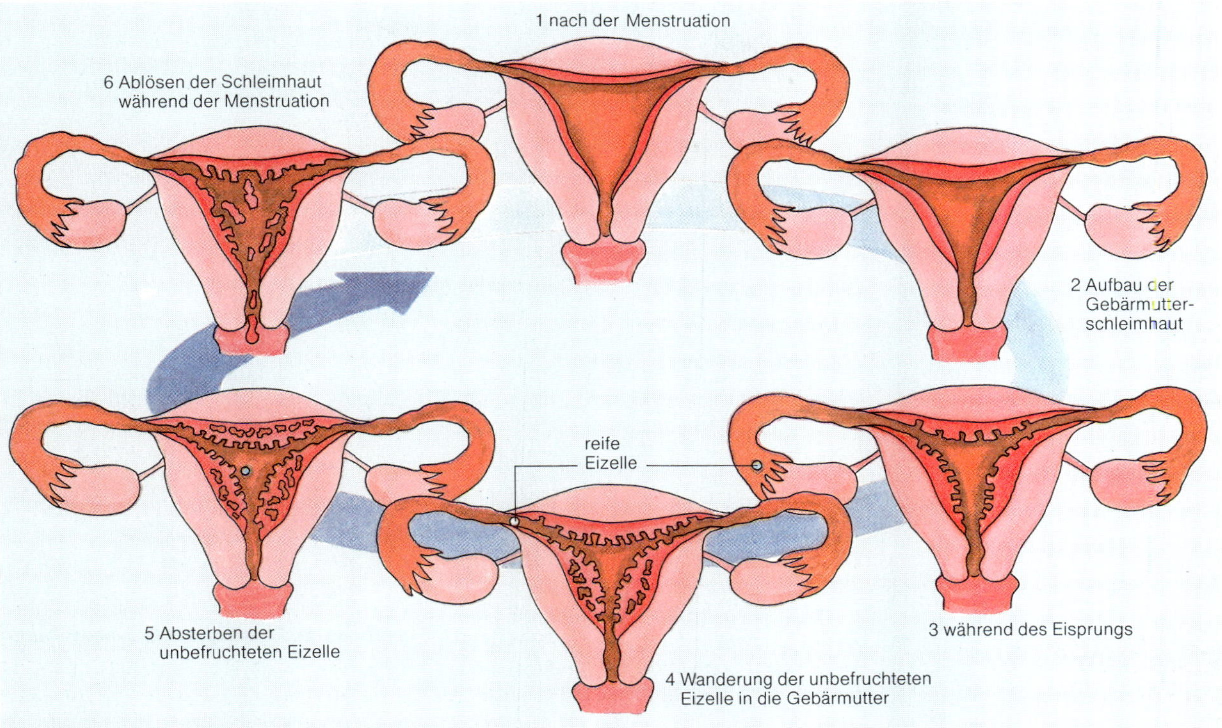

1 Weiblicher Zyklus und Menstruation

Tampons sollen nur gewechselt werden, wenn sie vollgesogen sind. Sonst ist das Einführen eines neuen Tampons erschwert.

Bei der Menstruation verliert die Frau 60–90 ml Blut. Das entspricht etwa dem Inhalt einer halben Kaffeetasse.

„Endlich ist es soweit!" Claudia läuft in die Küche zu ihrer Mutter. „Wovon sprichst du eigentlich?" „Ich habe zum erstenmal meine Tage bekommen." Die Mutter freut sich auch. Sie hat Claudia schon lange auf die erste Regelblutung vorbereitet. „Und wie fühlst du dich dabei?" will ihre Mutter wissen. „Also, zuerst war ich doch sehr erschrocken, als ich den Blutfleck in meiner Wäsche entdeckte. Aber dann begriff ich plötzlich, was mit mir los ist. Dann habe ich gleich eine der Binden eingelegt. Ein bißchen komisch ist es schon beim ersten Mal."

Nach Beginn der Pubertät erleben alle Mädchen ihre erste **Menstruation.** Sie dauert ein paar Tage und wiederholt sich etwa alle 28 Tage. Ursache der Menstruation ist der Abbau und die Ablösung der stark durchbluteten Gebärmutterschleimhaut. Nach der Menstruation wird eine neue Schleimhaut gebildet, die allmählich immer dicker wird. Sie wird dann bei der nächsten Menstruation abgelöst (Abb. 1).

Bei der Menstruation werden Blut und Schleimhautreste aus der Gebärmutter abgegeben. Die austretende Flüssigkeit wird mit saugfähigen **Binden** aufgenommen, die in die Unterhose geklebt werden, oder auch durch **Tampons,** die in die Scheide eingeführt werden (Abb. 2). Binden und Tampons müssen natürlich je nach Stärke der Blutung mehrmals täglich gewechselt werden (◁). Junge Mädchen können von der ersten Regel an Tampons verwenden.

In den beiden Eierstöcken eines Mädchens sind seit der Geburt viele Tausend kleine Eizellen vorhanden. Von der Pubertät an reifen nach und nach einige dieser Eizellen heran. Eine reife Zelle ist etwa so groß wie die Spitze eines Haares. Das Auftreten der ersten Regelblutung ist das Zeichen dafür, daß ein Mädchen jetzt schwanger werden kann.

Während des Zyklus reift eine Eizelle in einem der beiden Eierstöcke in einem **Eibläschen** heran. Bei einem Zyklus von 28 Tagen platzt ein Eibläschen etwa am 13. oder 14. Tag. Man nennt diesen Vorgang Eibläschensprung oder kurz: **Eisprung.** Die Eizelle gelangt mit etwas

Eine Eizelle kann sich nicht allein fortbewegen. Die Innenwände des Eileiters sind mit Flimmerhärchen ausgekleidet, die sich immer in der Richtung zur Gebärmutter hin bewegen.

Durch Klimawechsel und seelische Belastungen kann die Regelblutung ein paar Tage früher oder später als zum erwarteten Zeitpunkt eintreten.

Flüssigkeit in den Trichter des Eileiters und wandert dann in den Eileiter. Dort stirbt sie nach wenigen Stunden ab, wenn sie nicht befruchtet wird.

Etwa zur gleichen Zeit, in der im Eierstock eine Eizelle reift, bereitet sich die Schleimhaut der Gebärmutter darauf vor, eine reife, befruchtete Eizelle aufzunehmen. Die Schleimhaut füllt sich mit Blut und wird dadurch viel dicker und lagert Nährstoffe auf Vorrat ein. Wird die Eizelle nicht befruchtet, war diese Vorbereitung umsonst: Die Schleimhaut zerfällt und löst sich von der Gebärmutter ab. Dabei tritt etwas Blut aus der Gebärmutter aus. Blut und Schleimhautreste fließen dann bei der Regelblutung aus der Gebärmutter heraus.

Zwischen dem 45. und 55. Lebensjahr kommt eine Frau in die **Wechseljahre:** Der Zyklus wird dann unregelmäßig und hört schließlich ganz auf. Es werden nur noch in unregelmäßigen Abständen Eizellen reif, später gar nicht mehr. Eine Frau kann dann keine Kinder mehr bekommen.

Die Menstruation ist ein ganz natürliches Ereignis und keine Krankheit. Man braucht in dieser Zeit nicht anders zu leben als sonst. Mädchen können während der Menstruation Sport treiben. Sie können auch schwimmen gehen, wenn sie Tampons benutzen. Um auch in Zukunft auf das Auftreten der Blutung vorbereitet zu sein, sollte ein Mädchen von Anfang an einen **Menstruationskalender** führen und die Tage der Blutung darin ankreuzen (Abb. 2). Die Zeit vom ersten Tag der Blutung bis zum Tag vor der nächsten Monatsblutung nennt man einen **Zyklus.** Der Zyklus muß sich zu Beginn erst einspielen. Er dauert im Durchschnitt 28 Tage. Er kann aber auch ein paar Tage kürzer oder länger sein (◁).

Aufgaben

① Beschreibe die Vorgänge und Veränderungen vom ersten bis zum letzten Tag des weiblichen Zyklus anhand von Abb. 1.

② Ermittle mit Hilfe des Kalenders (Abb. 2) die durchschnittliche Dauer dieses Zyklus und den Zeitpunkt, wann die nächste Regelblutung wahrscheinlich eintreten wird!

Während der Pubertät erleben Mädchen ihre erste Menstruation. Diese wiederholt sich etwa alle 28 Tage. Ursache der Menstruation ist die Ablösung der Gebärmutterschleimhaut. In der Mitte des Zyklus findet der Eisprung statt. Nach den Wechseljahren zwischen dem 45.–55. Lebensjahr haben Frauen keinen Eisprung und keine Menstruation mehr.

2 Menstruationskalender, Tampons und Binde

8.5 Schwangerschaft und Geburt

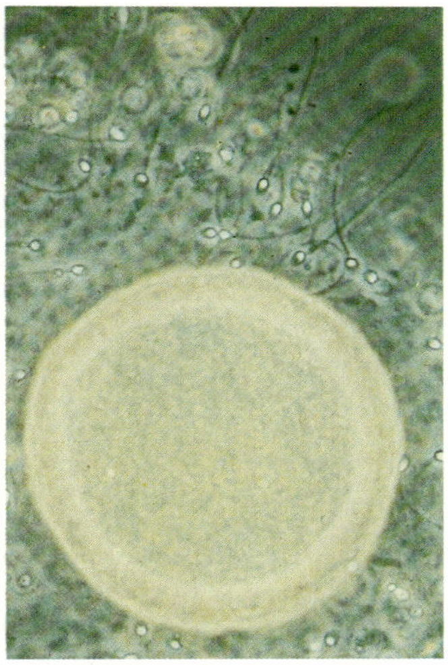

1 Eizelle und Spermazellen

Wie kommt es zu einer Schwangerschaft? Ein Mann und eine Frau, die sich lieben, sind gern zusammen, fühlen sich zueinander hingezogen und sind auf vielfältige Weise zärtlich zueinander. Das Bedürfnis nach Zuwendung, Liebe und Zärtlichkeit und das sexuelle Bedürfnis wecken den Wunsch, „miteinander zu schlafen". Mit diesen Worten beschreibt man den **Geschlechtsverkehr,** die geschlechtliche Vereinigung von Mann und Frau. Dabei führt der Mann sein Glied in die Scheide der Frau ein. Durch Bewegung des Gliedes in der Scheide steigert sich bei beiden die sexuelle Erregung bis zu einem Höhepunkt. Er wird Orgasmus genannt. Dabei werden vom Mann bis zu einer halben Milliarde Spermazellen in die Scheide abgegeben. Sie schwimmen durch schlängelnde Bewegungen ihrer Schwanzfäden in die Gebärmutter. Einige gelangen bis in den Eileiter zur Eizelle (Abb. 1,2). Die Spermazelle, die als erste zur Eizelle gelangt, dringt in die Eizelle ein. Diese Vereinigung von Eizelle und Spermazelle heißt **Befruchtung**.

Nach der Befruchtung teilt sich die Eizelle (Abb. 2). So entstehen zuerst zwei Zellen, dann vier, und nach und nach durch weitere Zellteilungen sehr viele immer kleinere Zellen. Sie bilden zusammen ein Bläschen aus Zellen, das **Keimbläschen**. Etwa sechs Tage nach der Befruchtung ist das Keimbläschen langsam bis in die Gebärmutter transportiert worden.

Dort verwächst das Keimbläschen mit der Gebärmutterschleimhaut und wird so geschützt und mit Nährstoffen versorgt. Die Wandzellen des Keimbläschens vermehren sich schnell und bilden allmählich eine dicke, schwammartige Schicht, die **Plazenta**. Sie enthält zahlreiche Blutgefäße. Im Inneren des Keimbläschens bildet sich der **Embryo**.

Mit dem Blut der Mutter gelangen Nährstoffe und Sauerstoff zur Plazenta. Sie werden von dem heranwachsenden Embryo aufgenommen. Aber auch Alkohol, Nikotin oder Medikamente werden mit dem Blut zur Planzenta transportiert und

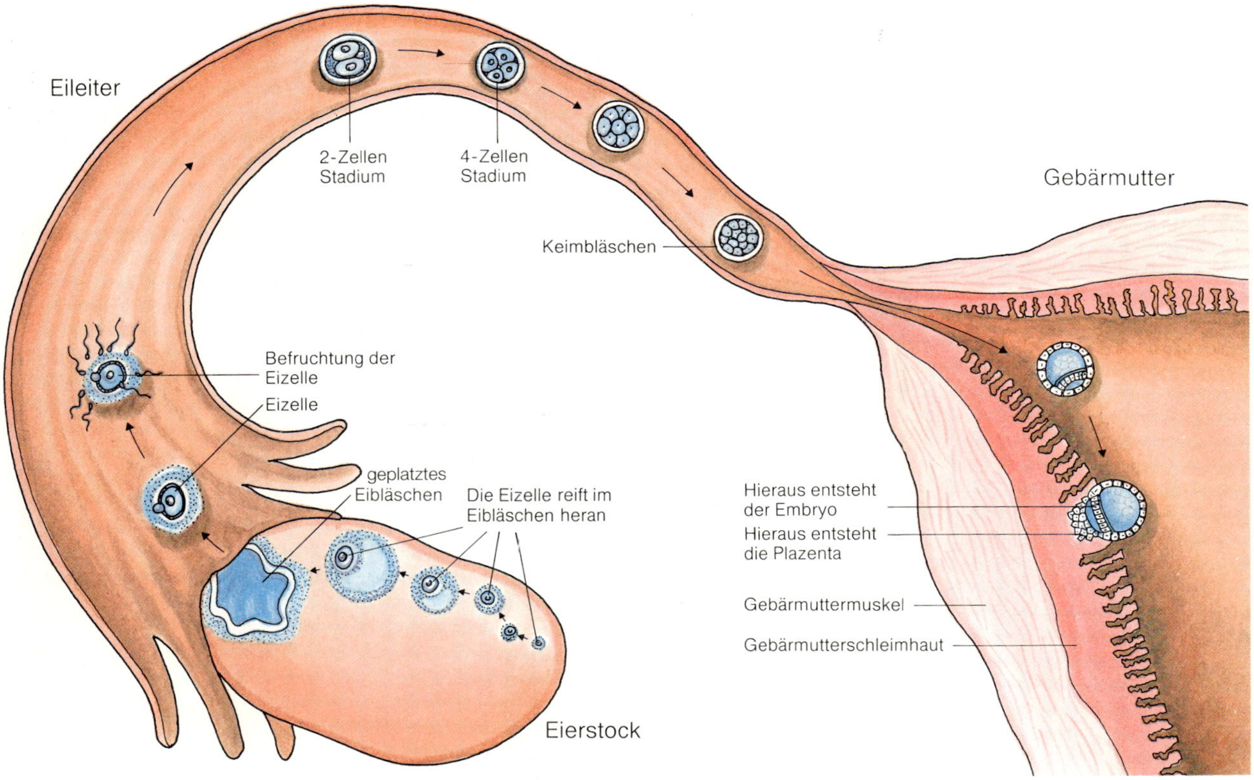

2 Eireifung, Befruchtung und erste Zellteilungen

Jedes dreihundertste Kind, welches in der Bundesrepublik Deutschland geboren wird, ist durch Alkoholkonsum der Mutter geschädigt.

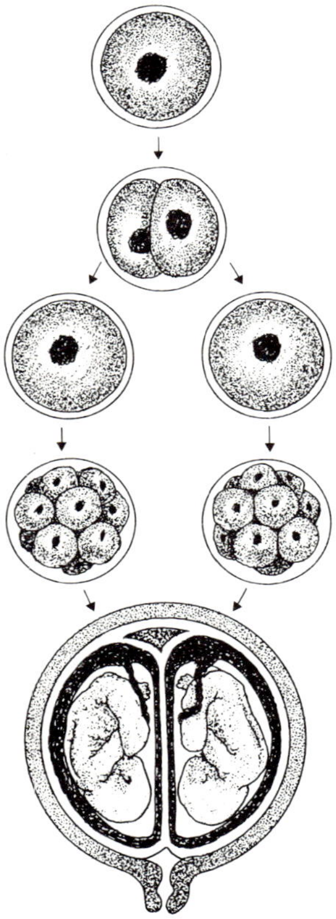

3 Entstehung eineiiger Zwillinge

gelangen in den Blutkreislauf des Embryos. Deswegen ist es für eine schwangere Frau wichtig, auf Alkohol und Zigaretten zu verzichten. Fünf Zigaretten, die eine Schwangere raucht, erhöhen die Säuglingssterblichkeit bereits erheblich. Kinder von Raucherinnen sind häufig bei der Geburt untergewichtig. Bei einer Erkrankung der Mutter muß ein Arzt entscheiden, ob ein Medikament eingenommen werden muß. Auf keinen Fall darf eine Schwangere ohne ärztlichen Rat Medikamente zu sich nehmen.

Auch manche Krankheitserreger, die sich im Blut der Mutter befinden, können durch die Plazenta in den Embryo gelangen. Dann kann der Embryo erkranken und in seiner Entwicklung geschädigt werden. Ein besonders gefährlicher Krankheitserreger für einen Embryo ist das Rötelnvirus. Wenn eine Frau während der Schwangerschaft an Röteln erkrankt, kann dies beim Embryo Blindheit, Taubheit, Herzfehler, geistige Behinderungen oder sogar den Tod verursachen. Durch eine Rötelnschutzimpfung kann man verhindern, daß man an Röteln erkrankt. Die Rötelnschutzimpfung sollte schon im Mädchenalter erfolgen.

Nach zweieinhalb Monaten Schwangerschaft sind alle für den Menschen erforderlichen Organe ausgebildet. Der Embryo heißt jetzt **Fetus**. Er ist etwa sechs Zentimeter groß und wiegt zehn Gramm. Embryo und Fetus sind von einer dünnen Haut umgeben. Dies ist die Fruchtblase. Der Fetus schwebt im Fruchtwasser, das die gesamte Fruchtblase ausfüllt. So ist er vor Stößen und Erschütterungen weitgehend geschützt (Abb. 4). Als Verbindung zwischen Fetus und Plazenta hat sich die Nabelschnur gebildet.

Aus der befruchteten Eizelle wächst im Laufe von neun Monaten ein ungefähr drei Kilogramm schweres und etwa 50 cm langes Kind heran. Dieses Wachstum ist mit einer starken Vergrößerung der Gebärmutter verbunden. Durch regelmäßige Voruntersuchungen kann ein Arzt prüfen, ob die Schwangerschaft und die Entwicklung des Kindes normal verlaufen. Im letzten Drittel der Schwangerschaft sollte sich eine Frau durch Schwangerschaftsgymnastik und besondere Atemübungen auf die Geburt vorbereiten.

Manchmal kommt es vor, daß gleichzeitig zwei Eizellen reifen und auch beide befruchtet werden. Dann entwickeln sich aus beiden befruchteten Eizellen Kinder, es entstehen dann **zweieiige Zwillinge.** Gelegentlich entstehen Zwillinge aus einer einzigen Eizelle: Die befruchtete Eizelle teilt sich, die beiden durch Teilung entstehenden Tochterzellen trennen sich und entwickeln sich selbständig weiter. So entstehen **eineiige Zwillinge** (Abb. 3). Sie sehen sich sehr ähnlich und haben immer das gleiche Geschlecht.

Aufgaben

① Beschreibe mit Hilfe der Abb. 2 die Entstehung eines Menschen von der Befruchtung bis zur Einnistung des Keimbläschens.

② Wieso kann eine Rötelnerkrankung der Schwangeren den Embryo schädigen? Wie kann die Frau sich vor einer Rötelnerkrankung schützen?

③ Abb. 4 zeigt einen Embryo etwa im dritten Entwicklungsmonat. Welche Organe und Gliedmaßen kann man erkennen? Welche Teile sind noch nicht vollständig ausgebildet?

④ Erläutere mit Hilfe von Abb. 3 die Entstehung von eineiigen Zwillingen. Erstelle eine ähnliche Zeichnung für die Entstehung von zweieiigen Zwillingen.

Die befruchtete Eizelle entwickelt sich durch zahlreiche Zellteilungen zum Keimbläschen. Es verwächst mit der Schleimhaut der Gebärmutter. So entsteht eine Schwangerschaft. Der Embryo bzw. Fetus wird durch die Plazenta und die Nabelschnur versorgt. Eineiige Zwillinge entstehen durch eine Trennung einer befruchteten Eizelle und haben das gleiche Geschlecht. Zweieiige Zwillinge entstehen aus zwei Eizellen.

4 Embryo im 2./3. Monat

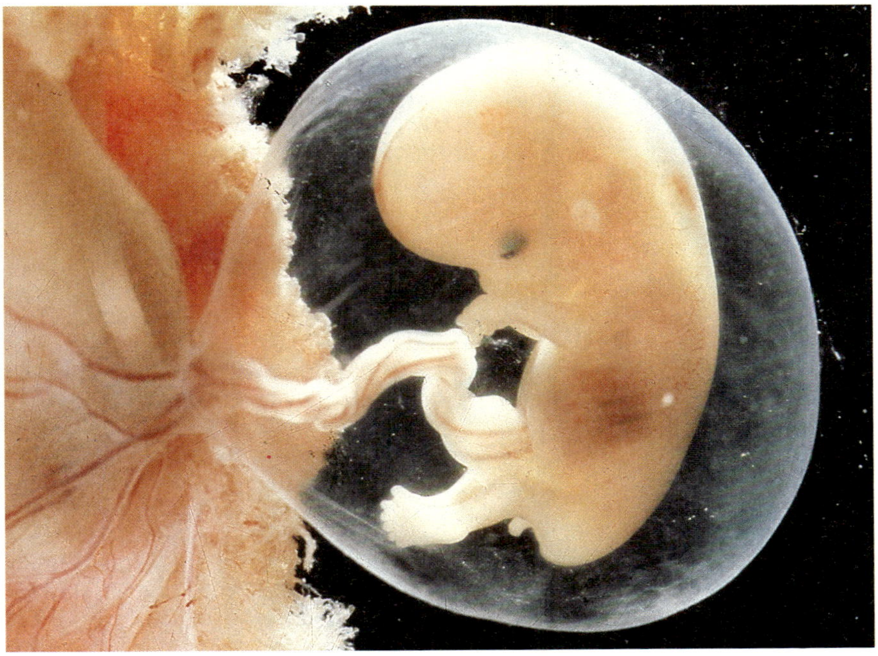

Protokoll der Geburt

21.15 Uhr: Frau Baum kommt in der Station an. Die Hebamme überwacht den Herzschlag des Kindes. „Alles in Ordnung, Frau Baum!"
23.20 Uhr: Immer neue Wehen. Frau Baum ruht sich in den Pausen aus, sammelt neue Kräfte. Herr Baum kühlt mit einem nassen Handtuch ihr verschwitztes Gesicht ab.
3.12 Uhr: Die Preßwehen haben eingesetzt. „Kräftig pressen, Frau Baum!" fordert die Hebamme auf. In der Scheidenöffnung wird der Kopf des Kindes sichtbar.
3.20 Uhr: Der Kopf des Kindes ist heraus. Die Hebamme hat ihn vorsichtig gefaßt, zieht den Körper langsam heraus, trocknet das Baby schnell ab, legt es Frau Baum auf den Bauch. „Es ist ein Mädchen!" Frau Baum blinzelt, ist noch benommen. Christina soll ihre Tochter heißen.
3.21 Uhr: Mund und Nase des Babys werden sofort vom Schleim befreit, damit es gut atmen kann. Christina fängt sofort an zu schreien.
3.30 Uhr: Durch die Nabelschnur fließt kein Blut mehr. Die Hebamme klemmt sie mit einer Plastikklemme am Nabel des Kindes ab und schneidet sie dann durch.
3.40 Uhr: Der Mutterkuchen mit der daran hängenden Nabelschnur, Nachgeburt genannt, löst sich und kommt durch die Scheide heraus.
3.43 Uhr: Der Arzt untersucht das Baby ganz genau: Den Kopf, den Gaumen, Finger und Zehen, das Rückgrat und das Hüftgelenk – alles ist in Ordnung! Die Hautfarbe ist rosig, und Christina atmet gleichmäßig.
4.00 Uhr: Christina wird gebadet und angezogen. Herr Baum hilft der Hebamme dabei.
4.20 Uhr: Frau Baum wird gewaschen, bekommt heißen Tee. Ihr Baby wird in eine Decke gewickelt und zu ihr gelegt. Frau Baum ist sehr müde, aber auch noch aufgeregt von der Geburt.
5.20 bis 7.30 Uhr: Herr und Frau Baum bewundern Christina und sind sehr glücklich. Arzt und Hebamme untersuchen Frau Baum in regelmäßigen Abständen, ob Nachblutungen der Gebärmutter eingetreten sind. Es ist alles in Ordnung.

8.6 Die Entwicklung vom Säugling zum Kleinkind

1 Das Neugeborene kann am Seil hängen

Ein Säugling kann bereits nach der Geburt eine ganze Menge, ohne daß er es lernen muß. Dazu gehört zum Beispiel das Saugen, Schlucken und Greifen. Wenn man einem Säugling einen Finger an die Lippen hält, so fängt er sofort an, am Finger zu saugen. Berührt man die Handinnenfläche eines Säuglings, greift er mit der Hand zu. Ein Neugeborenes hält sogar so fest, daß es sich an einem gespannten Seil festhalten kann (Abb. 1). Vermutlich stammt dieses Verhalten noch aus der Zeit unserer tierischen Vorfahren. Durch das feste Zugreifen konnte sich ein Baby am behaarten Körper der Mutter festhalten.

Auch wenn ein Säugling noch nicht reden kann, verrät seine Mimik, z. B. sein Lächeln oder Weinen, oft sehr genau, was er möchte. Durch das Lächeln knüpft ein Säugling erste Kontakte zu seiner Umwelt. Dabei unterscheidet er zunächst noch nicht zwischen Eltern und fremden Personen. Im zweiten und dritten Lebensmonat kann noch jedes menschliche Gesicht ein Lächeln auslösen, wenn es im Blickfeld des Säuglings erscheint. Sogar bewegte Punktmuster werden angelächelt. Erst vom vierten Monat an unterscheidet ein Säugling deutlich zwischen Mutter, Vater und anderen Personen. Er hat gelernt, die Gesichter zu erkennen. Später werden fremde Gesichter oft abgelehnt, man sagt dann, das Kind „fremdelt". Das ist auch ein Zeichen dafür, daß es seine Bezugspersonen kennengelernt hat. Das Kind kann jetzt zwischen verschiedenen Menschen, seinen Betreuern und den „Fremden" unterscheiden. Im Alter von acht Monaten neigt es dazu, vor fremden Menschen Angst zu haben.

Das Dasein eines Säuglings erfordert von Eltern und Geschwistern eine große Umstellung. Das Baby muß regelmäßig gefüttert, gewickelt und gebadet werden. Am besten teilen sich Vater und Mutter die Aufgabe der Säuglingspflege. Nur wenn sich auch der Vater von Anfang an um den Säugling kümmert, bekommt er ebenfalls ein inniges Verhältnis zu seinem Kind.

Die beste Nahrung für das Baby ist die Muttermilch. Der Säugling erhält mit der Muttermilch alle erforderlichen Nährstoffe in der richtigen Menge und mit der richtigen Temperatur. Außerdem enthält die Muttermilch Abwehrstoffe, die das

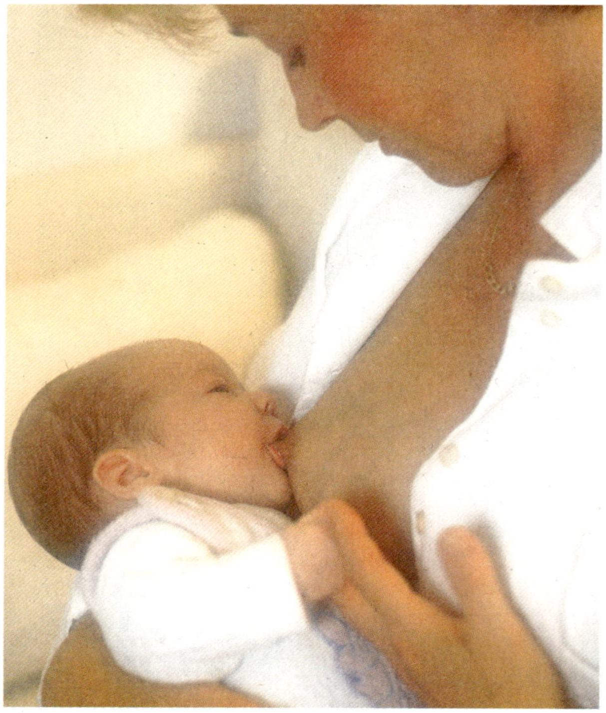

2 Mutter stillt ihr Baby

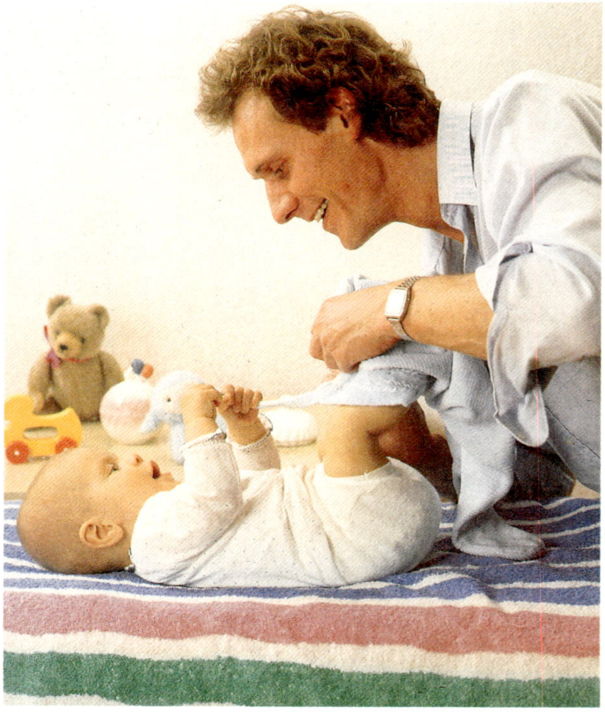

3 Vater wickelt den Säugling

Baby vor vielen Krankheiten schützen. Nicht nur die richtige Ernährung und Körperpflege sind wichtig. Ein Baby braucht auch viel liebevolle Zuwendung. Wenn die Erwachsenen dem Baby das Gefühl der Geborgenheit geben, wird es später im Leben Selbstvertrauen und Selbstsicherheit entwickeln. Hautkontakt, Wärme und Zärtlichkeit sind in den beiden ersten Lebensjahren wichtig für die Entwicklung eines Menschen.

In den ersten Lebensmonaten macht ein Säugling eine sehr schnelle Entwicklung durch, so schnell, wie nie wieder in seinem Leben. Gut läßt sich diese Entwicklung an der Haltung und Fortbewegung des Säuglings beobachten (Abb. 4). Nach einem Monat kann ein Baby seinen Kopf heben, wenn es auf dem Bauch liegt. Nach zwei Monaten kann es den Oberkörper aufrichten. Im sechsten Monat gelingt es ihm, sich auf den Rücken zu drehen und mit den Füßen zu spielen. Im Alter von acht Monaten kann es ohne fremde Hilfe sitzen. Das Baby beginnt jetzt auch, sich an Möbeln zum Stehen hochzuziehen. Mit zehn Monaten kann es durchs Zimmer krabbeln. In einem Alter von etwas über einem Jahr können die meisten Kinder allein laufen. Doch dauert es noch bis etwa zum 3. Lebensjahr, bis Kinder z. B. eine Treppe im Wechselschritt hinaufgehen oder Dreirad fahren können. Noch ein Jahr länger dauert es, bis Kinder auf einem Bein hüpfen können.

Aufgaben

① Die Abb. 2 und 3 zeigen Beispiele für Ernährung und Körperpflege des Säuglings. Beschreibe, was außerdem für die Entwicklung eines Säuglings wichtig ist. Begründe, warum es wichtig ist.

② Beschreibe die körperliche Entwicklung eines Kindes bis zum Alter von drei Jahren. Fertige dazu eine Tabelle nach folgendem Muster an:

Monat	körperliche Entwicklung
1 Monat	Heben des Kopfes
2 Monate	......

Außer der richtigen Ernährung und Körperpflege sind für die Entwicklung eines Säuglings viel Zuwendung und Zärtlichkeit von beiden Eltern wichtig. Die Entwicklung eines Menschen verläuft im ersten Lebensjahr besonders schnell.

4 Körperliche Entwicklung des Kleinkindes

9 Aufbau der Blütenpflanzen

9.1 Blütenpflanzen haben gemeinsame Merkmale

Aufgaben

① Es gibt wohl kaum zwei Häuser, die einander genau gleichen. Häuser unterscheiden sich zum Beispiel in Größe, Form und Aussehen, in der Zahl und Ausstattung der einzelnen Räume. Dennoch haben alle Häuser bestimmte Merkmale gemeinsam. Sie sind typisch für ein Haus. Schreibe solche Merkmale auf, die bei jedem Haus vorkommen.

② Die Abbildungen 1–6 zeigen dir drei verschiedene Pflanzen. Betrachte ihr Aussehen, vergleiche sie miteinander und stelle fest, welche Merkmale sie gemeinsam haben.

Sommerlinde, Heckenrose und Sonnenblume sind Pflanzen, die auf den ersten Blick wenig gemeinsam haben. Wenn du sie jedoch genauer betrachtest, fällt dir sicherlich auf, daß sie alle **Blüten** besitzen. Blüten haben oft auffällige Farben. Durch Farbe und Duft einer Blüte werden Insek-

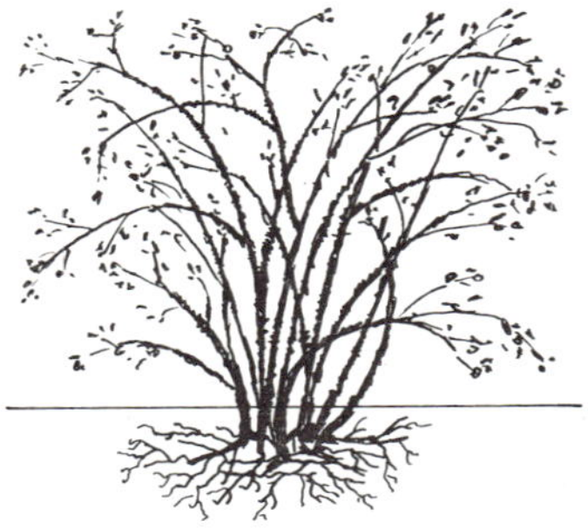

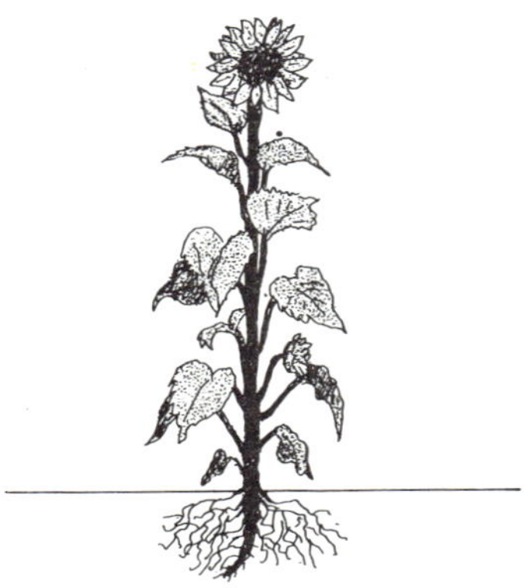

1 Sommerlinde

2 Blüten der Linde

3 Heckenrose

4 Blüten der Heckenrose

5 Sonnenblumenfeld

6 Blütenstand der Sonnenblume

Legt man einige Sonnenblumenkerne im Frühjahr in die Erde, so gehen daraus in wenigen Monaten stattliche Pflanzen hervor. Sonnenblumen werden bis zu drei Meter hoch.

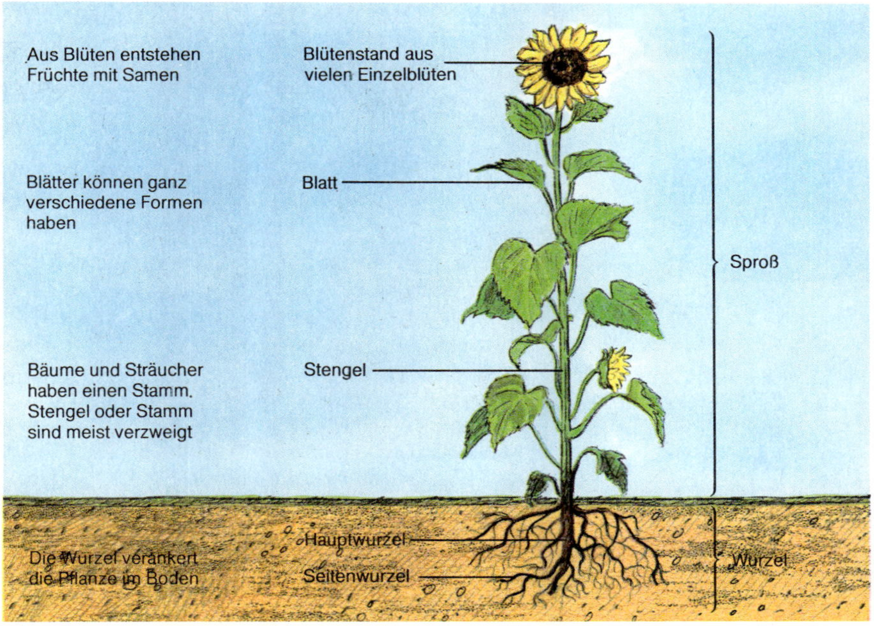

7 Aufbau von Blütenpflanzen am Beispiel der Sonnenblume

Zu den Pflanzen gehören außer den Blütenpflanzen auch die Farne, Moose, Algen und Pilze.

Hagebutten enthalten zahlreiche Vitamine. Aus Hagebutten kann man Marmelade machen.

Aus den Früchten der Sonnenblume gewinnt man ein wertvolles Speiseöl, das im Haushalt sowie bei der Herstellung von Margarine verwendet wird.

ten angelockt. Aus den Blüten entstehen Früchte mit Samen. Pflanzen, die Blüten haben, nennen wir **Blütenpflanzen.** Bei Pflanzen, wie Sommerlinde, Heckenrose oder Sonnenblume, ragt ein Stengel oder Stamm aus der Erde, an dem Blätter und Blüten sitzen. Diese oberirdischen Teile einer Blütenpflanze bezeichnet man als **Sproß** (Abb. 7). Alle Blütenpflanzen haben **Wurzeln.** Sie verankern die Pflanze im Boden. Aus einer dicken Hauptwurzel entspringen gewöhnlich zahlreiche Seitenwurzeln.

Die Sommerlinde ist ein Baum, der bis zu 800 Jahre alt werden kann. Dabei wird er etwa 30 m hoch. Die Sommerlinde besitzt einen kräftigen Stamm, die Baumkrone ist dicht verzweigt. Ihre Hauptwurzel reicht tief in den Boden. Zahlreiche Seitenwurzeln verlaufen flach unter der Erde. Die Blüten der Sommerlinde haben eine grünlich-weiße Farbe. Meist hängen zwei oder drei zusammen an einem Stiel. Sie enthalten viel Nektar. Ihr Duft lockt zahlreiche Bienen an. Am unteren Ende des Blütenstiels sitzt ein breites Blatt, das Flugblatt. Im Herbst, wenn die Früchte der Linde reif sind, dient das Flugblatt als Fallschirm. Mit dem Wind können die Früchte dann weit verbreitet werden.

Heckenrosen kommen an Wald- und Wegrändern vor und bilden dort oft dichte Hecken. Sie haben einen kurzen Stamm, aus dem viele dünne Zweige entspringen. Blütenpflanzen, die so gebaut sind, nennt man **Sträucher.** Die Zweige einer Heckenrose neigen sich meist bogenförmig zur Erde und haben zahlreiche Stacheln. Aus den Zweigen entwickeln sich jedes Jahr neue Seitenzweige. So wird die Hecke im Laufe der Jahre undurchdringlich. Die rosafarbenen Blüten einer Heckenrose erscheinen im Juni. Aus ihnen entstehen die Früchte, die Hagebutten (◁). Das Fruchtfleisch der Hagebutten dient vielen Vögeln als Nahrung. Zusammen mit dem Fruchtfleisch werden die Samen aufgenommen. Die Vögel können die Samen jedoch nicht verdauen und scheiden sie wieder aus. Auf diese Weise tragen die Vögel zur Verbreitung der Heckenrosen bei.

Die Sonnenblume bildet im Spätsommer eine große, scheibenförmige „Blüte" aus. Die Bezeichnung Blüte ist eigentlich nicht richtig. Die „Blüte" der Sonnenblume besteht nämlich aus vielen einzelnen, kleinen röhrenförmigen Blüten. Bei der Sonnenblume bilden viele Einzelblüten zusammen einen **Blütenstand** (◁).

Blütenpflanzen bestehen aus Wurzeln und Sproß. Der Sproß gliedert sich in Stengel oder Stamm, Blätter und Blüten.

9.2 Wurzeln nehmen Wasser auf

Eine Wurzel kann beträchtliche Tiefen erreichen. So fand man beim Bau des Suez-Kanals noch in einer Tiefe von 30 m Wurzeln von Blütenpflanzen.

1 Wurzel mit Wurzelhaaren, mikroskopische Aufnahme

Blütenpflanzen sind durch ihre Wurzeln fest im Erdboden verankert. Wurzeln wachsen nur an ihrer Spitze. Direkt hinter der Wurzelspitze bilden Wurzeln zahlreiche kleine, schlauchförmige Ausstülpungen. Sie werden **Wurzelhaare** genannt (Abb. 1). Die feinen verzweigten Wurzelhaare dringen in die engen Zwischenräume zwischen den Bodenteilchen ein. Sie nehmen das dort befindliche Wasser und die darin gelösten Mineralsalze auf. Die vielen winzigen Wurzelhaare vergrößern die wasseraufnehmende Oberfläche der Wurzel ganz erheblich. Wasser und Mineralsalze gelangen über die Wurzelhaare in die Wurzel hinein. In der Mitte der Wurzel befinden sich röhrenförmige Leitungsbahnen. Durch sie werden Wasser und Mineralsalze zum Stamm und zu den Blättern transportiert.

Bei einer Roggenpflanze entspricht die Oberfläche der Wurzelhaare ungefähr der Fläche von fünf bis sechs großen Klassenräumen.

Durch ständiges Wachstum können die Wurzeln der Pflanze immer wieder in neue Bodenschichten hineinwachsen und aus ihnen Wasser und Mineralsalze aufnehmen. Eine Pflanze hat den ihr zur Verfügung stehenden Boden schließlich dicht mit Wurzeln durchzogen.

Aufgaben

① Lies den Text noch einmal durch und nenne die Aufgaben der Wurzel.

② Beschreibe den Weg des Wassers aus dem Boden in die Pflanze.

Wurzeln verankern die Pflanze im Boden und nehmen mit den Wurzelhaaren das Wasser und die darin gelösten Mineralsalze auf.

Versuche

1. Wurzeln nehmen Wasser auf
Nimm eine junge Pflanze vom Fleißigen Lieschen aus dem Blumentopf. Spüle die Wurzeln ab und tauche sie in ein zu dreiviertel mit Wasser gefülltes Reagenzglas. Schütze die Wasseroberfläche mit einer dünnen Ölschicht gegen Verdunstung. Markiere den Wasserspiegel mit einem wasserfesten Stift. Stelle die Pflanze an einen hellen, warmen Ort und miß nach 30 Minuten, 3 Stunden und nach 24 Stunden den Wasserstand in dem Glas. Beschreibe und erkläre das Versuchsergebnis.

2. Wurzeln entwickeln Wurzelhaare
Feuchte einen Streifen Filterpapier an und befestige ihn mit Gummiband auf einem Objektträger. Lege mehrere Kressesamen, die zuvor eine Stunde in Wasser gelegen haben, in einer Reihe nebeneinander auf das Filterpapier. Stelle den Objektträger schräg in ein Becherglas. Fülle das Becherglas so hoch mit Wasser, daß das Filterpapier eintaucht. Die Kressesamen sollen sich ungefähr zwei Zentimeter über der Wasseroberfläche befinden. Beobachte während der nächsten zwei bis drei Wochen mindestens jeden zweiten Tag das Wachstum der Wurzeln. Stelle fest, wieviel Zentimeter die Wurzeln gewachsen sind. Trage die Meßwerte in eine Tabelle ein. Beschreibe die Veränderungen.

9.3 Der Weg des Wassers in einer Pflanze

Versuche

1. Wasserleitung in der Sproßachse
Löse etwas rote Tinte oder rote Lebensmittelfarbe in Wasser auf. Stelle eine beblätterte, weißblühende Margerite in die Farblösung. Statt Margeriten kannst du für diesen Versuch auch andere weißblühende Pflanzen, zum Beispiel Nelken oder Tulpen verwenden. Beobachte Stengel und Blätter in den nächsten zehn Minuten. Schreibe das Ergebnis deiner Beobachtungen auf. Erkläre die Beobachtungen.

Die Strömungsgeschwindigkeit des Wassers durch die Sproßachse ist bei den Pflanzenarten sehr unterschiedlich:
- *Fichte 1,2 m/Std.*
- *Birke 1,6 m/Std.*
- *Eiche 14 m/Std.*
- *Lianen 150 m/Std.*

Wenn man einen beblätterten Stengel von der Margerite oder von einer anderen Pflanze in eine Farblösung stellt, kann man erkennen, daß das Wasser im Stengel hochsteigt. Nach einiger Zeit gelangt es bis zu den Spitzen der Blätter und Blüten. In der Sproßachse von Blütenpflanzen steigt das Wasser ebenso wie in der Wurzel in Leitungsbahnen hoch, die aus zahlreichen dünnen Röhren bestehen (Abb. 1). Einige der Röhren entstehen aus langgestreckten Zellen, deren Zellinhalt abgestorben ist. Sie haben charakteristische ring- oder spiralförmig angeordnete Zellwandverdickungen und werden auch **Gefäße** genannt. Ring- oder Spiralgefäße erinnern in ihrem Aussehen an einen Staubsaugerschlauch und sind ebenso formstabil. Sie können von wachsenden Nachbarzellen nicht so leicht eingedrückt werden. So wird der lebenswichtige Transport des Wassers und der darin gelösten Mineralsalze nicht unterbrochen.

Leitungsbahnen durchziehen die Pflanze von der Wurzel durch den Stengel oder Stamm bis in die Spitzen der Blätter. Wenn du ein Blatt gegen das Licht hältst, kannst du die Leitungsbahnen als fein verzweigte Blattadern erkennen (Abb. 1).

Der größte Teil des aufgenommenen Wassers wird von einer Pflanze wieder an die Luft abgegeben. Die Abgabe erfolgt als Wasserdampf über die Blätter. Man sagt, das Wasser verdunstet von den Blättern.

Manche Pflanzen geben große Mengen Wasser an die Luft. Man hat errechnet, daß aus einer Birke mit etwa 200 000 Blättern an einem Sonnentag rund 60 Liter Wasser verdunsten. An besonders heißen und trockenen Tagen sind es bis zu 400 Liter. Dies entspricht der Wassermenge von 40 Eimern Wasser, die jeweils 10 Liter Fassungsvermögen haben. Die Wasserabgabe wird ausgeglichen, indem die Pflanze durch die Wurzeln Wasser aus dem Boden aufnimmt.

Das von den Pflanzen aus dem Boden aufgenommene Wasser wird durch den Stengel oder Stamm bis in die Blätter geleitet. Von den Blättern verdunstet das Wasser an die Luft.

1 a Der Weg des Wassers in einem Baum, b Blattadern, c mikroskopische Aufnahme der Gefäße, in denen das Wasser in der Pflanze geleitet wird.

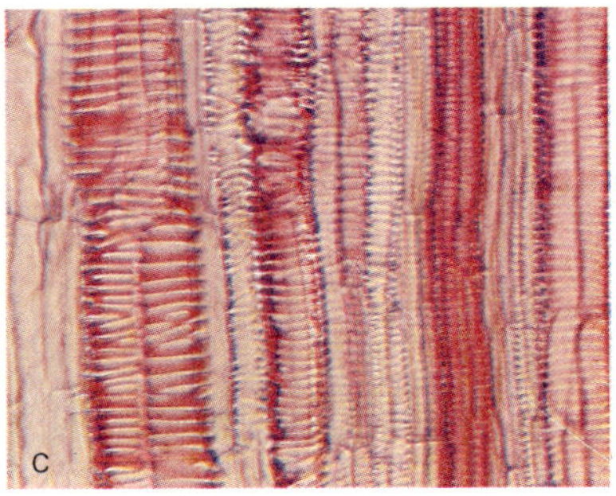

10 Fortpflanzung und Entwicklung bei Pflanzen

10.1 Blüten und ihr Aufbau

1 Kirsche, aufgeschnitten

2 Zweijährige Kirschpflanze

3 Alter Kirschbaum

4 Kirschblüte, längs durchgeschnitten

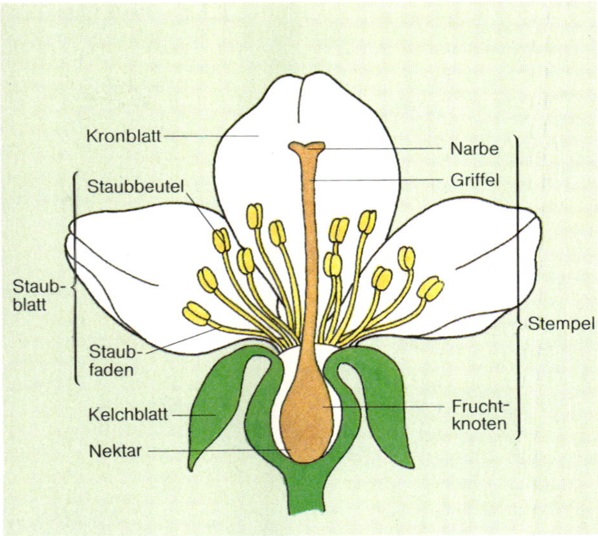

5 Schemazeichnung einer Kirschblüte

6 Blüten, längs durchgeschnitten

Kirschzweige kann man in der Wohnung schon im März zum Blühen bringen. Stellt man die Zweige in ein Gefäß mit Wasser, so öffnen sich bald die Blütenknospen. Im Freien wird die Temperatur, die für das Aufblühen notwendig ist, erst später erreicht. Daher blühen Kirschbäume im Freien erst Ende April, Anfang Mai. Einen blühenden Kirschbaum erkennt man dann schon von weitem an seinen vielen weißen Blüten.

Eine einzelne Kirschblüte besteht aus verschiedenen Teilen (Abb. 4, 5). Am Ende des Blütenstiels liegt der **Blütenboden.** An seinem Rand sitzen fünf schmale, grüne Blättchen, die **Kelchblätter.** Sie umschließen die inneren Blütenteile vor dem Aufblühen wie ein Kelch. Fünf große, weiße **Kronblätter** bilden zusammen die Krone der Kirschblüte. Sie sind die auffälligsten Teile der Blüte.

Auf die Kronblätter folgen weiter nach innen viele **Staubblätter.** Jedes besteht aus einem dünnen Stielchen, dem **Staubfaden,** und einer gelblichen Verdickung am oberen Ende, dem **Staubbeutel.** Er enthält feinen Blütenstaub, die **Pollenkörner.** Wenn der Staubbeutel bei warmem Wetter aufplatzt, werden die Pollenkörner frei.

In der Mitte der Kirschblüte steht ein grünes, längliches Gebilde, das einem auf dem Kopf stehenden Stempel ähnelt und daher **Stempel** genannt wird. Der verdickte Teil des Stempels nahe dem Blütenboden ist der **Fruchtknoten.** Daraus bildet sich später die Kirschfrucht. Der längliche Teil des Stempels heißt **Griffel.** Der obere Teil des Stempels ist die klebrige **Narbe.**

Ein Vergleich mit anderen Kirschblüten zeigt, daß alle gleich aufgebaut sind. Die Blüten anderer Pflanzen sind anders aufgebaut (Abb. 6). Man findet bei ihnen aber alle Blütenteile, die auch bei der Kirschblüte vorkommen.

Aufgaben

① Besorge dir Kirschblüten. Beschreibe die Anordnung und Anzahl der Blütenteile bei einer einzelnen Blüte. Nimm dazu Abb. 4 und 5 zu Hilfe.

② Beschreibe den Aufbau der Blüten von Raps, Hahnenfuß und Taubnessel (Abb. 6). Benutze dazu die Begriffe Blütenboden, Kelchblätter, Kronblätter, Staubblätter, Narbe, Griffel, Fruchtknoten.

Im April und Mai blühen die Kirschbäume. Eine einzelne Kirschblüte besteht aus Kelchblättern, Kronblättern, Staubblättern und Stempel.

10.2 Bestäubung und Befruchtung

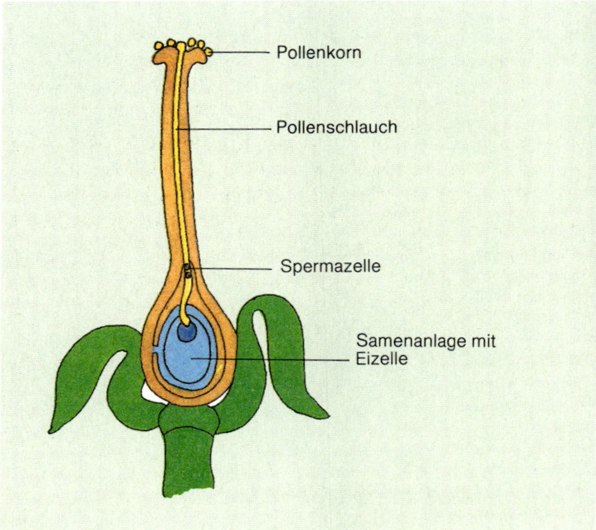

1 Befruchtung bei der Kirschblüte

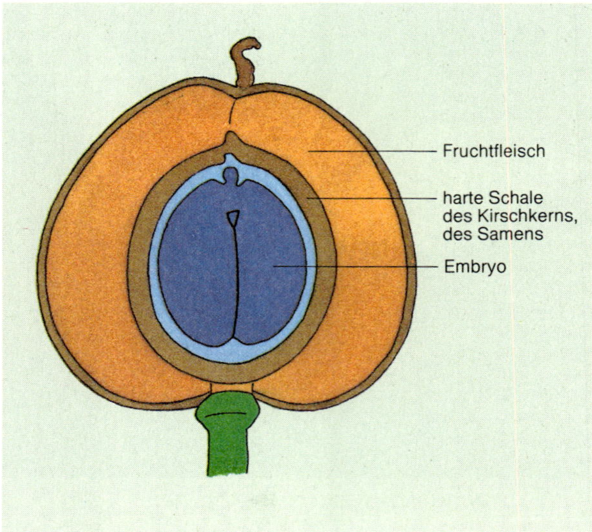

2 Frucht der Kirsche

Auch bei Menschen und bei Tieren nennt man ein Lebewesen in einem frühen Entwicklungsabschnitt Embryo.

Bei warmem und trockenem Wetter werden Kirschblüten von vielen Bienen besucht. Die auffälligen Kronblätter locken die Bienen an. Auch der Duft der Blüten und ihre Form spielen dabei eine Rolle. Werden die Kronblätter von Kirschblüten entfernt, fliegen Bienen diese Blüten meist nicht mehr an. Wenn eine Biene auf einer Kirschblüte gelandet ist, krabbelt sie zum Innern der Blüte, streckt ihren Rüssel aus und saugt Flüssigkeit vom Boden der Kirschblüte. Dieses wiederholt sie kurze Zeit später bei anderen Kirschblüten.

Untersuchungen haben ergeben, daß die Flüssigkeit am Blütenboden süß ist. Man nennt sie **Nektar.** Bienen bilden aus Nektar Honig. Zusätzlich sammeln Bienen Pollenkörner als Nahrung für die Aufzucht der jungen Bienen im Bienenstock.

Wenn man eine Biene beim Blütenbesuch genau beobachtet, kann man feststellen, daß sie dabei die Staubbeutel berührt. Dabei bleiben viele Pollenkörner an ihr hängen. Beim Besuch der nächsten Kirschblüte geschieht das gleiche. Schließlich befördert die Biene an ihrem Körper Pollenkörner von verschiedenen Kirschblüten. Berührt sie beim Umherkrabbeln an einer Blüte die klebrige Narbe, bleiben einige Pollenkörner daran haften. Wenn Pollen auf die Narbe einer Blüte übertragen wird, spricht man von **Bestäubung.**

Auf der Narbe entwickelt sich meistens aus jedem Pollenkorn ein Pollenschlauch. Ein Pollenschlauch dringt in die Narbe ein und wächst durch das Innere des Griffels zum Fruchtknoten (Abb. 1). Darin ruht die **Samenanlage,** aus der sich später der Kirschsamen entwickelt. In die Samenanlage ist eine weibliche **Eizelle** eingebettet.

In einem Pollenschlauch befinden sich männliche **Spermazellen.** Durch den Pollenschlauch erreichen sie die Eizelle. Wenn Spermazelle und Eizelle verschmelzen, nennt man das **Befruchtung** (Abb. 1).

Mit der Befruchtung beginnt die Entwicklung eines neuen Lebewesens. Aus der befruchteten Eizelle entwickelt sich ein winziges Kirschpflänzchen, der **Embryo** (◁). Daraus kann später eine junge Pflanze mit grünen Blättchen und schließlich ein mächtiger Kirschbaum entstehen (Abb. 1–3, Seite 98)

Für eine gute Süßkirschernte ist es wichtig, daß in der Nähe eines Süßkirschbaumes noch andere Süßkirschbäume stehen. Wenn Pollenkörner aus den Blüten des einen Baumes auf die Narben eines anderen Baumes gelangen, nennt man das **Fremdbestäubung.** Nur dann kann es zur Befruchtung bei Süßkirschen kom-

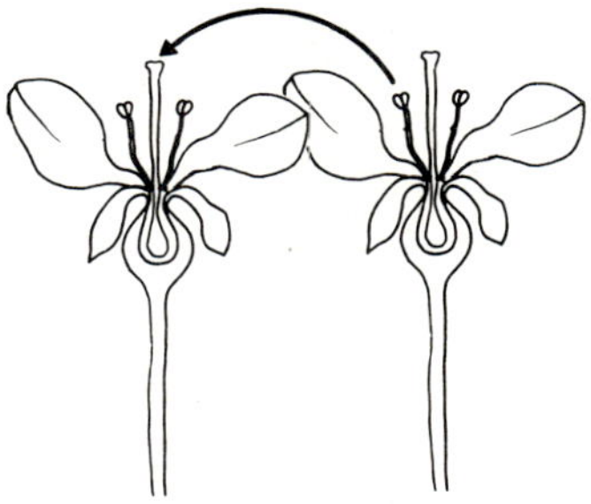

Fremdbestäubung

Selbstbestäubung

Biotip

Wegen ihrer Bedeutung als Bestäuber und Nektarsammler stehen Bienen unter Naturschutz. Vor allem im Frühjahr haben Bienen Schwierigkeiten, genug Nahrung für ihre Brut zu bekommen. Die Blüten der Salweide – auch Kätzchen genannt – liefern in dieser Jahreszeit Nahrung für Bienen.
Brich deshalb keine Weidenzweige ab.

men. Bei Apfel, Birne und vielen anderen Blütenpflanzen ist ebenfalls Fremdbestäubung für die Fruchtbildung notwendig. Bei manchen Sauerkirschen, bei Erbsen und Bohnen ist das nicht notwendig. Bei diesen Pflanzen entwickeln sich Früchte, wenn Pollenkörner von den Staubbeuteln auf die Narbe derselben Blüte gelangen. Wir sprechen dann von einer **Selbstbestäubung.** Eine Selbstbestäubung liegt auch vor, wenn Pollen bei derselben Pflanze von Blüte zu Blüte übertragen wird.

Aufgaben

① Beschreibe Bestäubung und Befruchtung bei der Kirsche. Nimm dazu den Text zu Hilfe.

② Unterscheide anhand der Zeichnung in der Randspalte und des Textes Fremdbestäubung und Selbstbestäubung.

③ In manchen Jahren ist es zur Zeit der Kirschblüte sehr kalt, mitunter friert es sogar. In solchen Jahren fällt die Kirschernte vergleichsweise gering aus. Begründe!

④ Aus dem Katalog einer Gärtnerei: „Süßkirsche ‚Kassins Frühe': Wertvolle Frühkirsche. Großfrüchtige, schwarzrote Herzkirsche, weich, wohlschmeckend; wind- und regenempfindlich, platzt leicht. Ertrag früh, hoch; wächst stark, braucht nährstoffreichen Boden; frostempfindlich. Blüte mittelfrüh. Bestäubersorten unter anderem: Große Prinzessinkirsche; Büttners rote Knorpelkirsche, Hedelfinger Riesen."
Entnimm dem Katalogtext, welche Gegebenheiten den Ernteerfolg bei ‚Kassins Frühe' beeinflussen können.

Pollenkörner können von einer Blüte auf die Narbe einer anderen Blüte übertragen werden. Dies nennt man Bestäubung. Aus Pollenkörnern können Pollenschläuche wachsen, die Spermazellen enthalten. Eine Samenanlage enthält eine Eizelle. Wenn Spermazelle und Eizelle verschmelzen, spricht man von Befruchtung.

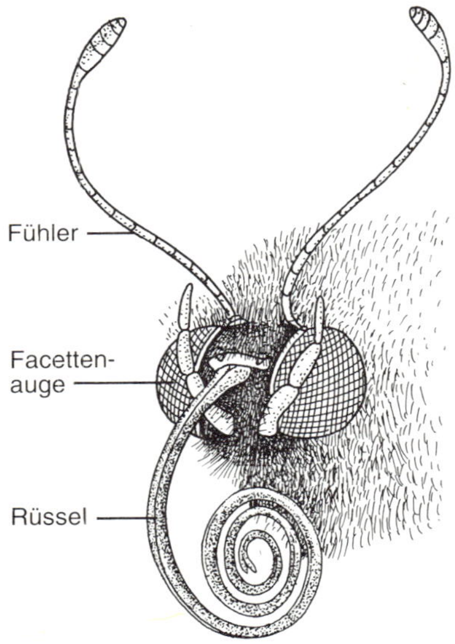

Kopf eines Schmetterlings

10.3 Bestäubung durch Insekten und Wind

Bei der Kirsche müssen die Blüten von Insekten bestäubt werden, damit Früchte entstehen können. Das ist auch bei vielen anderen Blütenpflanzen so. Bienen, Schmetterlinge, Käfer, Fliegen, Hummeln und Wanzen (Abb. 1–4) übertragen Pollen, wenn sie Blüten besuchen.

Es gibt lange, röhrenförmige Blüten, die vor allem von Schmetterlingen aufgesucht werden. Diese Insekten haben einen langen, aufrollbaren Rüssel, mit dem sie Nektar vom Blütenboden aufsaugen. Beim Kleinen Fuchs (Abb. 3) ist der Rüssel 1,5 cm lang. In manchen röhrenförmigen Blüten liegt der Nektar für Bienen und Fliegen zu tief. Insekten mit kurzem Rüssel können nur aus flachen oder kurzen Blüten erfolgreich Nektar saugen. Der Rüssel der Honigbiene ist nur 0,6 cm lang.

Lichtnelken haben tiefe, trichterförmige Blüten, auf deren Boden sich Nektar befindet. Nur Schmetterlinge mit sehr langem Rüssel können an den Nektar gelangen. Bei der Weißen Lichtnelke hängen die Kronblätter tagsüber schlaff herab. Am Abend jedoch öffnen sich die Blüten, und Duft strömt aus, durch den Nachtschmetterlinge angelockt werden (Abb. 5).

Zu Beginn des Frühjahrs, wenn sich aus den Knospen noch keine Blätter entwickelt haben, verstäuben die herabhängenden, gelben Kätzchen der Hasel ihre Pollenkörner (Abb. 6). Die gelben Kätzchen sind die männlichen Blüten der Hasel. Jedes Kätzchen eines Haselstrauches bildet ungefähr 200 Millionen Pollenkörner. Die Pollenkörner werden mit dem Wind davongetragen. Dabei gelangen sie auch auf die klebrigen Narben der weiblichen Blüten (Abb. 6). Pflanzen, bei denen der Wind die Bestäubung übernimmt, werden als **Windblütler** bezeichnet.

Aus den unscheinbaren weiblichen Blüten des Haselstrauches ragen die roten

1 Honigbiene mit Pollenkörnern

2 Schwebfliege

3 Kleiner Fuchs

4 Blütenbockkäfer

5 Nachtschmetterling besucht Weiße Lichtnelke

Hasel, Kiefer, Eiche und Buche sind Beispiele für einhäusige Pflanzen. Die Salweide ist eine zweihäusige Pflanze.

Zu den Windblütlern gehören auch die Getreidepflanzen, Gräser, Eiche, Buche, Birke und die Nadelbäume.

Narben des Stempels heraus. Nektar wird von den weiblichen Blüten nicht gebildet. Beim Haselstrauch sitzen männliche und weibliche Blüten auf einer Pflanze. Das nennt man **einhäusig.** Bei **zweihäusigen** Pflanzen sind männliche und weibliche Blüten auf verschiedenen Pflanzen (Abb. 7).

Bei Windblütlern sind die Staubblätter dem Wind ausgesetzt, und die Narben liegen frei. Windblütler stellen keinen Nektar her, duften nicht, und ihr Pollen ist nicht klebrig. **Insektenblütler** haben klebrige Pollen, die nicht vom Wind fortgeweht werden. Insektenblütler stellen Nektar her, und ihre Blüten duften. Farbige Kronblätter locken Insekten an. Die Pollenkörner sind klebrig und haften gut am Körper der Insekten.

6 Hasel im Frühjahr und im Herbst

Aufgaben

① Beschreibe anhand des Textes und der Abb. 6 die Windbestäubung bei der Hasel.

② Schreibe Unterschiede zwischen Insektenblütlern und Windblütlern auf. Übertrage dazu eine Tabelle nach folgendem Muster in dein Heft:

	Windblütler	Insektenblütler
Sind Staubblätter und Narben im Inneren der Blüten?		
Duften die Blüten?		
Sind die Kronblätter farbig oder weiß?		

③ Erläutere anhand der Abb. 7 die Begriffe: zwittrig, getrenntgeschlechtlich, einhäusig und zweihäusig.

④ Man kann Blüten beobachten, die sowohl von Hummeln, Fliegen, Käfern als auch von Schmetterlingen angeflogen werden. Manche Blüten werden fast nur von Schmetterlingen angeflogen. Nenne dafür mögliche Ursachen.

Windblütler haben Eigenschaften, die die Bestäubung durch Wind erleichtern. Insektenblütler locken mit farbigen Kronblättern, mit Duft und Nektar Insekten an, die die klebrigen Pollenkörner von Blüte zu Blüte übertragen.

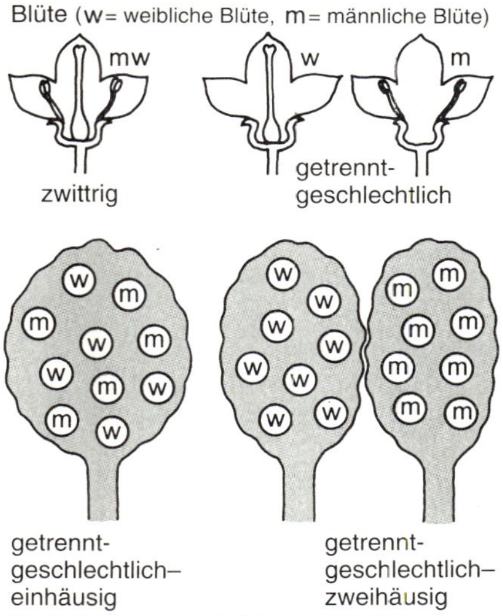

7 Schema zur Blütenverteilung

10.4 Entwicklung von der Blüte zur Frucht

Bei der Kirschblüte welken bald nach der Befruchtung Kronblätter und Staubblätter und fallen ab. Diese Blütenteile sind nicht an der weiteren Entwicklung zur Kirschfrucht beteiligt. Nur der Fruchtknoten wächst beträchtlich, er bildet Samen und Frucht.

Aus der Samenanlage im Inneren des Fruchtknotens entsteht nach der Befruchtung der **Samen,** der Kirschkern. In ihm entwickelt sich ein winziges Pflänzchen, der **Embryo.** In einem fertig ausgebildeten Samen besitzt der Embryo eine winzige Wurzel, Stengel und Keimblätter.
Der Fruchtknoten bildet auch das saftige, süße Fruchtfleisch der Kirsche, die **Frucht** (Abb. 1, S. 100). Bei den meisten Pflanzen liegen die Samen in Früchten verborgen.

Bei Früchten anderer Pflanzenarten ist zusätzlich zum Fruchtknoten auch der Blütenboden an der Fruchtbildung beteiligt, so zum Beispiel beim Apfel (Abb. 1,2). Bei der Stachelbeere sind die Samen von saftigem Fruchtfleisch umgeben; bei der Hasel dagegen entwickelt sich die Wand des Fruchtknotens zu einer harten Schale.

Früchte ähneln sich. So sind die Früchte von Pflaume und Pfirsich ähnlich der Kirschfrucht aufgebaut: Der Same ist in eine harte Schale eingeschlossen, die von saftigem Fruchtfleisch umgeben ist. Bei der Birne liegen so wie beim Apfel die Samen in einem Kerngehäuse. Ähnlich der Stachelbeere sind Kiwi, Apfelsine, Weinbeere und Banane aufgebaut.

Aufgaben

① Beobachte und protokolliere das Wachstum von Apfelfrüchten. Wähle dazu an einem Apfelbaum in der näheren Umgebung fünf Blüten sofort nach dem Verblühen aus. Kennzeichne sie mit farbigen Bändchen. Miß in jeder Woche mit einem dünnen Faden den Umfang der wachsenden Frucht an seiner dicksten Stelle. Lege das Stück des Fadens, das dem Umfang entspricht, an ein Lineal an und lies die Länge in Millimetern ab. Trage die Meßergebnisse mit Angabe des Datums in eine Tabelle nach folgendem Muster ein:

Datum	15. 5.	22. 5.	29. 5.
Umfang in Millimetern	3, 3, 4, 3, 4	...	...

Beende deine Messungen zum Zeitpunkt der Apfelernte.

② Besorge dir unter anderem folgende Früchte: Gurke, Banane, Birne, Pfirsich, Walnuß, Eichel, Himbeere. Bestimme mit Hilfe der Abb. 2, um welche Fruchtform es sich handelt.

Eine Frucht bildet sich aus dem Fruchtknoten. Sie enthält einen oder mehrere Samen, die aus den Samenanlagen hervorgegangen sind. Jeder Samen enthält einen winzigen Embryo.

1 Fruchtbildung beim Apfel

Beere
Die Fruchtschale ist weich und fleischig;
ein bis viele Samen
Beispiele: Stachelbeere, Heidelbeere

Nuß
Die gesamte Fruchtschale ist trocken und hart;
ein Samen
Beispiele: Haselnuß, Buchecker

Steinfrucht
Der äußere Teil der Fruchtschale ist fleischig und saftig;
der innere Teil ist verholzt und steinhart; ein Samen
Beispiele: Pfirsich, Kirsche, Pflaume

Kernfrucht
In einigen Früchten liegen die Samen in einem Kerngehäuse, das vom Fruchtfleisch umschlossen wird.
Beispiele: Apfel, Birne

Sammel-Steinfrucht
Die einzelnen Früchte werden bei der Reife zu kleinen Steinfrüchten. Sie sitzen auf dem Blütenboden.
Beispiele: Himbeere, Brombeere

Sammel-Nußfrucht
Die einzelnen Früchte werden bei der Reife zu kleinen Nüssen. Die Nüsse sitzen auf dem fleischig-saftigen Blütenboden.
Beispiel: Erdbeere

2 Verschiedene Fruchtformen

10.5 Verbreitung von Samen und Früchten

1 Löwenzahn wächst fast überall

Sicherlich hast du schon einmal mitten in einer Stadt eine Pflanze in einer Pflaster- oder Mauerritze fernab einer Wiese oder eines Waldes gesehen. Vielleicht wurde die Frucht oder der Samen, aus dem diese Pflanze hervorging, mit dem Wind dorthin transportiert. In Abbildung 2 findest du Beispiele für die Verbreitung von Samen und Früchten.

Aufgaben

① Sammle verschiedene Samen und Früchte und stelle fest, von welcher Pflanzenart sie stammen. Gib an, auf welche Weise sie verbreitet werden. Bei der Auswahl deiner Sammlung solltest du darauf achten, keine fleischigen Früchte zu nehmen. Sie könnten schnell verderben.

② Erkunde in der Umgebung deiner Schule, wo sich Pflanzen inmitten von Pflaster oder Beton angesiedelt haben. Überlege, auf welche Weise Samen oder Früchte in diesen neuen Lebensraum gelangt sind und berichte darüber.

Versuch

Laß Früchte vom Ahorn und vom Löwenzahn von einer erhöhten Stelle im Klassenzimmer (Trittleiter benutzen) und später von der gleichen Höhe bei Wind im Freien fliegen. Miß die Zeit, bis die Früchte den Boden berühren, und miß die Entfernung, die sie zurückgelegt haben. Entferne dann von Löwenzahn- und Ahornfrüchten die Flugeinrichtungen (Schirmchen, Propeller) und führe die Versuche nochmal durch. Protokolliere auch diesmal die Versuchsergebnisse und vergleiche mit der ersten Versuchsreihe. Erkläre die Ergebnisse.

Die Verbreitung von Samen und Früchten kann durch Wind, Wasser, Tiere, Menschen oder durch Selbstverbreitung erfolgen. Durch die Verbreitung können Samen in neue Lebensräume gelangen.

Verbreitung durch Wind beim Löwenzahn

Die Frucht vom Löwenzahn sieht wie ein Fallschirm aus. Der Fallschirm bietet eine große Angriffsfläche für den Wind. Dadurch können die Löwenzahnfrüchte über große Entfernungen, bis zu zehn Kilometern, verbreitet werden. Ähnlich gebaute Früchte haben Huflattich, Rohrkolben, Disteln, Pappeln und Weiden.

Verbreitung durch Wasser bei der Sumpfdotterblume

Die Sumpfdotterblume wächst auf nassen Wiesen, an Gräben und Bachufern. Ihre Samen können auf dem Wasser schwimmen und so verbreitet werden.

Verbreitung durch Tiere bei der Großen Klette

Die Früchte der Großen Klette haben hakenförmig gebogene Spitzen. Sie bleiben im Haarkleid vorbeistreichender Tiere oder in der Kleidung des Menschen hängen.

Selbstverbreitung beim Ginster

Manche Früchte besitzen Einrichtungen, die sich bei der reifen Frucht blitzartig aufrollen und dabei die Samen wegschleudern. Die Hülse des Ginsters dreht sich beim Aufplatzen sehr schnell zusammen und schleudert die Samen dabei meterweit fort.
Lupinen und Springkraut verbreiten ihre Samen auf ähnliche Weise.

2 Beispiele für die Verbreitung von Samen und Früchten

10.6 Keimung

Versuche

1. Laß etwa zehn Bohnensamen einen Tag lang in Wasser quellen. Vergleiche mit ungequollenen Bohnensamen (Abb. 1). Begründe die Unterschiede!
2. Fülle einen kleinen Plastikbecher bis etwa einen Zentimeter unter den Rand mit Bohnen. Gieße dann Wasser nach, bis die Bohnen gut bedeckt sind. Spanne Haushaltsfolie mit Hilfe eines Gummiringes über die Öffnung. Stelle den Becher in ein größeres Gefäß. Beschreibe und erläutere das Ergebnis, das sich nach einem Tag einstellt.
3. Entferne mit einem Küchenmesser von einem gequollenen Bohnensamen die Samenschale und klappe den Samen auseinander. Beschreibe den Bau des Embryos. Vergleiche mit Abb. 2. Benutze eine Lupe für deine Betrachtungen.
4. Gib in ein größeres, durchsichtiges Glasgefäß (z. B. Einmachglas) Gartenerde. Drücke dann in regelmäßigen Abständen etwa drei bis vier gequollene Samen der Feuerbohne am Rand des Gefäßes etwa vier Zentimeter in die Erde. Die Bohnen sollten von außen gut sichtbar sein. Stelle das Gefäß an einen warmen, hellen Ort. Sorge dafür, daß die Erde in den nächsten zwei Wochen feucht, aber nicht naß bleibt. Protokolliere die Entwicklung im Abstand von ein bis zwei Tagen. Beschreibe den zeitlichen Ablauf bei der Keimung. Notiere das Wachstum der Keimwurzel und des Pflanzenstengels (Angaben in Millimeter).
Unter günstigen Bedingungen kann aus dem kleinen Samen einer Feuerbohne in drei Wochen eine Pflanze werden, die größer ist als du. Probiere es doch einmal aus!

Biotip

Vitaminreiche Keimlinge fürs Essen
Wenn Samen keimen, wird durch Wasseraufnahme und Quellung der ruhende Samen aktiv. Bei der Keimung werden in dem heranwachsenden Pflänzchen viele Vitamine gebildet. Da der Mensch Vitamine unbedingt braucht, aber in seinem Körper nicht herstellen kann, muß er sie mit der Nahrung aufnehmen. Aus Keimlingen kann man daher schnell vitaminreiche und schmackhafte Salate herstellen. Zum Keimen sollten nur solche Samen verwendet werden, die ausdrücklich für diesen Zweck angeboten werden. Nur dann hast du die Gewähr, giftfreie Samen zu bekommen. Zum Anbau im Freiland bestimmtes Saatgut wird nämlich meistens gebeizt, das heißt, vorbeugend mit Chemikalien gegen Krankheiten und Insektenfraß behandelt.
Zunächst werden die Samen in Wasser gereinigt. Dann folgt eine Zeit zum Einweichen (Quellen) der Samen. Nun werden sie in ein Einmachglas gegeben, dessen Öffnung mit luftdurchlässiger Gaze bespannt ist. Das Einmachglas wird schräg in ein größeres Gefäß gestellt. Von nun an müssen die Samen entsprechend der Anleitung mehrmals täglich mit handwarmem Wasser durchgespült werden. Das Spülwasser muß abtropfen. Nach jedem Spülen wird das Glas wieder so aufgestellt, wie es die Abbildung zeigt. Das Gefäß sollte nicht in direktes Sonnenlicht gestellt werden.

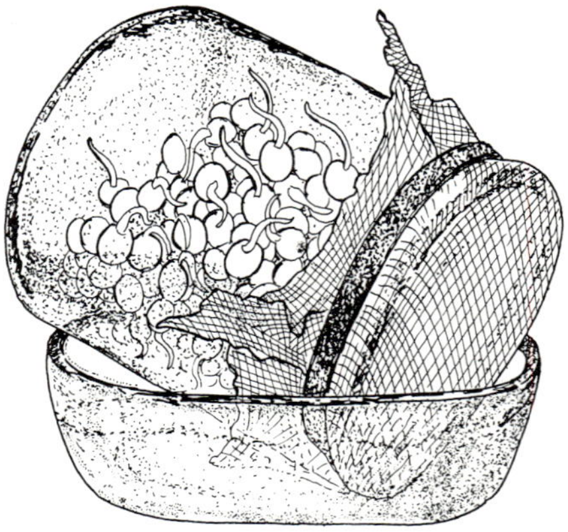

Kresse
Erst nach Entwicklung der grünen Blättchen essen; Einweichzeit: 6 Std.; Spülen: 2mal täglich; Ernte: nach etwa 8 Tagen; Ertrag: 3 Eßlöffel Samen ergeben ½ Tasse Sprossen; Verwendung: guter Salzersatz.

Weizen
Einweichzeit: mindestens 12 Std.; Spülen: 2mal täglich; Ernte: nach 2–3 Tagen; Ertrag: 1 Tasse Körner ergibt 2½ Tassen Sprossen; Verwendung: Salat, gedünstet oder geröstet.

Sojabohne, grün
Einweichzeit: 12 Std.; Spülen: 2- bis 3mal täglich; Ernte: nach 5 Tagen; Ertrag: 1 Tasse Samen ergibt 5 Tassen Sprossen; Verwendung: Salate, Gemüse.

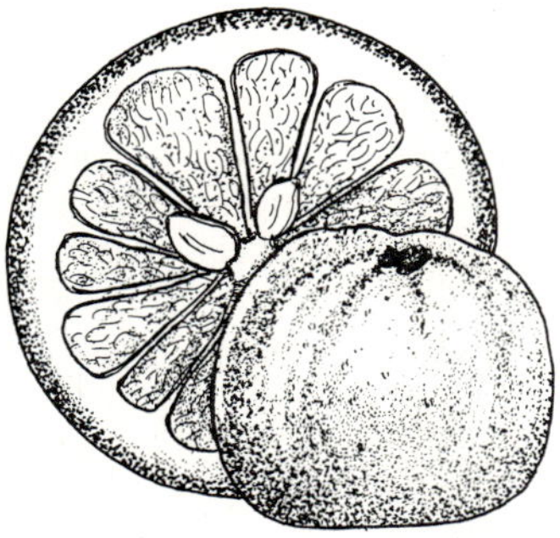

Apfelsine: Samen einpflanzen. Genauso kann man mit Zitronen, Pampelmusen und Mandarinen verfahren.

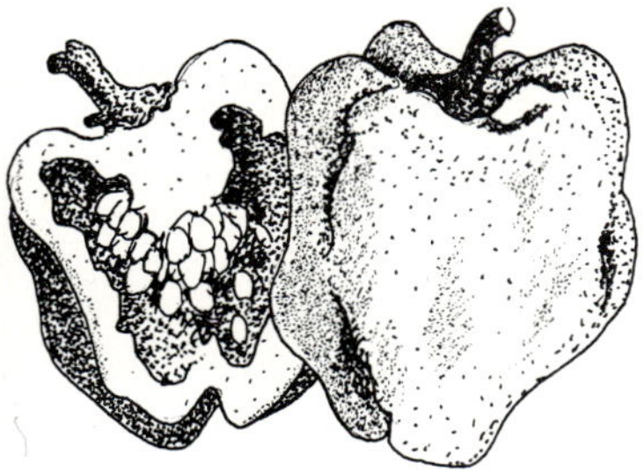

Paprika: Samen ein paar Tage trocknen, einpflanzen und den Topf warm und hell stellen.

Tomate: Samen waschen und trocknen, dann einige Wochen in eine Plastiktüte legen. Danach einpflanzen.

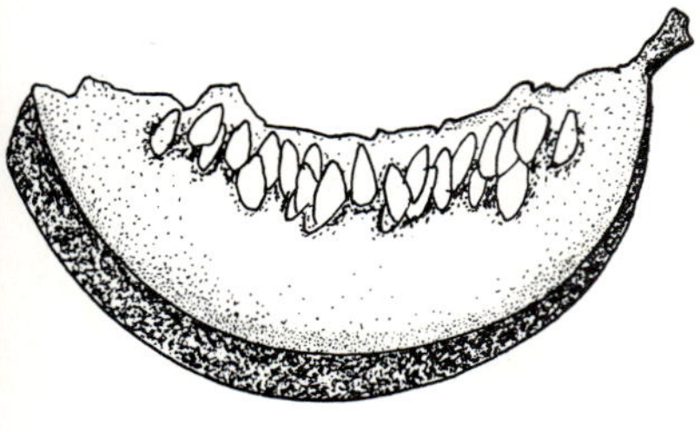

Melone: Samen waschen und trocknen, dann einpflanzen.

Wenn man Feuerbohnen einen Tag in Wasser legt, wird durch die Keimpore des Samens Wasser in das Innere aufgenommen (Abb. 1). Der Samen nimmt dabei an Länge und an Rauminhalt zu, und er wird weicher. Wenn ein Körper durch Wasseraufnahme an Rauminhalt zunimmt, nennt man diesen Vorgang **Quellung.**

Von gequollenen Bohnensamen kann die Schale leicht entfernt werden. Man sieht dann zwei große Hälften. Das sind die **Keimblätter.** Sie enthalten Vorratsstoffe für das Wachstum bei der Keimung. Werden die Keimblätter aufgeklappt, bemerkt man die zwischen ihnen verborgene **Keimwurzel** und den **Keimstengel** (Abb. 2). An der Spitze des Keimstengels befinden sich eine winzige **Knospe** und zwei **Laubblätter.** Keimblätter, Keimwurzel, Keimstengel, Knospe und Laubblätter bilden zusammen den **Embryo.** Daraus entwickelt sich durch Wachstum ein junges Pflänzchen mit Wurzel, Stengel, Knospe und Laubblättern. Der Embryo ist also auch eine kleine Pflanze.

Samen können längere Zeit ruhen. Sie vertragen dann Kälte, Hitze und Trockenheit. Auf diese Weise können Samen ungünstige Bedingungen, zum Beispiel die Kälte im Winter, überbrücken. Die Samen verschiedener Pflanzen haben eine unterschiedliche Lebensdauer. Bei der Roßkastanie beträgt sie 15 Monate. Danach können die Samen auch bei guten Bedingungen nicht mehr auskeimen. Der Same der Haselnuß ist höchstens zwei Jahre, der der Eiche höchstens ein Jahr lebensfähig. Kürbissamen können nach zehn Jahren noch auskeimen, und Roggensamen sind 32 Jahre keimfähig.

1 Feuerbohne, gequollen und ungequollen

Erst wenn verschiedene Bedingungen vorhanden sind, keimen die Samen aus. Um die Bedingungen für die Keimung herauszufinden, kannst du einen Versuch machen.

Aufgabe

① In der Abb. 3 wird der Ablauf eines Versuches geschildert. Entwirf für die folgende Beobachtung und Problemfrage eine Versuchsannahme und eine Möglichkeit der Versuchsdurchführung. Führe entsprechende Versuche mit Feuerbohnen aus. Schreibe das Versuchsergebnis auf und gib eine Versuchsdeutung.
Beobachtung: Feuerbohnen haben dicke Keimblätter.
Problemfrage: Sind die Keimblätter zur Keimung nötig?
Versuchsannahme: ....
Versuchsdurchführung: ....
Versuchsergebnis: ....
Versuchsdeutung: ....

Ein Samen enthält einen Embryo, zu dem ähnliche Organe wie die einer jungen Pflanze gehören: Keimblätter, Keimwurzel, Keimstengel mit Knospe und die ersten Laubblätter.

2 Feuerbohne, halbiert

3 Versuchsablauf

Versuch: Keimung unter verschiedenen Umwelteinflüssen

In einigen Versuchen mit besonders schnell keimenden Samen kannst du die Bedeutung der Umwelteinflüsse für die Keimung überprüfen (Abb. 4).
Du benötigst sechs Petrischalen, Kressesamen, Erde und Watte. In der ersten Petrischale läßt du die Kressesamen in Erde mit Wasser, Wärme, Licht und Luft keimen und wachsen. In den anderen Schalen läßt du jeweils einen der fünf Umwelteinflüsse weg.
Petrischale Nr. 1 „alle Umwelteinflüsse vorhanden": Fülle die Petrischale mit feuchter Erde, streue Kressesamen hinein und stelle die Schale an einen hellen, warmen Ort. Vergiß das Gießen nicht.
Petrischale Nr. 2 „ohne Wasser": Laß Blumenerde gut austrocknen und verfahre wie bei Nr. 1. Nicht gießen!
Petrischale Nr. 3 „ohne Licht": Verfahre wie bei Nr. 1, stelle die Petrischale jedoch in einen dunklen Schrank.
Petrischale Nr. 4 „ohne Luft": Verfahre wie bei Nr. 1, gib die Petrischale jedoch in einen Folienbeutel und verschließe diesen möglichst mit einem Folienschweißgerät. Dabei wird die Luft aus dem Beutel herausgesaugt.
Petrischale Nr. 5 „ohne Wärme": Verfahre wie bei Nr. 1, stelle die Petrischale jedoch in einen Kühlschrank. Die Beleuchtung im Kühlschrank muß eingeschaltet bleiben (oder Taschenlampe verwenden).
Petrischale Nr. 6 „ohne Erde": Verfahre wie bei Nr. 1, verwende jedoch an Stelle der Erde Watte.

Umwelteinflüsse	Petrischale Nr.					
	1	2	3	4	5	6
Wasser	+	–	+	+	+	+
Licht	+	+	–	+	+	+
Luft	+	+	+	–	+	+
Wärme	+	+	+	+	–	+
Erde	+	+	+	+	+	–

Tab. 1 Übersicht über die Versuchsbedingungen

Beobachte die Vorgänge in den sechs Petrischalen zwei Wochen lang täglich. Achte darauf, daß bei der Schale 3 nicht zulange Licht auf die Samen fällt.
Lege eine Tabelle an und trage jeden Tag deine Beobachtungen ein. Fasse nach Abschluß der Versuche deine Beobachtungen zusammen. In welchen Petrischalen ist die Keimung erfolgt? Gibt es Unterschiede in Aussehen und Größe der Kressepflänzchen?
Welche Umwelteinflüsse sind für die Keimung der Kresse nötig? Welche nicht?

Zeichenerklärung

= Erde

= Licht

= Luft

= Wasser

= Wärme

4 Keimung der Kresse unter verschiedenen Umwelteinflüssen

11 Ordnen der Vielfalt bei Pflanzen

11.1 So entsteht ein Blütendiagramm

1 Kirschblüte

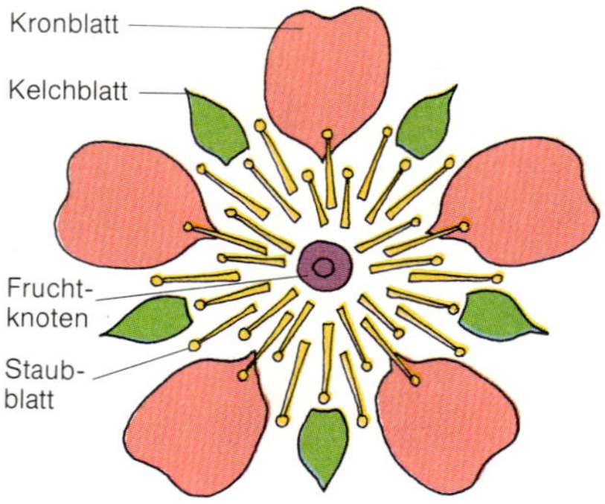

2 Legebild, Kirschblüte

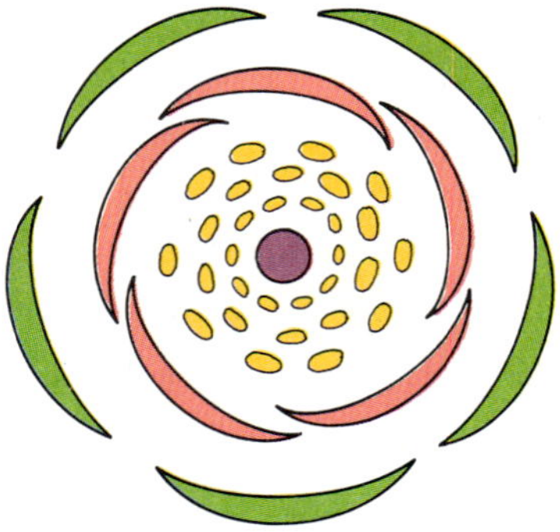

3 Blütendiagramm, Kirschblüte

In Blütendiagrammen sind den einzelnen Blütenteilen bestimmte Farben zugeordnet:
Stempel: lila
Staubblätter: gelb
Kronblätter: rot
Kelchblätter: grün

Aufgabe

① Zerlege mit Hilfe einer Pinzette eine Kirschblüte vorsichtig in ihre Bestandteile. Beginne außen mit den grünen Kelchblättern. Zupfe sie aus und lege sie auf ein dunkles Blatt Papier. Löse anschließend die weißen Kronblätter vorsichtig aus der Blüte. Nun ziehe Staubblätter und Stempel heraus. Ordne alle Teile so an, wie sie in der Blüte standen.

In der Kirschblüte sind die Kronblätter kreisförmig um den Stempel herum angeordnet (Abb. 1). Auch die weiter außen liegenden Kelchblätter bilden einen um den Stempel angeordneten Kreis. Die Staubblätter bilden sogar drei Kreise.

Wenn man eine Blüte zerlegt, kann man die Blütenteile wieder so zusammenlegen, wie sie in der Blüte angeordnet waren. Dazu werden verschieden große Kreise um einen Mittelpunkt gezeichnet. Im Mittelpunkt steht der Stempel. Er wird als dicker Punkt dargestellt. Auf den inneren Kreis werden die Staubblätter mit den kürzeren Staubfäden gelegt (Abb. 2). Auf dem nächsten Kreis folgen die Staubblätter mit den etwas längeren Staubfäden und auf dem dritten Kreis die Staubblätter mit den längsten Staubfäden. Auf dem vierten Kreis werden die Kronblätter angeordnet. Die Kelchblätter werden auf den äußeren Kreis gelegt. Auf diese Weise entsteht ein Legebild der Blüte (Abb. 2).

Dieses Legebild läßt sich zu einem **Blütendiagramm** vereinfachen (Abb. 3). Der Stempel wird genauso wie vorher eingezeichnet. Die einzelnen Staubblätter werden nicht mehr in ihrem natürlichen Bau dargestellt, sondern zu einer bohnenartigen Form vereinfacht. Die Kronblätter werden sichelförmig dargestellt. Auch die Kelchblätter werden im Blütendiagramm in Form von Sicheln dargestellt. Sie umschließen den Kreis der Kronblätter.

Der Bau einer Blüte kann durch das Blütendiagramm stark vereinfacht dargestellt werden. Wenn man Blütendiagramme verschiedener Pflanzen vergleicht, kann man leicht Übereinstimmungen und Unterschiede feststellen.

Aufgaben

② Besorge dir Blüten vom Apfelbaum und Birnenbaum und zerlege sie. Ordne die Teile auf einer Unterlage so an, wie sie in der Blüte standen. Zeichne die entsprechenden Blütendiagramme. Vergleiche die Blütendiagramme mit dem Blütendiagramm der Kirschblüte. Beschreibe Gemeinsamkeiten und Unterschiede.

③ Besorge dir eine Tulpenblüte und zerlege sie. Zeichne das Blütendiagramm. Vergleiche es mit der Kirschblüte. Welche Unterschiede und welche Gemeinsamkeiten stellst du fest?

Der Bau einer Blüte kann in einem Blütendiagramm dargestellt werden. Dadurch ist es leichter möglich, den Blütenbau verschiedener Pflanzen zu vergleichen.

11.2 Pflanzenblüten sind unterschiedlich gebaut

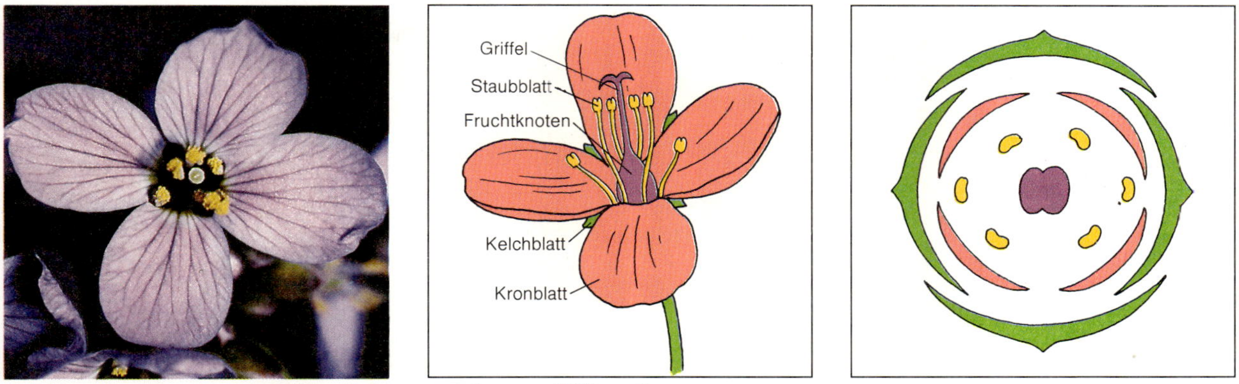

1 Wiesenschaumkraut: Blüte, Schemazeichnung, Blütendiagramm

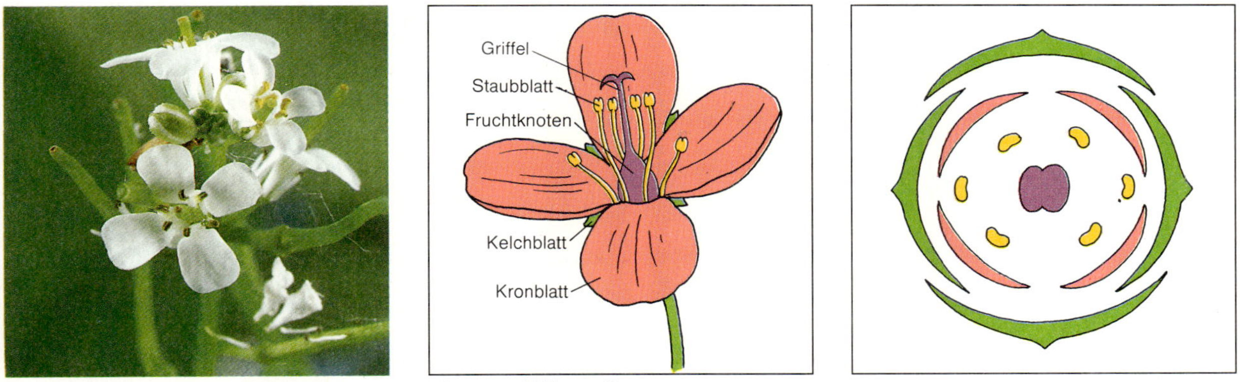

2 Knoblauchsrauke: Blüte, Schemazeichnung, Blütendiagramm

Aufgabe

① Auf den Abb. 1–4 sind die Blüten einiger Pflanzen abgebildet. Vergleiche Zahl und Anordnung der Kelch-, Kron- und Staubblätter miteinander. Notiere deine Ergebnisse in einer Tabelle.

Pflanzenart	Anzahl der Kelchblätter	Anzahl der Kronblätter	Anzahl der Staubblätter
Wiesenschaumkraut			

Auf feuchten Wiesen blüht im Frühjahr das Wiesenschaumkraut. Es besitzt vier Kelchblätter und vier Kronblätter (Abb. 1). Dazu kommen vier Staubblätter mit langen Staubfäden und zwei mit kurzen Staubfäden. Die Kelchblätter stehen sich kreuzförmig gegenüber. Die Kronblätter sind ebenfalls kreuzförmig angeordnet. Auch die vier Staubblätter mit den langen Staubfäden stehen an den vier Eckpunkten eines gedachten Kreuzes.

An Waldrändern blüht im Frühjahr die Knoblauchsrauke (Abb. 2). Ihre Blüte weist genau wie die Blüte des Wiesenschaumkrautes vier Kelchblätter und vier Kronblätter auf. Auch in ihrer Blüte stehen vier Staubblätter mit langen Staubfäden und zwei mit kurzen. Die Teile der Blüte sind ebenfalls kreuzförmig angeordnet. Der Blütenbau zweier unterschiedlicher Pflanzen weist also überraschenderweise mehrere Übereinstimmungen auf. Pflanzen mit Übereinstimmungen im Blütenbau werden zu einer Gruppe zusammengefaßt. Diese Gruppe wird **Familie** genannt. Wiesenschaumkraut und Knoblauchsrauke gehören zur gleichen Familie. Sie wird wegen der kreuzförmigen Anordnung der Blütenteile als „Familie der **Kreuzblütengewächse**" bezeichnet.

Die Große Sternmiere besitzt fünf Kelchblätter. Die fünf weißen Kronblätter sind gespalten (Abb. 3). In der Blüte stehen zehn Staubblätter. Pflanzenarten, die solche Blüten ausbilden, werden der Familie

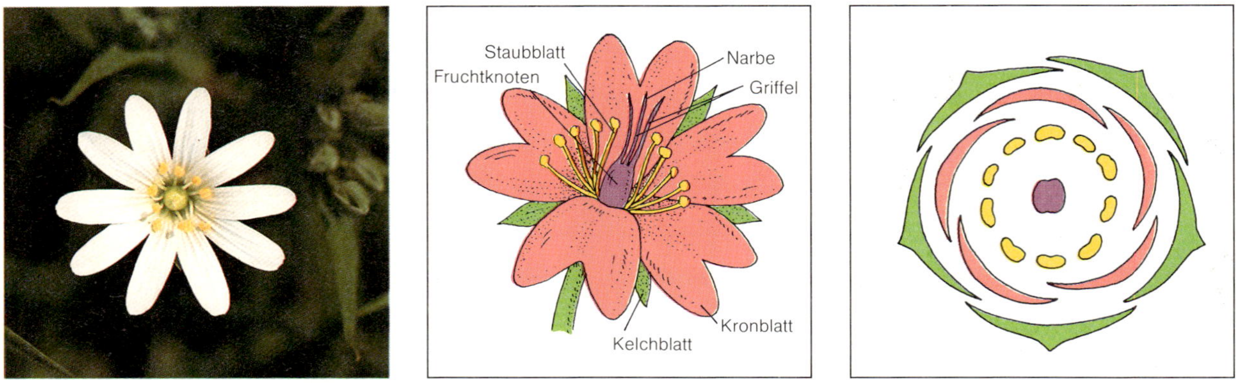

3 Große Sternmiere: Blüte, Schemazeichnung, Blütendiagramm

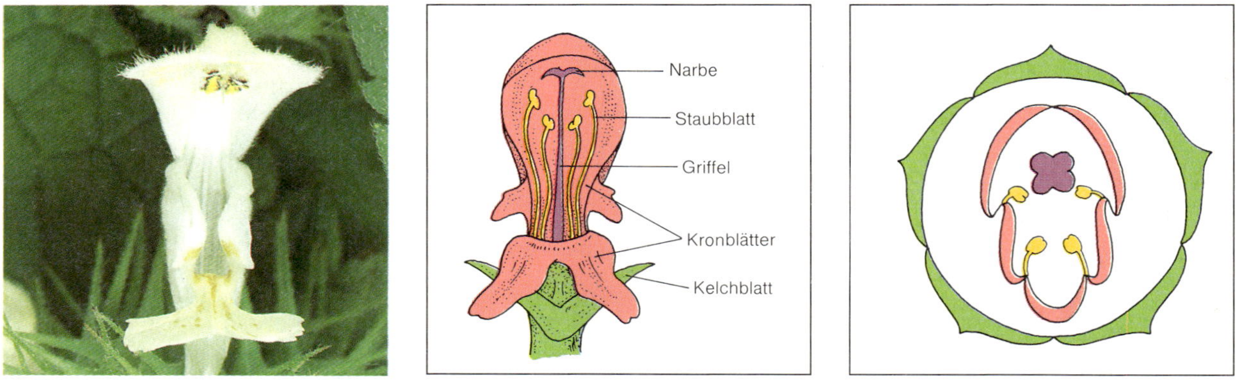

4 Weiße Taubnessel: Blüte, Schemazeichnung, Blütendiagramm

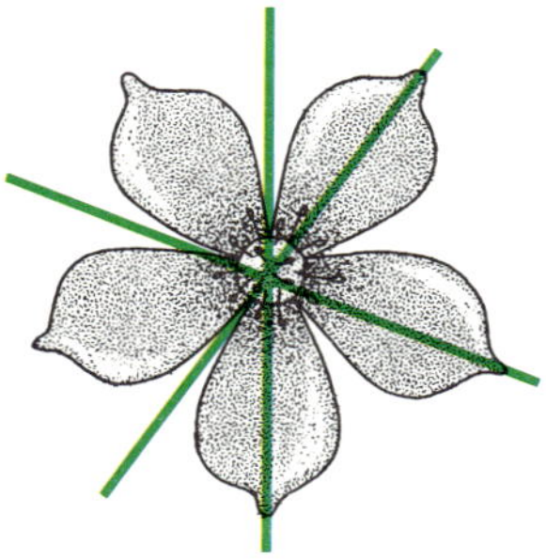

strahlige Blüte

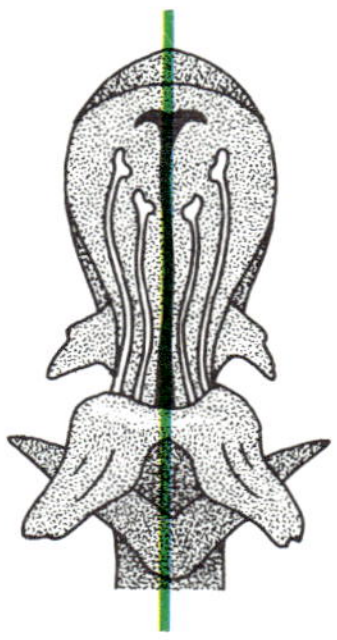

zweiseitig-symmetrische Blüte

der **Nelkengewächse** zugeordnet. Andere bekannte Nelkengewächse sind die Lichtnelke und das Leinkraut.

Die Kronblätter der Großen Sternmiere sind in gleichmäßigen Abständen auf dem Blütenumfang verteilt. Auch die Kronblätter von Wiesenschaumkraut und Knoblauchsrauke sind gleichmäßig auf dem Blütenumfang verteilt. Blüten mit solch einer Anordnung der Kronblätter werden als **strahlige Blüten** bezeichnet.

Bei der Blüte der Weißen Taubnessel sind die Teile nicht gleichmäßig auf dem Blütenumfang verteilt (Abb. 4). Man kann die Blüte nur einmal in zwei gleiche Hälften teilen. Solche Blüten heißen **zweiseitig-symmetrische Blüten.** Die fünf Kelchblätter der Weißen Taubnessel sind verwachsen. Die Kronblätter ähneln zwei Lippen. Drei verwachsene Kronblätter bilden die Unterlippe. Zwei weitere Kronblätter sind zur Oberlippe verwachsen. Die Weiße Taubnessel besitzt vier Staubblätter. Zwei Staubblätter haben lange Staubfäden, zwei haben kurze Staubfäden. Die meisten Pflanzenarten, deren fünf Kronblätter in Form einer Unter- und Oberlippe verwachsen sind, werden zur Familie der **Lippenblütengewächse** zusammengefaßt. Zu den Lippenblütengewächsen gehören auch Ziest und Salbei.

Aufgabe

② Zerlege eine Blüte vom Raps. Ordne alle Teile auf einer Unterlage so an, wie sie in der Blüte standen. Zeichne anschließend ein Blütendiagramm der Rapsblüte. Zu welcher Pflanzenfamilie gehört der Raps?

Pflanzen werden nach der Ähnlichkeit ihrer Blüten zu Familien zusammengefaßt. Kreuzblütengewächse und Nelkengewächse besitzen strahlige Blüten. Die Blüten der Lippenblütengewächse sind zweiseitig-symmetrisch gebaut.

11.3 Kennübung: Lippenblütengewächse

Wiesensalbei

Blütezeit: April – August
Die eiförmigen Blätter des Salbei haben eine runzlige Oberfläche und einen unregelmäßig gekerbten Blattrand. Die Blüten sind dunkelblau. Sie besitzen einen raffinierten Bestäubungsmechanismus, der mit Hilfe von Insekten eine Fremdbestäubung des Wiesensalbeis sicherstellt. Der Wiesensalbei wächst an sonnigen, warmen Wegrändern, Böschungen und auf sonnigen Wiesen, vor allem auf kalkhaltigem Boden.

Günsel

Blütezeit: Mai – Juli
Der Günsel hat eiförmige Blätter mit einem schwach gekerbten Blattrand. Die blauen Blüten haben eine sehr kleine Oberlippe und eine große Unterlippe. An den Nektar am Boden der langen Kronröhre können nur Insekten mit einem langen Rüssel gelangen, wie z. B. Hummeln. Der Günsel kommt auf etwas feuchtem, nährstoffreichem Lehmboden, auf Wiesen und an Wegrändern vor.

Rote Taubnessel

Blütezeit: April – Oktober
Die Rote Taubnessel hat herzförmige Blätter mit einem gesägten Blattrand. Die Blätter gleichen den Blättern der Brennnessel, haben aber keine Brennhaare. Darauf weist auch der Name Taubnessel hin. Wie die meisten Lippenblütengewächse hat sie einen vierkantigen Stengel. Die Rote Taubnessel wächst auf nährstoffreichem Boden. Ihr Vorkommen weist auf einen hohen Stickstoffgehalt im Boden hin.

Weiße Taubnessel

Blütezeit: April – Oktober
Wenn sie nicht blüht, ist sie der Brennessel täuschend ähnlich. Da sie aber nicht brennt, wenn man sie berührt, wird sie Taubnessel genannt. Am vierkantigen Stengel kann man sie leicht erkennen. In manchen Gegenden trägt sie auch den Namen Bienensaug, da die weißen Blüten gerne von Bienen und Hummeln besucht werden. Taubnesseln wachsen an Wegrändern und auf Schuttplätzen.

11.4 Kohl – ein vielseitiges Gemüse

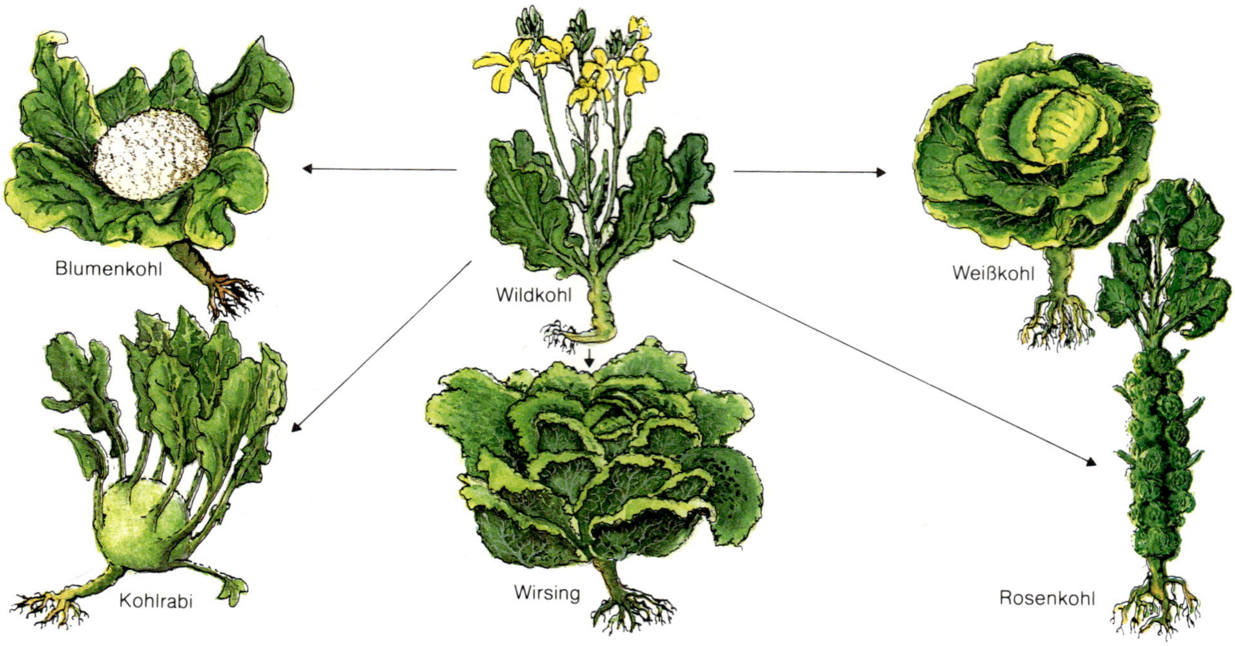

1 Kohlsorten

Der Weißkohl wurde in Deutschland gezüchtet. Er wird erstmals im 12. Jahrhundert erwähnt.

Der Vorfahre der heutigen Kohlsorten ist der Wildkohl (Abb. 1). Er wächst noch heute an felsigen und steinigen Küsten des Mittelmeers und des Atlantiks. Aus dem Wildkohl haben die Menschen im Laufe der Zeit viele verschiedene Kohlsorten herangezogen, die heute unseren Speisezettel bereichern (Abb. 1). Dabei gingen die Menschen folgendermaßen vor: Sie suchten unter den vielen Kohlpflanzen solche aus, bei denen sich bestimmte, eßbare Teile vergrößert hatten. Beim Rosenkohl waren dies z. B. die Knospen am Stengel. Die Samen solcher Pflanzen säte der Mensch dann wieder aus und vermehrte so nur diese Pflanzen weiter. Wir bezeichnen eine gezielte Auswahl und Vermehrung von Pflanzen durch den Menschen als **Züchtung.**

Eine dieser vom Menschen gezüchteten Kohlsorten ist der Weißkohl (Abb. 1). Sein Stengel ist kurz. Dadurch stehen die Blätter eng zusammen. Sie sind viel größer als die Blätter des Wildkohls. Die Blätter wachsen auf der Unterseite stärker als auf der Oberseite, so daß sie sich nach innen wölben und zu einem Kopf zusammenschließen. Der Weißkohl eignet sich für die Zubereitung von Suppen, Eintöpfen und Kohlrouladen ebenso wie für Salate. Zur Herstellung von Sauerkraut werden die Blätter des Weißkohls fein zerschnitten. Dann werden sie mit Salz in große Bottiche oder Töpfe eingelegt, in denen sie festgestampft werden. Das Kraut bedeckt man dann mit einer Lage Blätter und einem mit Steinen beschwerten Holzdekkel. Bei der nun einsetzenden Gärung entsteht eine Säure, die dem Sauerkraut den sauren Geschmack verleiht. Diese Säure macht das Sauerkraut haltbar.

Auch der Stengel des Wirsingkohls ist bedeutend kürzer als beim Wildkohl. Der Wirsingkohl hat große, faltige Blätter. Sie bilden einen lockeren Kopf (Abb. 1). Aus Wirsingkohl werden vor allem Eintopfgerichte zubereitet.

Beim Blumenkohl sind die Blütenstiele zu einer weißen, festen Halbkugel umgebildet (Abb. 1). Er eignet sich besonders für die Zubereitung von Suppen und als Gemüsebeilage.

Beim Rosenkohl haben sich die Knospen am Stengel vergrößert (Abb. 1). Diese Knos-

2 Rapsfeld

pen werden geerntet. Um richtig schmackhaft zu werden, müssen sie Frost bekommen.

Auch der Kohlrabi ist aus dem Wildkohl gezüchtet worden. Bei ihm ist der untere Teil des Stengels zu einer saftigen Knolle verdickt (Abb. 1). An der Knolle kann man Narben erkennen, an denen Blätter gesessen haben. Häufig wird nur die Knolle für die Zubereitung von Speisen verwendet. Jedoch können auch die Blätter genutzt werden.

Bekannt ist auch der Grünkohl. Er ist an seinen gekräuselten Blättern zu erkennen. Von ihm werden die Blätter für die Ernährung genutzt. Der Grünkohl steht bis weit in die kalte Jahreszeit hinein auf dem Feld. Der hohe Gehalt an Mineralsalzen, Vitamin C und A macht den Grünkohl für die menschliche Ernährung wertvoll.

Wie alle anderen auf dieser Seite genannten Kohlsorten, ist auch der Raps (Abb. 2) ein Kreuzblütengewächs (Abb. 1, 2, S. 113). Aus seinem Samen wird Öl gewonnen, welches z. B. zur Herstellung von Margarine benutzt wird.

Aufgaben

① Welche anderen Kohlsorten gibt es noch? Schlage in einem Buch nach oder sieh dich in einem Supermarkt um.

② Welche Teile der verschiedenen Kohlsorten können für die menschliche Ernährung genutzt werden? Trage die Namen der Kohlsorten in eine Tabelle nach folgendem Muster ein. Doppelnennungen sind möglich.

Blätter	Blüten	Stengel	Knospen

③ Sieh in einem Kochbuch nach, für welche Gerichte man Kohl verwenden kann. Schreibe für drei Gerichte auf, wie der Kohl zubereitet wird.

④ Schneide einen Weißkohl in der Mitte durch. Beschreibe den Aufbau des Kohlkopfes. Verwerte die Blätter anschließend zur Herstellung eines Salates.

Biotip

Weißkohlsalat

Blätter vom Weißkohl werden gewaschen und fein geraspelt. Die geraspelten Blätter bestreut man mit etwas Salz und fügt während des Umrührens nach Geschmack Essig hinzu. Der Salat muß dann eine Stunde durchziehen. Zum Schluß wird der Salat mit Salz, Pfeffer, Zitronensaft und Salatöl abgeschmeckt.

Aus dem Wildkohl hat der Mensch verschiedene Kohlsorten gezüchtet. Die Züchtung führte zu einer Veränderung von Teilen der Pflanzen. Dadurch sind die Teile der Pflanzen besser für die Ernährung des Menschen zu nutzen.

11.5 Schmetterlingsblütengewächse

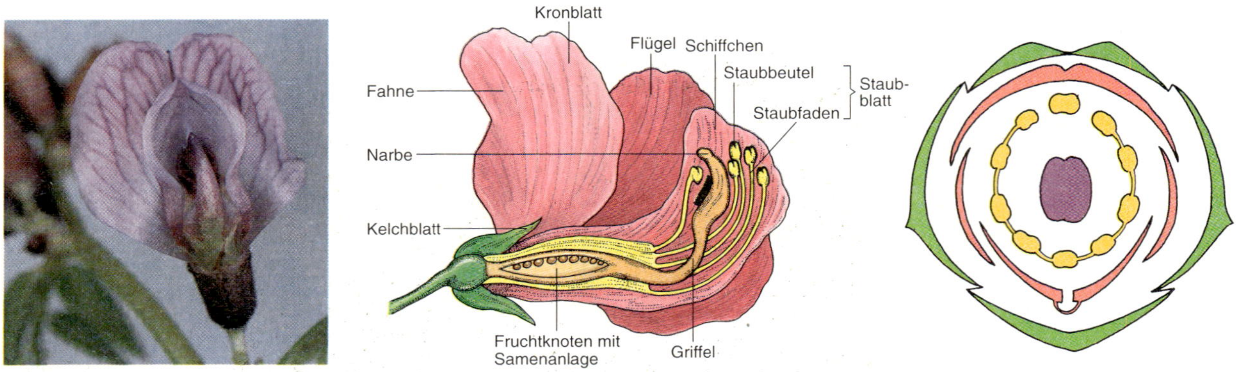

1 Edel-Wicke: Blüte, Schemazeichnung, Blütendiagramm

Zu den Nutzpflanzen, die häufig in einem Gemüsegarten angebaut werden, gehören Erbsen- und Bohnenpflanzen. Beide sind kälteempfindlich. Die Aussaat der Erbsen erfolgt daher frühestens Mitte April. Die ursprüngliche Heimat der Bohnenpflanze sind die warmen Länder Südamerikas. Bohnen brauchen zum Keimen einen durch die Sonne erwärmten Boden. Sie werden daher nicht vor Mitte Mai ausgesät.

Bohnen- und Erbsenpflanzen gehören zur Familie der **Schmetterlingsblütengewächse** (Abb. 1). Die Blüten ähneln in ihrer Gestalt einem Schmetterling. Der Blütenaufbau läßt sich bei einer Blüte der Edel-Wicke gut untersuchen. Wenn man die Blüte von vorn betrachtet, fällt zunächst das große Kronblatt in der Mitte auf. Es wird als Fahne bezeichnet. Rechts und links neben der Fahne stehen zwei kleinere Kronblätter, die Flügel (Abb. 1,2). Sie umschließen ein kahnförmig gebautes Gebilde, das aus zwei schmalen, länglichen Kronblättern entstanden ist. Diese bilden gemeinsam das Schiffchen. Das Schiffchen umhüllt zehn Staubblätter, von denen neun zu einer oben offenen Röhre miteinander verwachsen sind. Das zehnte Staubblatt liegt einzeln oben auf der Röhre. Biegt man die Röhre auseinander, erkennt man den langgestreckten Fruchtknoten und den kleinen nach oben gebogenen Griffel, der mit winzigen Härchen besetzt ist. Der Griffel endet oben in der Narbe.

2 Blüte der Gartenerbse

Bei der Gartenerbse (Abb. 2) gelangt der Pollen in der Regel auf die Narbe derselben Pflanze: es findet Selbstbestäubung statt. Aus den zahlreichen Samenanlagen entwickeln sich in dreißig bis vierzig Tagen die Erbsen. Die Erbsen enthalten in den Keimblättern Kohlenhydrate und Eiweiß. Die gesamte Frucht wird als Hülse bezeichnet.

Wenn man nach der Ernte die Pflanzen aus dem Boden zieht und die Wurzeln etwas genauer betrachtet, entdeckt man dort kleine, knotenartige Verdickungen. In diesen **Wurzelknöllchen** leben Bakterien, die aus dem Stickstoff der Luft einen wichtigen Nährstoff für die Pflanzen bilden. Erbsen und andere Schmetterlingsblütengewächse können auf diese Weise einen nährstoffarmen Boden verbessern.

Zu den Schmetterlingsblütengewächsen gehören einige wichtige Kulturpflanzen. Außer Erbse und Bohne sind dies die in Afrika angebaute Erdnuß, deren Samen viel Fett enthalten, und die in Asien und Nordamerika kultivierte Sojabohne mit ihren eiweißreichen Samen. Andere Arten aus dieser Familie sind landwirtschaftlich genutzte Futterpflanzen. Hierher gehören Klee, Luzerne und Lupine. Diese Pflanzen werden oft auch zur Verbesserung des Nährstoffgehaltes eines Bodens angebaut und später untergepflügt. Man bezeichnet diese Vorgehensweise als **Gründüngung.**

Die Blüte der Schmetterlingsblütengewächse besteht aus fünf Kronblättern. Nach ihrer Form werden sie als Fahne, Flügel und Schiffchen bezeichnet. In den Wurzelknöllchen wird der Stickstoff der Luft in einen wichtigen Nährstoff umgewandelt.

11.6 Kennübung: Schmetterlingsblütengewächse

Goldregen

Blütezeit: Mai–Juni
Die goldgelben Blüten bilden einen hängenden Blütenstand, der aus 10–30 einzelnen Blüten besteht. Das Blatt ist aus drei einzelnen, elliptischen Blättchen zusammengesetzt. Ein solches Blatt bezeichnet man als dreizählig. Das ursprüngliche Verbreitungsgebiet des Goldregens sind die trockenen Wälder des nordwestlichen Balkans. Doch Vorsicht: Die Blüten und die Samen enthalten einen Giftstoff, der bei Kindern tödlich wirken kann.

Weißklee

Blütezeit: Mai–September
Die weißen Blüten sind sehr klein. Sie sind daher als Schmetterlingsblüten nur schwer zu erkennen. Zahlreiche einzelne Blüten sind zu einem rundlichen Köpfchen vereinigt. So fallen sie den Hummeln besser auf, die mit ihrem langen Rüssel den Nektar aus der engen Kronröhre saugen können. Weißklee wächst in jedem Rasen. Der flach über den Boden wachsende Stengel übersteht jeden Rasenschnitt. Die dreizähligen Blätter bilden die bekannte Kleeblattform.

Luzerne

Blütezeit: Juni–September
Die zahlreichen, kleinen, blauvioletten Blüten bilden einen aufrechten Blütenstand. Die Blätter sind dreizählig; sie bestehen aus drei einzelnen, schmal elliptischen Blättchen. Die Frucht besteht aus einer schraubig gedrehten Hülse mit zwei bis drei Windungen. Die Heimat der Luzerne ist Südrußland und die Mongolei. In Deutschland wird die Luzerne als Futterpflanze und zur Gründüngung angebaut.

Lupine

Blütezeit: Juni–August
Die zahlreichen, blauvioletten Blüten sind zu einem aufrecht stehenden Blütenstand vereinigt. Anders als bei den meisten Schmetterlingsblüten sind bei der Lupine alle zehn Staubblätter zu einer geschlossenen Röhre verwachsen. Dreizehn bis fünfzehn lanzettliche Blättchen bilden ein gefingertes Blatt. Lupinen gedeihen auch auf sandigen Böden. Wir finden sie daher häufig an Straßenböschungen, Autobahnauffahrten und anderen trockenen Standorten.

11.7 Korbblütengewächse

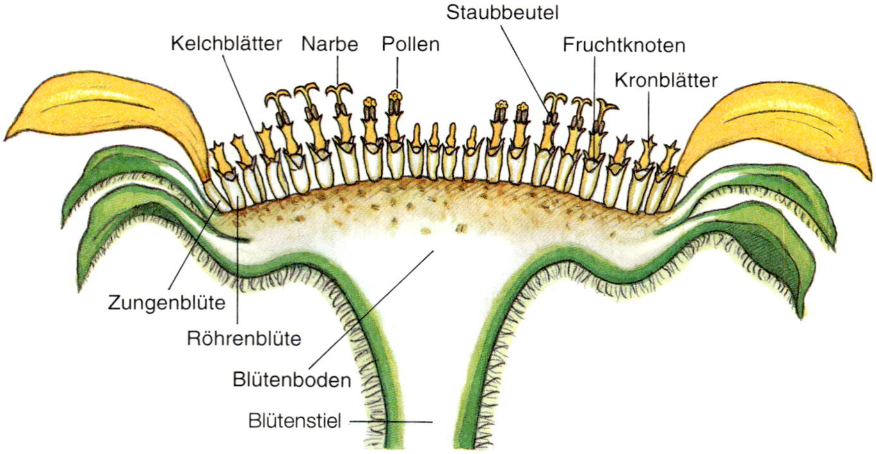

1 Blütenstand der Sonnenblume

Im Spätsommer blühen in vielen Gärten die Sonnenblumen. Bei der Sonnenblume verbreitert sich der dicke Blütenstiel oben zu einem scheibenförmigen Blütenboden (Abb. 1). Auf dem Blütenboden stehen hunderte von kleinen, röhrenförmigen Blüten eng zusammen. Alle kleinen Blüten bilden zusammen einen korbähnlichen Blütenstand. Pflanzen mit solch einem Blütenstand gehören zur Familie der **Korbblütengewächse.**

Den unteren Teil der kleinen Blüte nimmt der dicke Fruchtknoten ein. An seinem oberen Rand stehen zwei winzige Kelchblätter. Die bräunlichen Kronblätter sind miteinander verwachsen und bilden eine Röhre. Wegen dieser Form werden die Blüten **Röhrenblüten** genannt. Im Inneren der Röhre entspringen fünf Staubblätter. Die Staubbeutel sind zu einer schwarzbraunen Röhre verwachsen. Griffel und Narbe sind zunächst noch klein und in der Röhre verborgen.

Die Röhrenblüten sind unterschiedlich weit entwickelt (◁). Im Zentrum des Blütenstandes sind die Röhrenblüten noch geschlossen. Der Griffel wächst in die Länge und schiebt den Pollen vor sich her. Dabei wird der Pollen aus der Röhre hinausgeschoben. Bienen übertragen den

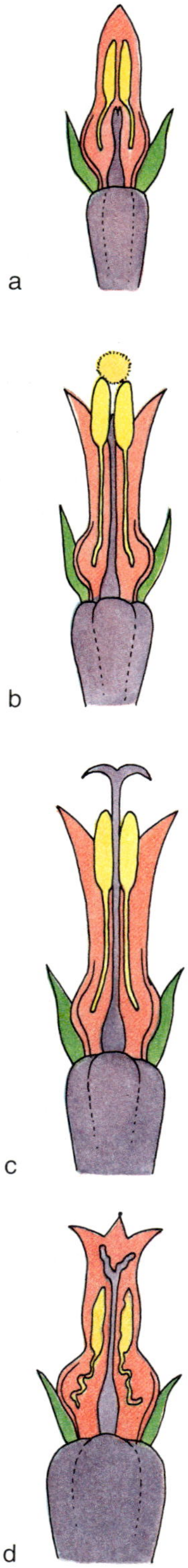

Röhrenblüten der Sonnenblume

2 Gänseblümchen

3 Rainfarn

4 Löwenzahn

Aus den Sonnenblumenkernen wird besonders in der Ukraine und auf dem Balkan das Sonnenblumenöl gewonnen. Dieses Öl kann auch zur Herstellung von Margarine verwendet werden.

Die Sonnenblume stammt aus den warmen Gebieten Nordamerikas. Schon im 16. Jahrhundert wurde sie nach Deutschland gebracht.

Pollen auf Narben von älteren Blüten einer benachbarten Sonnenblume. Erst wenn kein Pollen mehr vorhanden ist, entfalten sich die beiden Narben. Jetzt kann auch diese Blüte bestäubt werden. Die außen im Blütenstand liegenden Röhrenblüten sind bereits bestäubt. Griffel, Staubbeutel und Röhrenblüte vertrocknen. Die Früchte beginnen zu reifen. Sie werden Sonnenblumenkerne genannt.

Den äußeren Rand des Blütenstandes bilden ungefähr 30 auffällige, gelbe Blätter (Abb. 1). Bei den am Rand stehenden Blüten ist eines der Kronblätter stark vergrößert und ähnelt in seiner Form einer Zunge. Blüten, die solch ein Kronblatt ausbilden, werden daher **Zungenblüten** genannt. Die Zungenblüten der Sonnenblume entwickeln weder Staubblätter noch Griffel. Beim Aufschneiden des Fruchtknotens zeigt sich, daß keine Samenanlagen vorhanden sind. Die Zungenblüten sind unfruchtbar und locken Insekten an.

Die Korbblütengewächse sind mit über 300 Arten in Mitteleuropa die artenreichste Pflanzenfamilie. Einige Korbblütengewächse besitzen wie die Sonnenblume Röhrenblüten und Zungenblüten. Zu diesen gehört das Gänseblümchen (Abb. 2). Andere hingegen, wie zum Beispiel die Kornblume und der Rainfarn, bilden nur Röhrenblüten aus (Abb. 3). Ausschließlich aus Zungenblüten besteht der Blütenstand des Löwenzahns (Abb. 4). Die Zungenblüten des Löwenzahns enthalten auch Stempel und Staubblätter.

Aufgaben

① Betrachte eine Sonnenblume. Zeichne eine ganze Sonnenblume von der Seite und den Blütenstand von oben. Beschrifte die Zeichnungen. Schneide den Blütenstand einer Sonnenblume dann wie in Abb. 1 durch. Entferne von der Mitte nach außen einzelne Blüten. Öffne sie vorsichtig der Länge nach. Zeichne die verschiedenen Entwicklungsstadien und beschrifte sie.

② Löse bei einem Sonnenblumenkern die feste Fruchtwand und zerreibe das Innere zwischen Papier. Beschreibe und erkläre deine Beobachtung.

③ Untersuche den Blütenstand des Gänseblümchens und des Rainfarns mit der Lupe. Vergleiche mit der Sonnenblume.

Korbblütengewächse besitzen kleine Blüten, die zu einem Blütenstand vereinigt sind. Sie sind in Mitteleuropa die artenreichste Pflanzenfamilie.

Biotip

Vogelfutter für die Winterfütterung

Sonnenblumenkerne keimen leicht in Balkonkästen und wachsen zu stattlichen, blühenden Pflanzen heran. Nach der Reife kannst du die Sonnenblumenkerne sammeln und im Winter für die Vogelfütterung nutzen.

12 Ernährung und Verdauung

12.1 Kristinas Speisezettel

1 Diese Lebensmittel ißt Kristina am Montag

Es ist Montagmorgen, 7.15 Uhr. Familie Körner sitzt am Frühstückstisch. Kristina kommt hereingestürmt. Auch für Kristina steht ein Frühstücksgedeck auf dem Tisch. Doch Kristina möchte nichts essen. „Ich habe wirklich morgens keinen Hunger. Ich muß vor der Schule noch dringend zu Manuela." So geht es fast jeden Morgen. Kristina möchte morgens selten etwas essen. Heute trinkt sie wenigstens eine Tasse Kakao. Bei Kristina stellt sich der Appetit erst in der großen Pause ein. Ihre Mutter weiß das und hat ihr deshalb schon das Pausenbrot zurechtgemacht: eine Scheibe Graubrot mit Käse und einen Apfel. Die Milch dazu kauft sich Kristina am Kiosk des Hausmeisters.

Meistens freut sich Kristina auf das Mittagessen. Für diese Mahlzeit nimmt sie sich viel Zeit. Frau Körner ist darauf bedacht, daß die Familie viel frisches Obst und Gemüse bekommt. Leider haben die Körners keinen eigenen Garten, aus dem sie ungespritztes Obst und Gemüse ernten können. Ein Geschäft in der Nachbarschaft verkauft jedoch auch Gemüse, das ohne Kunstdünger und ohne Spritzmittel gewachsen ist. Heute Mittag gibt es einen gemischten Salat aus Tomaten, Gurken und Paprika. Angemacht ist das Ganze mit einer Joghurt-Kräuter-Soße. Die Kräuter hierzu zieht Kristina in einem Blumentopf auf der Fensterbank. Kartoffeln und eine Scheibe Fleisch stehen ebenfalls auf dem Speisezettel. Als Nachtisch hat Frau Körner eine Quarkspeise mit frischen Erdbeeren zubereitet.

Am Nachmittag ist Kristina bei ihrer Freundin Manuela, um mit ihr noch etwas zu spielen. Die beiden Mädchen hören sich eine Musikkassette an, trinken dazu Saft und essen Kekse. Anschließend toben die beiden noch eine Stunde lang auf dem Spielplatz. Zum gemeinsamen Abendessen um 18.30 Uhr muß Kristina wieder pünktlich zu Hause sein. Kristina ißt am Abend am liebsten ein Butterbrot mit Wurst, einen Joghurt und trinkt dazu Tee.

Aufgaben

① Zähle alle Nahrungsmittel auf, die Kristina im Laufe des Tages gegessen hat. Vergiß auch die Getränke nicht. Du kannst hierzu den Text und Abbildung 1 zu Hilfe nehmen.

② Schreibe auf, was du gestern alles gegessen und getrunken hast. Trage deine Nahrungsmittel und die von Kristina in eine Tabelle nach folgendem Muster ein:

	Kristina	eigener Speiseplan
morgens		
mittags		
nachmittags		
abends		

③ Ordne alle Nahrungsmittel, die auf den beiden Speiseplänen (Aufgabe ②) stehen, in zwei Gruppen: feste und flüssige Nahrungsmittel. Ordne die gleichen Nahrungsmittel danach in die beiden Gruppen pflanzliche und tierische Nahrungsmittel. Finde weitere Möglichkeiten, wie man die Nahrungsmittel einteilen könnte.

12.2 Wir untersuchen Nahrungsmittel

In den Lebensmittelgeschäften gibt es eine Fülle verschiedener Nahrungsmittel. Damit die Kunden sich in dem großen Sortiment leichter zurechtfinden, sind die Nahrungsmittel geordnet und in die Regale gestellt. In einem Regal befinden sich alle Backwaren, daneben vielleicht die Zutaten, die man zum Backen braucht, oder Süßigkeiten. Es gibt eine Wurst- und eine Fleischtheke, eine Abteilung für Milchprodukte, eine für Obst und Gemüse.

Eine Möglichkeit, Nahrungsmittel zu ordnen, besteht darin, sie nach ihren Bestandteilen zu gruppieren. Du ißt zwar täglich eine Fülle unterschiedlicher Nahrungsmittel, sie enthalten aber alle in der Hauptsache Wasser und drei weitere Bestandteile. Auf einem Joghurtbecher ist z. B. neben dem Haltbarkeitsdatum der Inhalt angegeben. Du kannst dort lesen (Abb. 1): 100 Gramm Joghurt enthalten: 1,2 g Fett, 4,1 g Eiweiß, 17,5 g Kohlenhydrate.

Fett, Eiweiß und **Kohlenhydrate** sind in fast allen Nahrungsmitteln enthalten. Man bezeichnet diese Stoffe als **Nährstoffe.** Die Gruppe der Kohlenhydrate kann man noch unterteilen in **Zucker** und **Stärke.** Mit bestimmten Verfahren können die Nährstoffe, die ein Nahrungsmittel enthält, nachgewiesen werden.

Nahrungsmittel enthalten Nährstoffe: Fett, Stärke, Zucker und Eiweiß. Stärke und Zucker faßt man zur Gruppe der Kohlenhydrate zusammen. Die Nährstoffe sind in den einzelnen Nahrungsmitteln in unterschiedlichen Mengen enthalten. Sie können durch bestimmte Verfahren nachgewiesen werden.

---

1 Beschriftung einer Joghurtpackung

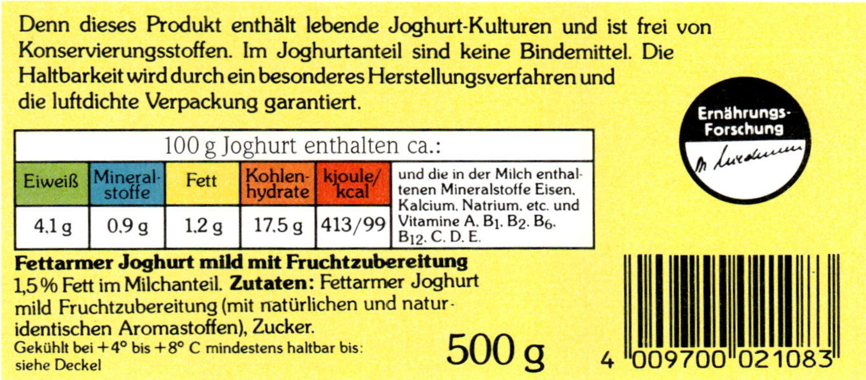
Denn dieses Produkt enthält lebende Joghurt-Kulturen und ist frei von Konservierungsstoffen. Im Joghurtanteil sind keine Bindemittel. Die Haltbarkeit wird durch ein besonderes Herstellungsverfahren und die luftdichte Verpackung garantiert.

100 g Joghurt enthalten ca.:					
Eiweiß	Mineralstoffe	Fett	Kohlenhydrate	kjoule/kcal	und die in der Milch enthaltenen Mineralstoffe Eisen, Kalcium, Natrium, etc. und Vitamine A, B_1, B_2, B_6, B_{12}, C, D, E.
4.1 g	0.9 g	1.2 g	17.5 g	413/99	

Ernährungs-Forschung

Fettarmer Joghurt mild mit Fruchtzubereitung
1,5 % Fett im Milchanteil. **Zutaten:** Fettarmer Joghurt mild Fruchtzubereitung (mit natürlichen und naturidentischen Aromastoffen), Zucker.
Gekühlt bei +4° bis +8° C mindestens haltbar bis: siehe Deckel

500 g

4 009700 021083

1. Nachweis von Fett in Nahrungsmitteln

Nimm ein Blatt Papier, streiche etwas Butter darauf und halte das Blatt gegen das Licht. Du beobachtest einen dauerhaften durchscheinenden Fleck: Butter enthält Fett. Verfahre in gleicher Weise mit anderen Nahrungsmitteln, z. B. Wurst, Käse, Milch, einem Stück Apfel. Trage die Ergebnisse deiner Beobachtungen in eine Tabelle nach dem folgenden Muster ein:

Nahrungsmittel	Beobachtung	Ergebnis
Butter	durchscheinender Fleck	enthält Fett
Wurst		
Milch		
Käse		
Apfel		

2. Nachweis von Stärke in Nahrungsmitteln

Schneide eine rohe Kartoffel durch. Gib einige Tropfen einer Iod-Kaliumiodid-Lösung auf die Schnittfläche. Nach kurzer Zeit färbt die Iod-Kaliumiodid-Lösung die Stärke in der Kartoffel blau- violett. Untersuche einige Nahrungsmittel, die in Kristinas Speiseplan genannt werden, auf den Nährstoff Stärke. Trokkene Nahrungsmittel wie z. B. Brot mußt du vorher zerkleinern und in wenig Wasser aufkochen. Zu diesem Gemisch gibst du nach der Abkühlung die Iod-Kaliumiodid-Lösung.

Nahrungsmittel	Beobachtung	Ergebnis
Kartoffel	blauviolette Färbung	enthält Stärke
Brot	....	....

3. Nachweis von Zucker in Nahrungsmitteln

Viele zuckerhaltige Nahrungsmittel lassen sich leicht am Geschmack erkennen: Sie schmecken süß. Traubenzucker kann man mit Teststäbchen nachweisen. Für diesen Nachweis werden feste Nahrungsmittel zerkleinert und mit wenig Wasser verrührt. Tauche nun das Teststäbchen kurz in die Flüssigkeit ein. An der Farbveränderung kannst du ablesen, ob viel oder wenig Traubenzucker in dem Nahrungsmittel enthalten ist. Bleibt die Gelbfärbung bestehen, ist kein Traubenzucker enthalten. Die Verfärbung von grün bis blau zeigt den Gehalt von Traubenzucker an.
Stelle mit Hilfe der Geschmacksprobe und der Teststäbchen fest, ob in den folgenden Nahrungsmitteln Zucker enthalten ist: Apfelsinensaft, Saft einer Weintraube, Cola-Getränk light, Brot, Quark, Honigkuchen, Zwiebeln. Was schmeckt süß? Was enthält Traubenzucker? Halte die Ergebnisse deiner Untersuchungen in einer Tabelle fest.

4. Nachweis von Eiweiß in Nahrungsmitteln

Wenn man Milch einige Tage stehen läßt, kann sie sauer werden. Dabei scheiden sich weiße Flocken ab, die aus geronnenem Eiweiß bestehen. Du kannst diesen Vorgang auch beobachten, wenn du zu frischer Milch eine Säure hinzugibst, z. B. Zitronensäure oder Essig. Untersuche, ob Eiklar aus einem Hühnerei, Milch und andere Flüssigkeiten Eiweiß enthalten. Mische z. B. etwas Orangensaft mit Essig und beobachte, ob sich geronnenes Eiweiß bildet. Halte auch diese Beobachtungen in einer Tabelle fest.

Zusammenfassung der Ergebnisse

Fertige zum Schluß eine Tabelle an, in der alle Ergebnisse deiner Untersuchungen nach folgendem Muster zusammengefaßt werden:

Nahrungsmittel	Fett	Kohlenhydrate		Eiweiß
		Stärke	Zucker	
Fleisch	+	–	–	+
Brot				
Milch				
Fruchtsaft				

12.3 Wozu werden Nährstoffe benötigt?

Die Maßeinheit der Energie ist das Kilojoule (Abkürzung kJ). Auf Lebensmittelverpackungen findet man häufig zusätzlich die alte Maßeinheit Kilokalorie (kcal). Es gilt: 1 kcal = 4,18 kJ

Du bewegst dich, du arbeitest, dein Körper hat ständig eine Temperatur von etwa 37 °C. Für diese und weitere Vorgänge ist **Energie** nötig. Sie wird dem Körper mit der Nahrung zugeführt. Die einzelnen Nährstoffe, die in der Nahrung enthalten sind, stellen dem Körper unterschiedlich viel Energie zur Verfügung. So enthalten zum Beispiel 100 g Fett mehr als doppelt soviel Energie wie 100 g Kohlenhydrate. Bei verstärkter körperlicher Tätigkeit erhöht sich hauptsächlich der Bedarf an Fetten und Kohlenhydraten. Während die Nährstoffe Fett und Kohlenhydrate vorwiegend als Energielieferanten gelten, wird Eiweiß in erster Linie als Aufbaustoff für den Körper benötigt. Ohne Eiweiß können keine Muskeln, keine Haare oder Fingernägel gebildet werden. Junge Menschen benötigen daher während ihrer Entwicklung mehr Eiweiß als ältere Menschen.

Selbst wenn der Mensch völlig ruhig liegt, benötigt er eine Mindestmenge an Energie. Sie beträgt für 24 Stunden etwa 6000 kJ. Sie wird z. B. für die Herztätigkeit, die Atmung, die Aufrechterhaltung der Körpertemperatur und die Gehirnfunktion gebraucht. Ein Kind deines Alters benötigt im normalen Schulalltag etwa 10 000 kJ täglich (Abb. 1). Wenn dem Körper mehr Energie mit der Nahrung zugeführt wird als er benötigt, legt er Reserven an: Er speichert sie in energiereichen Verbindungen, vor allem als Fett. Man wird dick.

Aufgaben

① Erkläre mit Hilfe der Abb. 1 und des Textes den unterschiedlichen Energiebedarf der abgebildeten Kinder.

② In Apotheken und bei Krankenkassen gibt es Tabellen über den Energiegehalt der verschiedenen Nahrungsmittel. Versuche für einen Tag zu berechnen, wieviel Energie du zu dir genommen hast. War es zu viel oder eher zu wenig?

Kohlenhydrate, Fette und Eiweiß liefern dem Körper Energie. Eiweiß wird zum Aufbau des Körpers benötigt. Der tägliche Energiebedarf ist vom Alter und von der Art der körperlichen Betätigung abhängig. Wenn zuviel energiereiche Nahrung aufgenommen wird, wandelt der Körper sie in Fett um.

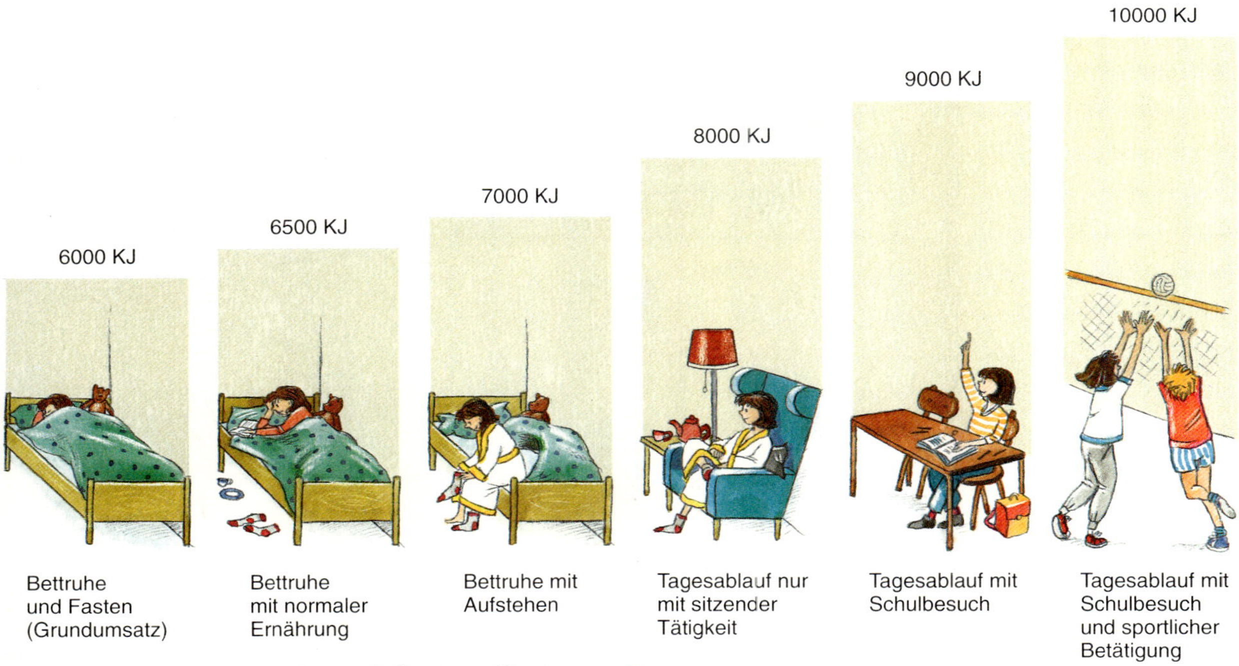

1 Energiebedarf eines 10- bis 12jährigen Kindes pro Tag

12.4 Wie gesund muß die Ernährung sein?

Zwei Äpfel pro Tag reichen aus, um den Bedarf an Vitamin C zu decken.

In einem alten Lexikon von 1882 steht unter dem Stichwort „Beri-Beri" der folgende Text: „Beri-Beri ist eine dem Wesen nach noch wenig bekannte Krankheit, welche sich durch eine von den Beinen aus über den ganzen Körper fortschreitende Lähmung und Gefühllosigkeit sowie durch Ansammlung von Wasser in bestimmten Körperteilen charakterisiert. Die Krankheit tritt in Japan, Australien und Indien auf. Sie führt in der Regel nach drei bis vier Wochen zum Tode. Die Krankheit befällt sowohl Eingeborene als auch Fremde, letztere jedoch erst, wenn sie sich bereits einige Monate an diesen Orten aufgehalten haben. Man nimmt an, daß diese Krankheit durch plötzlichen Temperaturwechsel, Nahrungsmangel und gedrückte Gemütsstimmung begünstigt wird. Wirksame Mittel gegen ‚Beri- Beri' gibt es nicht."

1882 wurde Beri-Beri noch als eine Krankheit bezeichnet, gegen deren tödlichen Verlauf man nichts unternehmen konnte. Heute kann man diese Krankheit sehr leicht heilen, wenn sie wirklich einmal auftreten sollte. Sie wird durch das Fehlen eines bestimmten Vitamins verursacht. Der Arzt verschreibt dann ein Medikament, das Vitamin B enthält.

Zu einer gesunden Ernährung gehören außer den Nährstoffen auch die **Vitamine.** Es gibt ungefähr 20 Vitamine, die man in Gruppen einteilt und mit Großbuchstaben, z. B. A, B, C, D, bezeichnet. Wir benötigen von den Vitaminen sehr kleine Mengen, und zwar weniger als ein Gramm pro Tag (◁). Die Information aus dem Lexikon von 1882 zeigt aber, daß schon das Fehlen eines einzigen Vitamins zum Tode führen kann. Die Abb. 1 zeigt

Es wird empfohlen:
Iß täglich und reichlich Nahrungsmittel aus den Gruppen 1 bis 5, weniger und seltener Nahrungsmittel aus den Gruppen 6 und 7.
Sorge insbesondere bei der Aufnahme von Nahrungsmitteln aus der Gruppe 6 für Abwechslung.

Wer sich nach diesen Empfehlungen richtet, ißt vollwertig.

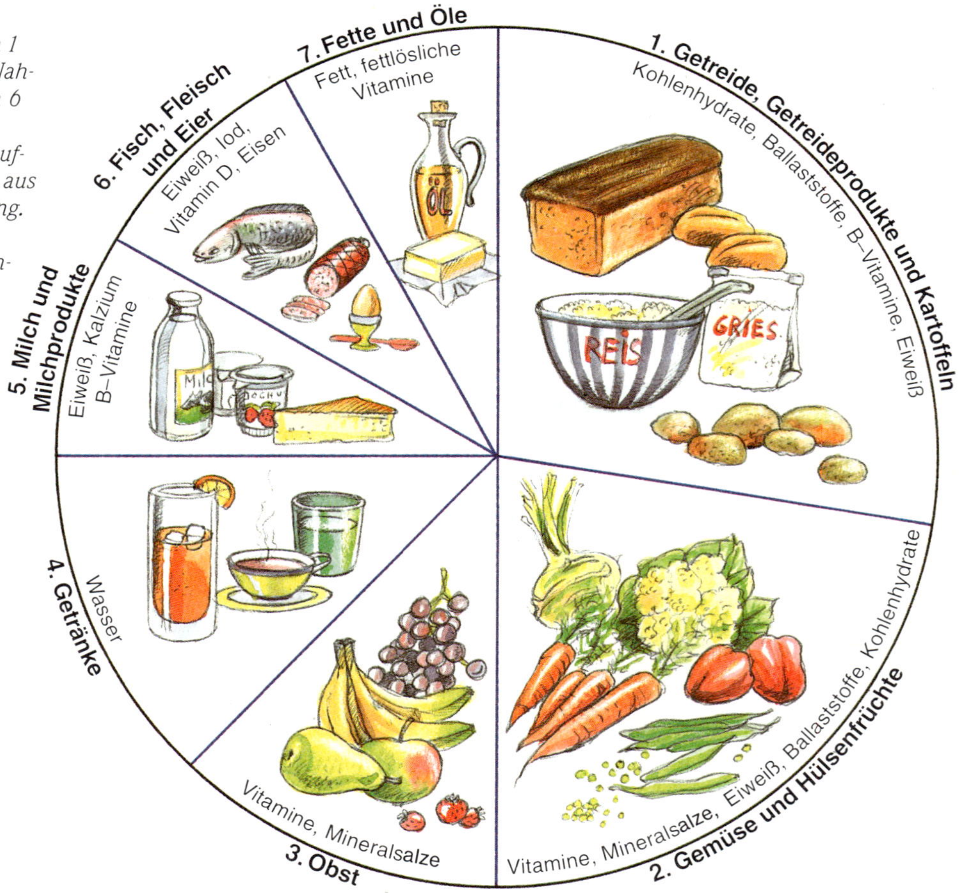

1 Der Ernährungskreis

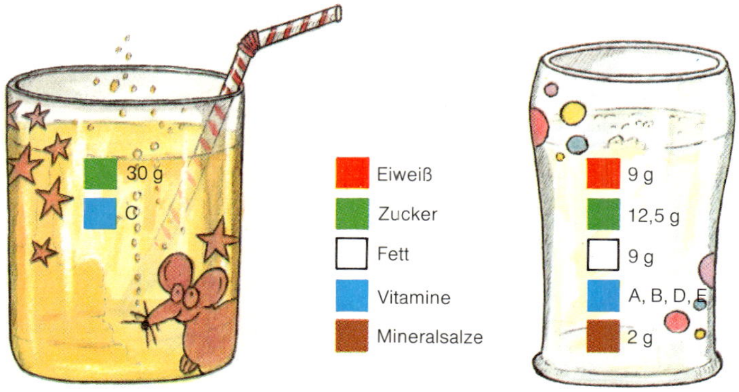

2 Limonade oder Milch – was ist gesünder?

durch die unterschiedliche Größe der „Tortenstücke“ des Ernährungskreises, wieviel von welchen Nahrungsmitteln gegessen werden sollte.

Außer den Vitaminen benötigt der Körper auch **Mineralsalze.** Sie sind hauptsächlich in Gemüse, Obst, Vollkornbrot und Milch enthalten. Ein wichtiges Mineralsalz ist z. B. Kalzium. Da zehn- bis zwölfjährige Kinder meist stark wachsen, benötigen sie viel Kalzium für den Aufbau ihrer Knochen und Zähne. Kalzium ist in Milch, Milchprodukten und in Gemüse, vor allem in Bohnen, Erbsen und Linsen, enthalten.
Bäckereien bieten viele verschiedene Brotsorten an. Immer häufiger liest man Hinweise wie: „Reich an Ballaststoffen“, „Hergestellt aus vollem Korn“, „Sechs-Korn-Brot“ und viele andere mehr.

Sechs Weißbrote enthalten nur soviel Ballaststoffe wie ein einziges Vollkornbrot.

Manche Leute sind der Ansicht, daß diese Brotsorten einfach nur eine Modeerscheinung sind. Sie bleiben lieber bei ihrem Weißbrot mit Marmelade zum Frühstück. Andere haben sich umgestellt, sie essen jetzt häufiger Vollkornbrot und haben das Weißbrot von ihrem Speiseplan gestrichen. Sie merken dann oft nach einiger Zeit, daß sie keine Probleme mehr mit schlechter Verdauung haben. Die Ballaststoffe haben sich verdauungsfördernd auf ihren Darm ausgewirkt. **Ballaststoffe** sind Pflanzenteile, die kaum Nährstoffe enthalten (◁). Ballaststoffe haben viele günstige Eigenschaften. Da die Nahrungsmittel, in denen sie vorkommen, meist nicht fein gemahlen sind, müssen sie länger und gründlicher gekaut werden. Die Zähne bekommen mehr Arbeit. Gleichzeitig wird dabei viel Speichel gebildet, was sich günstig auf die Verdauung aus-

Biotip

Wir backen ein Vollkornbrot
Zutaten: 375 g Weizenvollkornmehl
125 g Roggenschrot Type 1800
300 ml lauwarmes Wasser
40 g Frischhefe
12 g Salz
10 g Zucker
Zubereitung: Hefe im warmen Wasser in einer Rührschüssel auflösen.
- alle weiteren Zutaten hinzufügen.
- von Hand fünf Minuten kneten, oder mit elektrischem Rührgerät und Knethaken auf höchster Geschwindigkeitsstufe drei Minuten kneten.
- Teig in der Schüssel zugedeckt 20 Minuten gehen lassen.
- Teig kurz durchkneten und auf einer mit Mehl bestäubten Fläche zu einem Brot formen.
- den Teig auf ein gefettetes Backblech legen und zugedeckt 30 Minuten gehen lassen, bis er sich deutlich vergrößert hat.
- Backofen auf 225 °C vorheizen.
- die Teigoberfläche mit Wasser oder Milch bestreichen und nach Belieben mit Sonnenblumenkernen, Haferflokken oder Sesam bestreuen.
- auf mittlerer Schiene 15 Minuten bakken, dann die Backtemperatur auf 180 °C herunterstellen und das Brot weitere 55 Minuten backen lassen.

In einem Liter Limonade sind 36 Zuckerstückchen gelöst.

wirkt. Ballaststoffe können außerdem viel Wasser aufnehmen, das bedeutet, sie quellen. Magen und Darm sind schneller gefüllt. Man hat also länger das Gefühl satt zu sein. Das ist besonders für übergewichtige Menschen günstig.

Zum Backen von Weißbrot wird nur der kohlenhydrathaltige Mehlkörper des Getreidekorns verwendet (Abb. 3). Der vitaminhaltige Embryo und die ballaststoffreiche Hülle des Korns wurden zuvor entfernt. Je heller ein Mehl und das daraus gebackene Brot sind, um so mehr Vitamine und Ballaststoffe wurden entfernt. Auf jeder Mehlpackung ist eine Typennummer angegeben. Typ 405 ist die Bezeichnung

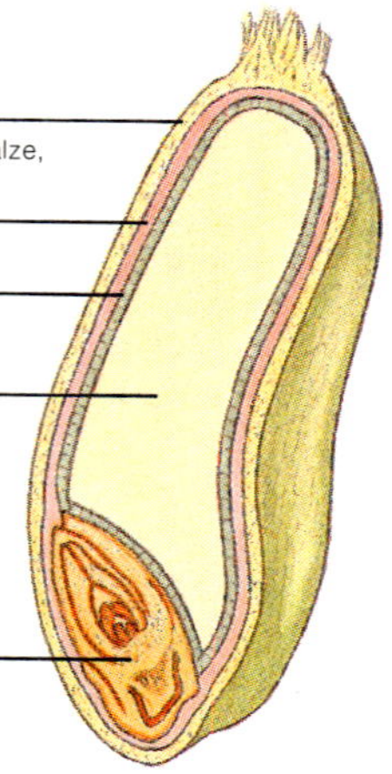

6 Aufbau eines Getreidekorns

für weißes Mehl. Es enthält nur den gemahlenen Mehlkörper. Je höher die Typennummer ist, um so mehr Bestandteile des vollen Korns sind im Mehl enthalten. Zu allen Lebensvorgängen in Körpern wird außerdem **Wasser** benötigt. Der Mensch benötigt etwa 1,5 Liter Wasser täglich. Die Getränke sollten möglichst ungesüßt sein (◁).

Versuch

Quellfähigkeit unterschiedlicher Mehle

Untersuche die unterschiedliche Quellfähigkeit von Weißmehl und Vollkornmehl. Gib 5 g Weißmehl in ein Reagenzglas und 5 g Vollkornmehl in ein zweites Reagenzglas. Gib dann in beide Reagenzgläser 5 g Wasser und verrühre Mehl und Wasser.
Was beobachtest du? Laß die Reagenzgläser 30 Minuten stehen. Vergleiche nun Weißmehl und Vollkornmehl. Vergleiche beide Gläser noch einmal nach zwei Stunden.

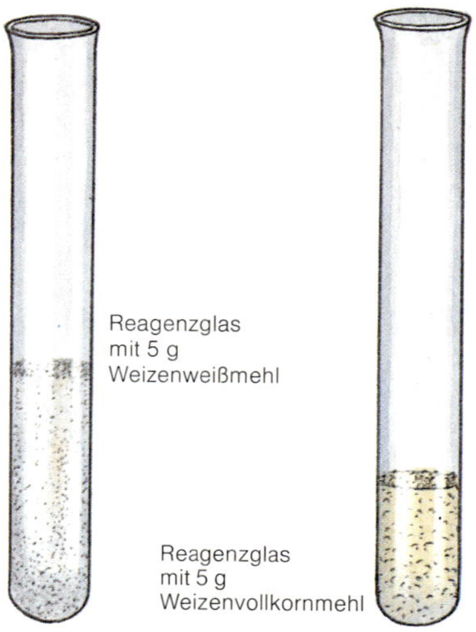

Aufgaben

① Heute braucht bei uns niemand mehr unter Vitaminmangel zu leiden. Begründe diese Behauptung. Verwende dazu die Abbildung 4.

② Milch ist ein wertvolles Nahrungsmittel. Es ist durchaus möglich, sich überwiegend von Milch zu ernähren. Untersuche mit Hilfe der Abbildung 2, ob diese Aussage auch für Limonade zutrifft.

③ Beschreibe den Aufbau eines Getreidekorns (Abb. 3). Begründe, warum Mehl aus dem ganzen Getreidekorn gesünder ist als Mehl aus dem Mehlkörper.

Vitamine sind nötig, um den Körper vor Krankheiten zu schützen. Sie sind hauptsächlich in frischem Obst und Gemüse enthalten. Der Mensch benötigt von allen Vitaminen nur geringe Mengen. Die ausgewogene Menge an Nährstoffen, Vitaminen, Ballaststoffen und Mineralsalzen sorgt dafür, daß der Mensch sich wohl fühlt.

A

Bedarf täglich:
0,8 mg für Frauen,
1 mg für Männer
Funktion: an der Bildung des Sehpurpurs beteiligt, Wachstumsfaktor. ►

D

Bedarf täglich:
2,5 bis 5 Mikrogramm
Funktion: fördert Einbau von Phosphor und Kalzium in Knochen und Zähnen. ◄

E

Bedarf täglich:
15 bis 30 mg
Funktion: Wichtig für die Bildung der roten Blutkörperchen. ►

K

Bedarf täglich:
10 Mikrogramm
pro kg Körpergewicht
Funktion: wichtig für die Blutgerinnung. ◄

B_1

Bedarf täglich:
1,2 bis 1,4 mg
Funktion: wichtig für den Kohlenhydratstoffwechsel. ◄

B_6

Bedarf täglich:
1,6 bis 1,8 mg
Funktion: B_6-Mangel führt zu Wachstumsstörungen und Muskelschwund. ►

B_{12}

Bedarf täglich:
5 Mikrogramm
Funktion: B_{12}-Mangel führt zu Blutarmut. Wichtig für den Sauerstofftransport und die Bildung vieler Enzyme. ◄

C

Bedarf täglich: 75 mg
Funktion: wichtig für die Funktion von Bindegewebe, Knochen und Knorpeln. Vermutlich vorbeugender Effekt bei Erkältungskrankheiten. ►

4 Die wichtigsten Vitamine und ihr Vorkommen

12.5 Gesund ernähren – aber wie?

1 Was ist als Pausenbrot gut geeignet?

Aufgabe

① Abb. 1 zeigt, was Schülerinnen und Schüler in einer Pause essen. Was würdest du davon gern in der Pause essen? Welche Speisen findest du als Pausenbrot gut geeignet, welche nicht?

Petra und Monika sind schon lange miteinander befreundet. Beide achten seit einiger Zeit besonders auf einen richtig zusammengestellten Speiseplan. Sie möchten nicht dick werden, wollen sportlich und gesund sein. Obst, Gemüse und Vollkornbrot stehen an oberster Stelle auf ihrem Speisezettel. Wurst und Käse mit hohem Fettanteil meiden sie. Auch auf Süßigkeiten und Kuchen versuchen sie weitgehend zu verzichten. Nach einiger Zeit stellen sie erfreut fest, daß sie schlanker geworden sind und recht sportlich aussehen. Wenn sie mit ihren Klassenkameraden in den nahegelegenen Imbiß gehen, bestellen sie einen Salatteller. Pommes frites mit Mayonnaise ist bei ihnen inzwischen die Ausnahme.

Früher standen bei Petra und Monika zu Hause beim Fernsehen Chips und Erdnüsse auf dem Tisch. Hatte man erst einmal angefangen davon zu essen, konnte man schlecht wieder aufhören. Deshalb haben beide ihre Eltern gebeten, abends einen Obstteller auf den Tisch zu stellen. Nach einiger Zeit haben sich die beiden Familien an diesen Obstteller gewöhnt. Petra und Monika sind sehr stolz darauf, daß sie ihre Familien auf diese vitaminreiche und fettarme Nahrung umstellen konnten. Schokoladen und andere Süßigkeiten werden in Petras und Monikas Familien nur noch selten gekauft. So kommt auch keiner mehr so leicht in Versuchung, z. B. aus Kummer über eine schlechte Arbeit oder aus Langeweile, unüberlegt eine Tafel Schokolade in sich hineinzustopfen.

Aufgaben

② Welche Speisen hast du gestern gegessen, die besonders fett-, zuckerhaltig und ballaststoffarm waren? Was wäre eine gesunde Alternative dazu gewesen?

③ Bittet eure Eltern, euch mindestens vier Wochen lang jeden Morgen ein gesundes Pausenbrot mitzugeben; schreibt auf, was ihr unter einem gesunden Pausenbrot versteht.

④ Gehe mit einigen Klassenkameraden in ein „Fast-food-Lokal“. Welche der dort angebotenen Gerichte würdest du als geeignet, welche als weniger geeignet für eine gesunde Ernährung bezeichnen? Begründe!

Zu einer gesunden Ernährung zählen vitamin- und ballaststoffreiche Speisen. Zu viel Zucker und Fett sollten vermieden werden.

12.6 Augen und Nase essen mit

Versuch **Erkennen von Lebensmitteln**

Zu diesem Versuch benötigst du: drei Augenbinden, verschiedene Lebensmittel, drei Teller, eine Gabel.

Verbindet drei Schülern/Schülerinnen aus eurer Klasse die Augen. Der erste muß versuchen, durch Tasten herauszubekommen, um welches Lebensmittel es sich handelt. Der zweite soll nur durch schmecken, (Lebensmittel dabei nicht anfassen!), der dritte durch Riechen eine Lösung finden.
Halte die Ergebnisse dieses Versuchs in einer Tabelle nach folgendem Muster fest:

Lebensmittel	schmecken	riechen	tasten
geräucherter Schinken	X	–	–

Die Speicheldrüsen bilden täglich ein bis zwei Liter Speichel.

Mit den Augen sehen und erkennen wir zunächst das Nahrungsmittel. Ein schmutziger oder angefaulter Apfel kann den Appetit nicht wecken. Aber auch ein schöner Apfel, der unangenehm riecht, wird nicht gegessen. Die meisten Menschen mögen auch keinen Apfel, der kalt aus dem Kühlschrank kommt. Das ist unangenehm für Lippen und Zähne.

Mit Augen und Nase überprüfen wir vor dem Essen die Nahrung. Erst danach entscheiden wir uns dafür, die Nahrung in den Mund zu stecken. Hier überprüfen wir dann noch mit Lippen, Zunge und Zähnen die Genießbarkeit. Beim Kauen, aber schon vorher beim Anblick oder beim Wahrnehmen des Geruchs der leckeren Speisen bilden drei Paar **Speicheldrüsen** den **Speichel.** Er wird beim Kauen unter die Nahrung gemengt und macht diese gleitfähig. Je länger die Nahrung gekaut wird, desto mehr Speichel wird gebildet (◁). Vollkommen trockene Nahrung können wir nicht herunterschlucken.

Dies ist nicht die einzige Aufgabe des Speichels. Speichel verändert die Nahrung im Mund. Wer einmal länger ein Stückchen Brot im Munde zerkaut hat, hat sicher bemerkt, daß sich dabei der Geschmack des Brotes verändert hat. Es schmeckt leicht süß. Der Speichel sorgt dafür, daß aus der Stärke im Brot allmählich Zucker entsteht.

Stärke besteht aus Zuckerbausteinen. Durch einen Verdauungssaft im Speichel wird die Stärke im Brot verändert. Sie wird chemisch zerlegt und wasserlöslich gemacht. Eine solche Veränderung der Nahrung nennt man **Verdauung.** Bei der Verdauung werden Nährstoffe durch Verdauungssäfte in kleinere wasserlösliche Bestandteile zerlegt. Dies geschieht beim Menschen überwiegend im Darm.

Mit Augen und Nase überprüfen wir die Nahrung vor dem Verzehr. Im Mund wird sie zerkleinert und durch Speichel gleitfähig gemacht. Durch einen Verdauungssaft im Speichel wird Stärke in Zucker zerlegt und wasserlöslich gemacht. Diese Zerlegung der Nahrung in kleine wasserlösliche Bestandteile bezeichnet man als Verdauung.

Versuch

Wirkung des Speichels auf Stärke

Zu diesem Versuch benötigst du:
1 Becherglas
2 Reagenzgläser
Stärke
Iod-Kaliumiodid-Lösung
Erhitze in einem Becherglas 1 g Stärke mit 100 ml Wasser. Dabei entsteht eine Stärkelösung. Fülle nun zwei Reagenzgläser mit dieser Stärkelösung. Gib in beide Reagenzgläser tropfenweise soviel Iod-Kaliumiodid-Lösung, bis eine deutliche Blaufärbung auftritt. In das erste Reagenzglas gibst du jetzt 1 ml Speichel, in das zweite Reagenzglas etwa 1 ml Wasser. Beobachte beide Reagenzgläser und beschreibe die Veränderungen. Versuche, die Veränderung im ersten Reagenzglas zu erklären. Fertige zu diesem Versuch ein Protokoll an.

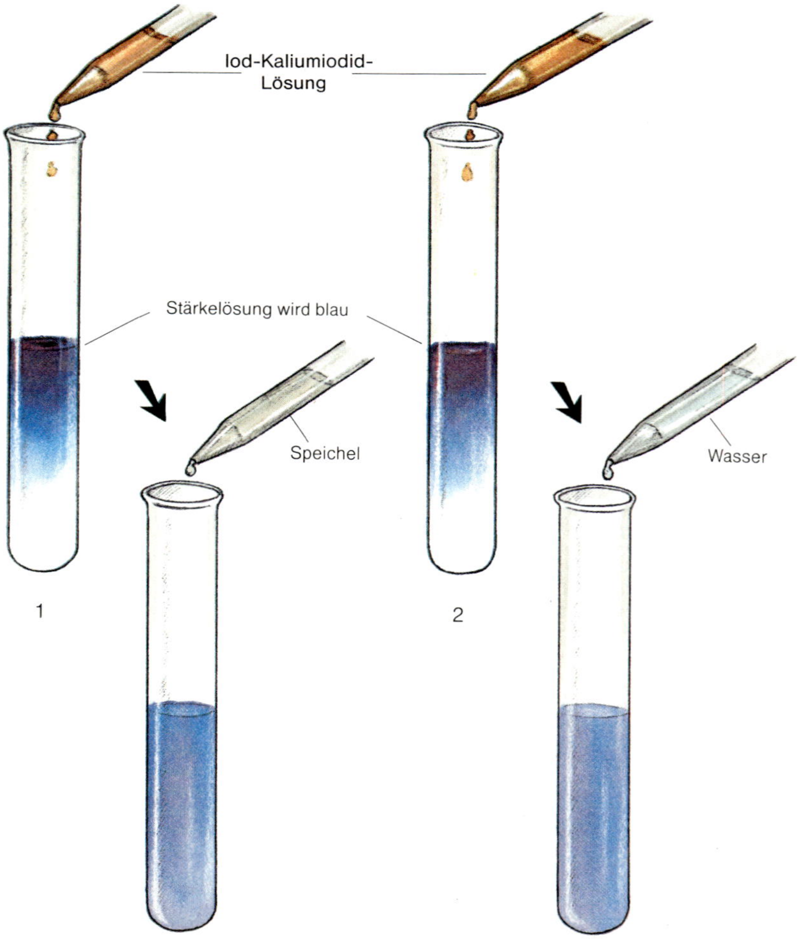

12.7 Aufbau der Zähne

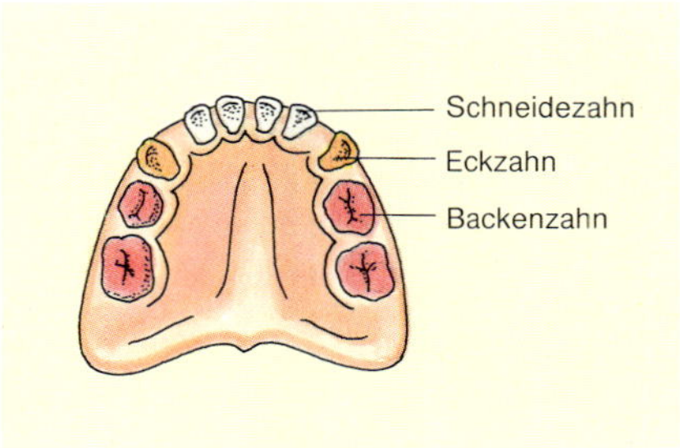

1 Kindergebiß

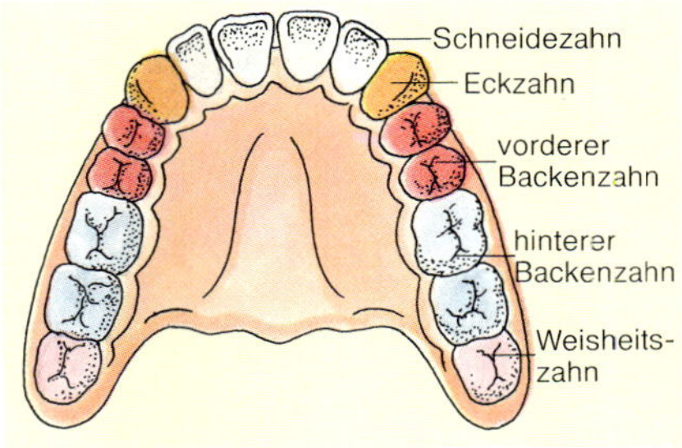

2 Erwachsenengebiß

Die ersten **Milchzähne** erscheinen etwa, wenn ein Säugling sechs bis sieben Monate alt ist. Es dauert dann noch zwei bis drei Jahre, bis das **Kindergebiß** vollständig entwickelt ist: im Unter- und im Oberkiefer befinden sich dann jeweils vier Schneidezähne, zwei Eckzähne und vier kleine Backenzähne (Abb. 1).

Der Kiefer eines Schulkindes ist schon größer als der eines Kleinkindes und wächst noch weiter. Damit verbunden ist der Zahnwechsel, der ungefähr mit dem Eintritt in die Schule beginnt. Die neuen, bleibenden Zähne wachsen von unten nach. Die Wurzelspitze der Milchzähne wird allmählich abgebaut und immer kürzer. Schließlich werden die Milchzähne wackelig, lose und fallen aus. Die neuen Zähne können wachsen, sie haben jetzt Platz, da auch der Kiefer inzwischen gewachsen ist. Zu den neuen 20 Zähnen kommen noch in den nächsten Jahren auf jeder Seite oben und unten je zwei Backenzähne hinzu, also insgesamt zusätzlich acht weitere Backenzähne. Damit ist das Gebiß des Jugendlichen vollständig. Das **Erwachsenengebiß** hat nochmal auf jeder Seite einen Backenzahn, den sogenannten Weisheitszahn. Es besteht also aus 32 Zähnen (Abb. 2).

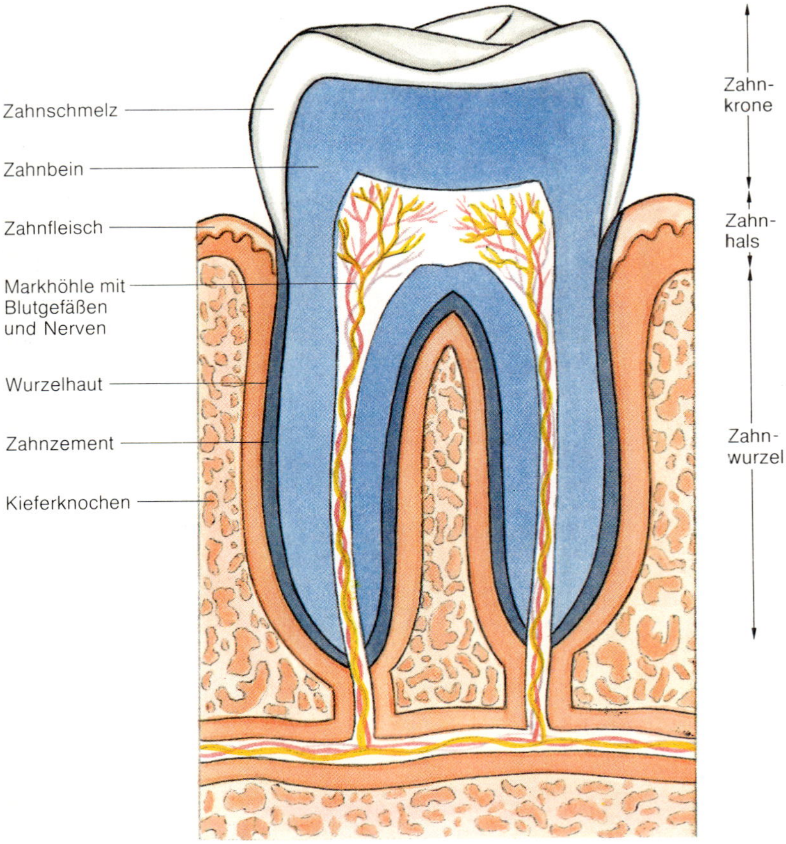

3 Aufbau eines Backenzahns

Zähne sind von einer sehr harten porzellanähnlichen Schicht, dem **Zahnschmelz,** überzogen (Abb. 3). Wenn du aber z. B. Nüsse mit den Zähnen knackst oder deine Zähne nicht pflegst, bekommt der Zahnschmelz Risse. Dann können Bakterien in den Zahn eindringen und Entzündungen hervorrufen. Eine knochenähnliche Schicht, das **Zahnbein,** liegt unter dem Zahnschmelz und umschließt die **Markhöhle.** In der Markhöhle liegen Nerven und Blutgefäße. Die Blutgefäße versorgen den Zahn mit Nährstoffen. Mit der Wurzelhaut ist der Zahn tief im Kieferknochen verankert. Zwischen der Wurzel und der **Krone** liegt der **Zahnhals.** In diesem Bereich befindet sich das Zahnfleisch, das eng am Zahn anliegt und ihn schützt.

Das Gebiß eines Erwachsenen besteht aus 32 Zähnen. Jeder Zahn ist von Zahnschmelz überzogen, der besonders geschützt werden muß. Nerven und Blutgefäße versorgen die Zähne.

12.8 Wir pflegen die Zähne

Die Zähne pflegen heißt, richtig und regelmäßig Zähne putzen. Damit können Zahnerkrankungen, wie z. B. **Karies,** verhindert werden. Ohne Zähneputzen bleiben süße und klebrige Stoffe an den Zähnen hängen. So entstehen **Zahnbeläge,** in denen sich Bakterien ansiedeln (Abb. 1, 2). Diese zerstören als erstes den Zahnschmelz. Schließlich wird auch das Zahnbein angegriffen, die Zahnschmerzen beginnen (Abb. 3). Der Zahnarzt kann den Schaden durch eine **Zahnfüllung** begrenzen (Abb. 4). Wenn aber die Bakterien weiter vordringen, sind Entzündungen der Markhöhle und dann des Kieferknochens die Folge. Es kann zu schweren Erkrankungen wie Rheuma und Herzerkrankungen kommen. Damit es gar nicht erst soweit kommt, sollte jeder Mensch mindestens zweimal jährlich zum Zahnarzt gehen.

Zwischen den Zähnen und am äußeren Zahnrand kann sich mit der Zeit ein harter Belag bilden, der Zahnstein. Er muß vom Zahnarzt entfernt werden. Der Zahnstein bildet sich auch unter dem Zahnfleisch, so daß das Zahnfleisch nicht mehr so eng am Zahn anliegt. Zwischen Zahnfleisch und Zahn setzen sich dann Speisereste fest, in denen sich leicht Bakterien ansiedeln können. Dadurch wird die Kariesbildung gefördert. Außerdem entsteht ein sehr unangenehmer Mundgeruch.

Eine weitere stark verbreitete Krankheit ist die **Zahnfleischentzündung.** Sie ist oft durch Zahnfleischbluten beim Zähneputzen zu erkennen. Entzündetes Zahnfleisch umschließt den Zahn nicht mehr fest. Die Folge kann sein, daß der Kieferknochen zerstört wird. Der Zahn wird locker und fällt aus. Dadurch haben die benachbarten Zähne weniger Halt, sie müssen außerdem mehr Arbeit beim Kauen leisten. Schließlich können nach und nach mehrere Zähne ausfallen. Aus der Zahnfleischentzündung ist eine schwere Erkrankung, die **Parodontose,** geworden. Sie kann zum Verlust aller Zähne führen.

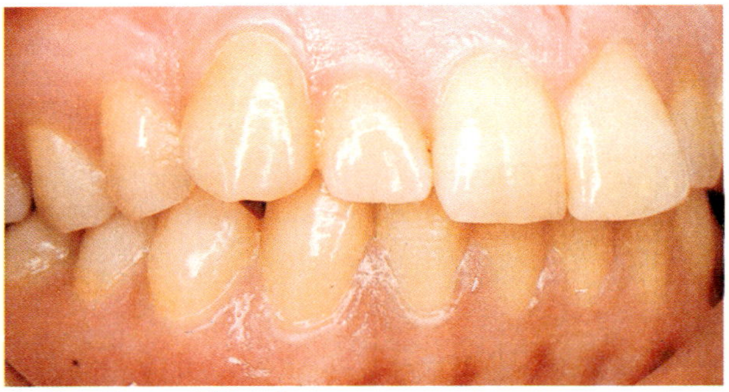

1 Gepflegte Zähne?

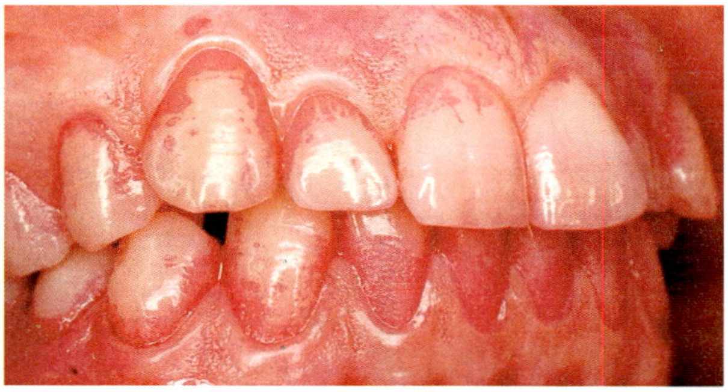

2 Dieselben Zähne mit angefärbten Zahnbelägen

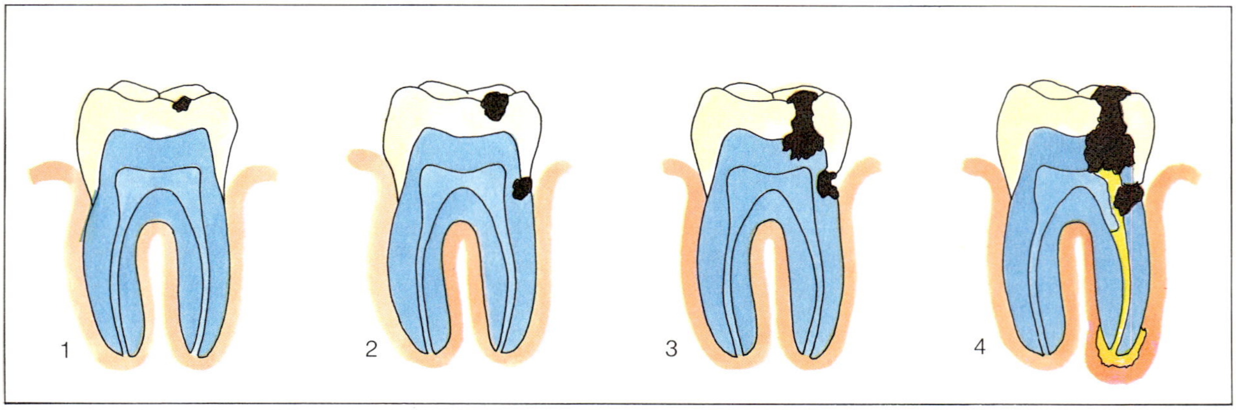

3 Fortschreitende Zerstörung durch Karies

Eine richtige Ernährung trägt viel zur Gesunderhaltung der Zähne bei. Für die Widerstandsfähigkeit des Zahnschmelzes sind Kalzium, Fluorid und weitere Mineralsalze erforderlich. Milch, Milchprodukte und Bananen und einige Gemüse sind besonders reich an Kalzium. Sie dürfen daher in der Nahrung nicht fehlen.

Manche Kinder haben vorstehende oder schief gewachsene Zähne. Bei einigen Kindern ist der Kiefer nicht groß genug. Die Zähne haben nicht genug Platz, stehen eng und verschachtelt. Dies erschwert eine gute Zahnpflege. Solche Kinder erhalten eine **Zahnregulierung,** die zur richtigen Zahnstellung führt. Die Kinder können nach Abschluß der Behandlung besser kauen und ihre Zähne besser pflegen.

Schon im alten Griechenland (4. Jahrhundert vor Christus) war tägliche Mundreinigung vorgeschrieben. Bei Indern und Arabern ist die Mundreinigung mit Zahnhölzern Gebot der Religionen (Abb. 6).

Die verschiedenen Geräte zur Pflege der Zähne dienen folgenden wichtigen Aufgaben:
- Von den Zähnen Beläge entfernen.
- Aus den Zwischenräumen Speisereste entfernen.
- Das Zahnfleisch massieren.

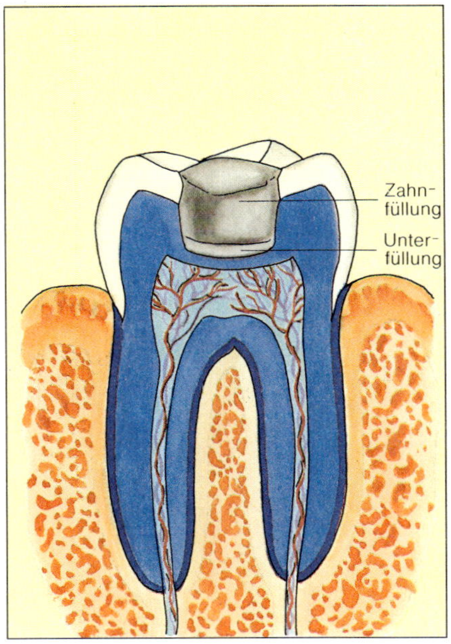

4 Plombierter Zahn

Zu welcher Tageszeit putzt man die Zähne? Man sollte morgens nach dem Frühstück und abends nach dem Abendbrot die Zähne putzen. Außerdem wenn möglich, auch zwischendurch. Unbedingt notwendig ist die Reinigung nach dem Genuß von zuckerhaltigen Speisen.

Aufgaben

① Vergleiche die Gebisse in Abb. 1 und 2, schreibe auf, welche Unterschiede du feststellen kannst. Was passiert mit den Zähnen in Abb. 2, wenn sie weiter nicht gereinigt werden?

② Beschreibe, wie man die Hilfsmittel in Abb. 6 richtig benutzt, um gesunde Zähne zu behalten.

Die Reinigung der Zähne dient der Gesunderhaltung der Zähne und verhindert die Erkrankung an Karies. Durch Zähneputzen wird auch das Zahnfleisch massiert. So wird der Zahnfleischentzündung entgegengewirkt und damit Parodontose verhindert. Zahnregulierung führt zur richtigen Zahnstellung und damit zur besseren Kauleistung. Diese und gute Zahnpflege verhindern Zahnerkrankungen.

Regeln zur Zahnpflege

1. Nach jeder Mahlzeit 1–3 Minuten lang die Zähne putzen (Abb. 5).

2. Eine mittelharte Zahnbürste benutzen, deren Kunststoffborsten abgerundet sind und parallel verlaufen.

3. Sobald die Borsten verbogen sind, eine neue Zahnbürste verwenden.

4. Regelmäßig zweimal im Jahr zum Zahnarzt gehen.

5. Bei Zahnschmerzen sofort den Zahnarzt aufsuchen.

6. Mehr Vollkornbrot, Obst und Gemüse, dafür weniger Kuchen, Brötchen und Süßspeisen essen. Nicht so viel zuckerhaltige Getränke trinken.

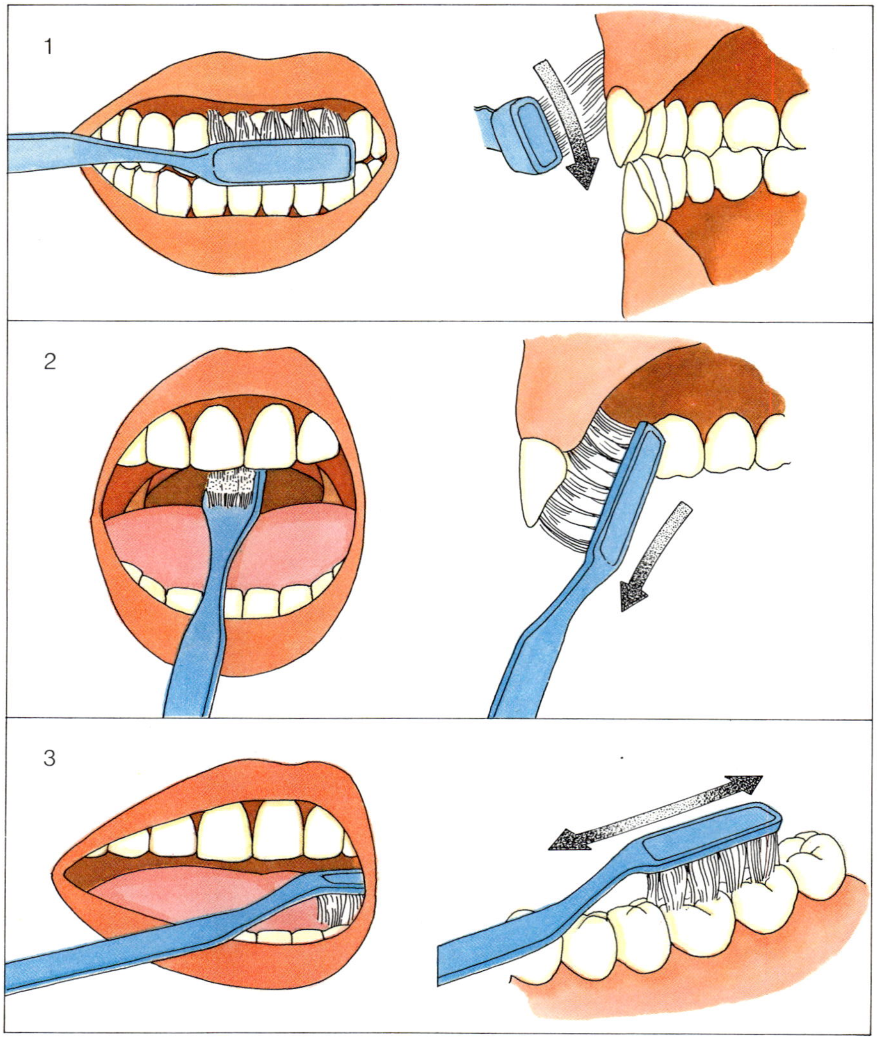

5 Richtiges Putzen der Zähne

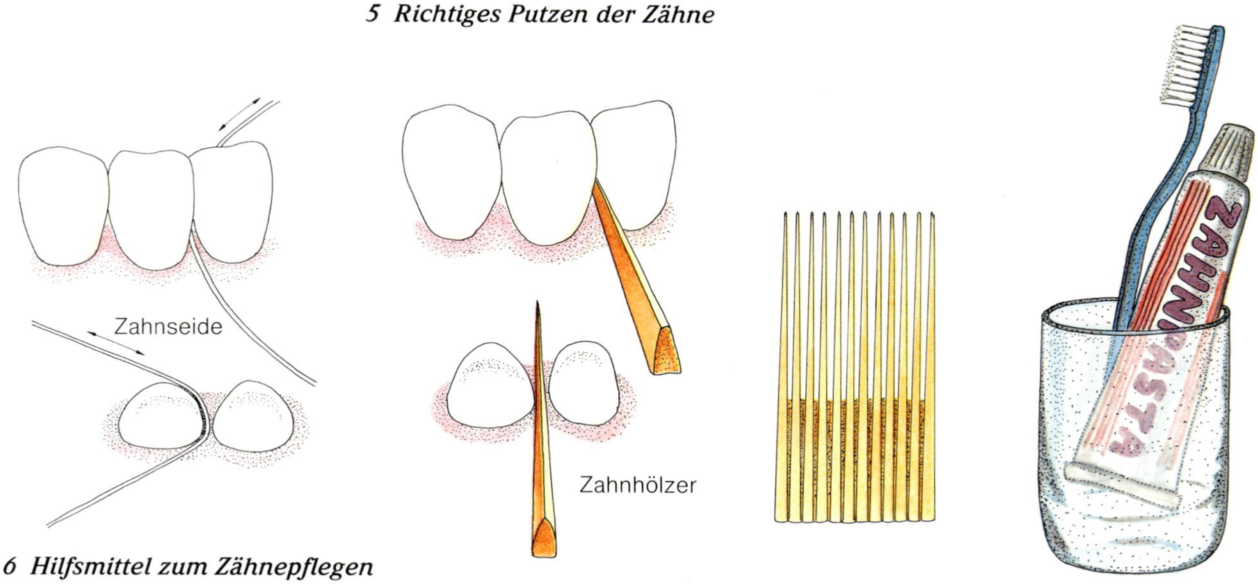

6 Hilfsmittel zum Zähnepflegen

12.9 Schlucken auch im Handstand?

1 Trinken im Handstand, geht das?

Damit der Nahrungsbrocken nicht in die Luftröhre gelangt, legt sich beim Schlucken der Kehldeckel über die Öffnung der Luftröhre, so daß der Bissen über die Luftröhre hinweg in die Speiseröhre gleitet. Wenn man gleichzeitig ißt und redet, besteht die Gefahr des Verschluckens. Der Kehldeckel legt sich dann nicht mehr über die Luftröhre. Der Speisebrocken kann mit dem Luftstrom in die Luftröhre gelangen.

Nach dem Schlucken rutscht die Nahrung nicht einfach durch die Speiseröhre in den **Magen.** In der Speiseröhre wird die Nahrung durch ringförmige Muskeln weitergeschoben. Diese Muskeln ziehen sich jeweils hinter den Nahrungsbrocken zusammen und drücken ihn so weiter zum Magen. Deshalb kann man auch im Handstand trinken.

Aufgabe

① Eine Schülerin, der es nicht schwer fällt, einen Handstand zu machen, soll in dieser Haltung versuchen, mit einem Gummischlauch aus einem Plastikbecher zu trinken. Fragt vor diesem Versuch in eurer Klasse nach: Wer meint, daß die Schülerin im Handstand trinken kann, wer bezweifelt dies? Begründet eure Meinung!

Nach dem Kauen wird die Nahrung von der Zunge in den Rachen geschoben und geschluckt. **Luft- und Speiseröhre** liegen unmittelbar hintereinander (Abb. 2).

Aufgabe

② Drücke einen Ball, der etwas dicker ist als der Querschnitt eines alten Fahrradschlauches, durch den Schlauch hindurch. Beschreibe, was du tun mußt, um den Ball weiter zu transportieren. Wie verändert sich beim Transport der Querschnitt des Schlauches?

Beim Schlucken legt sich der Kehldeckel über die Luftröhre und verhindert, daß die Nahrung in die Luftröhre gleiten kann. In der Speiseröhre wird die Nahrung durch ringförmige Muskeln in den Magen gedrückt.

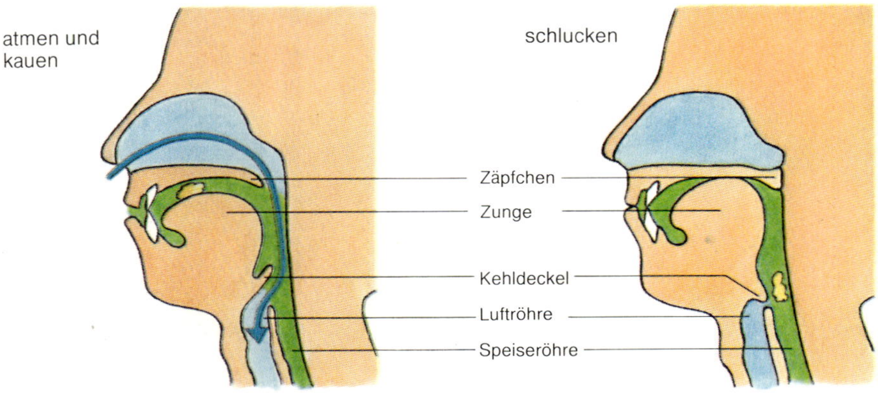

2 Atmen und schlucken

12.10 Verdauung der Nahrung

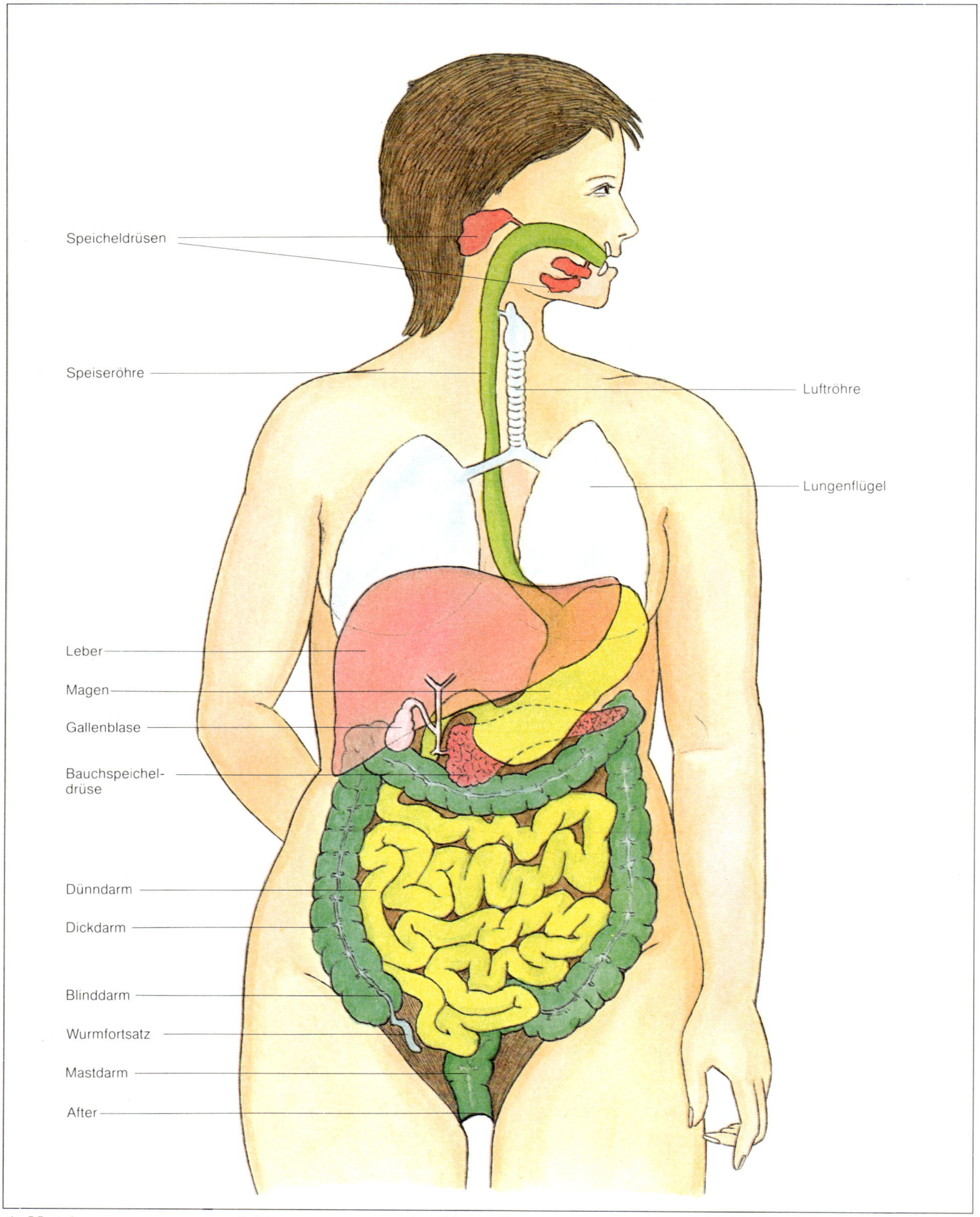

1 Verdauungsorgane und Atmungsorgane des Menschen

Der Magen kann bis zu zwei Liter Nahrung während einer Mahlzeit aufnehmen. Er sondert täglich 1,5 bis 2 Liter Magensaft ab.

Durch die Speiseröhre gelangt die zerkleinerte Nahrung in den **Magen** (Abb. 1). Im Magen wird die Nahrung zunächst gesammelt. Die muskulösen Magenwände sind dehnbar, so daß auch größere Mahlzeiten aufgenommen werden können. Sicherlich hast du schon einmal nach einer solchen größeren Mahlzeit ein Völlegefühl und Magendrücken bemerkt. Es ist nicht gesund, wenn der Magen häufig so überlastet wird.

Die kräftigen Magenmuskeln können sich zusammenziehen und wieder ausgedehnt werden. Dabei durchkneten sie den Mageninhalt. Gleichzeitig wird die Nahrung mit einer Flüssigkeit, dem **Magensaft,** vermengt. Den Geschmack des Magensaftes kannst du beim Aufstoßen wahrnehmen, er ist sehr sauer. Der Magensaft enthält nämlich stark verdünnte **Salzsäure.** Außerdem enthält der Magensaft einen Stoff, der bei der Eiweißverdauung eine Rolle spielt. Der Stoff heißt **Pepsin.** Die Salzsäure hat die Aufgabe, Bakterien abzutöten, die mit der Nahrung aufgenommen wurden. Gleichzeitig erfüllt die Salzsäure noch eine zweite Aufgabe. Sie läßt Eiweiß gerinnen. Nachdem das Eiweiß geronnen ist, kann es durch das Pepsin teilweise verdaut werden.

Nicht alle Speisen verweilen gleich lang im Magen (Abb. 2). Eine fettarme Kost aus Obst, Gemüse, Kartoffeln oder Brot ist leichter zu verdauen als ein fetter Braten. Der Magen darf nicht ständig mit solchen schwer verdaulichen Speisen belastet werden.

Die endgültige Verdauung aller Nährstoffe findet im **Dünndarm** statt. Im oberen Teil des Dünndarms sorgen Gallensaft, der Saft der Bauchspeicheldrüse und Verdauungssäfte des Dünndarms für die Verdauung von Fett, Eiweiß und Kohlenhydraten. Mit Hilfe der Verdauungssäfte wird hier die Nahrung weiter chemisch zerlegt und wasserlöslich gemacht. Nur so können die Nährstoffe durch die Dünndarmwand ins Blut aufgenommen werden. Unverdauliche Bestandteile werden durch den **Dickdarm** in den **Mastdarm** befördert und dann durch den **After** ausgeschieden.

Zur Gesunderhaltung deiner Verdauungsorgane kannst du selbst viel beitragen:
- Nimm nach Möglichkeit deine Mahlzeiten immer regelmäßig und in Ruhe ein.
- Iß nicht zuviel auf einmal, damit dein Magen nicht überlastet wird.
- Verzichte besonders abends auf schwer verträgliche, fetthaltige Kost.
- Achte darauf, daß deine Nahrung genug Ballaststoffe enthält. Durch sie wird die Darmtätigkeit angeregt.

1 bis 2 Stunden:
200 g Milch
2 weiche Eier (100 g)

2 bis 3 Stunden:
100 g Kakao mit Milch
2 hartgekochte Eier
150 g Salzkartoffeln
70 g Zwiebackbrot oder Weißbrot

3 bis 4 Stunden:
250 g gekochtes Rindfleisch
160 g Schinken
je 150 g Schwarzbrot, rohe Äpfel, Gurkensalat

4 bis 5 Stunden:
250 g gebratene Ente
200 g Salzhering

8 Stunden
200 g Ölsardinen

2 Verweildauer einiger Speisen im Magen

Aufgabe

① Beschreibe in einigen Sätzen die Veränderung der Nahrung in Magen und Darm.

Im Magen wird die Nahrung von den Magenmuskeln kräftig durchgeknetet und dabei mit Magensaft vermengt. Der Magensaft besteht aus Pepsin und verdünnter Salzsäure. Salzsäure tötet die Bakterien im Magen ab und läßt das Eiweiß gerinnen. Mit Hilfe des Verdauungssaftes Pepsin wird das geronnene Eiweiß im Magen teilweise verdaut. Im anschließenden Dünndarm werden alle Nährstoffe endgültig verdaut und ins Blut aufgenommen. Die unverdaulichen Bestandteile der Nahrung werden ausgeschieden.

13 Atmung

13.1 Wie atme ich richtig?

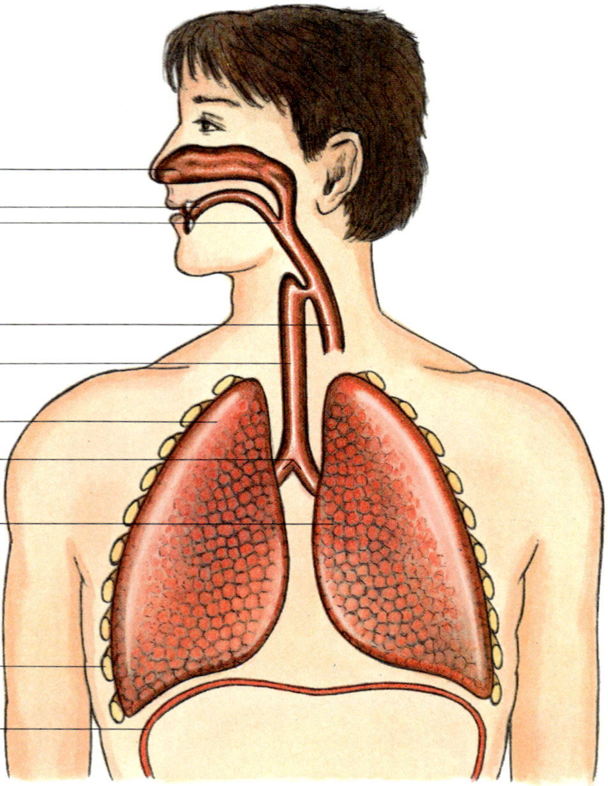

1 Die Atmungsorgane, Übersicht

Aufgabe

① Atme eine Minute lang durch die Nase ruhig ein und aus. Anschließend atme eine Minute durch den Mund ein und aus. Zähle die Atemzüge in einer Minute. Beschreibe die Veränderungen in der Mundhöhle beim Atmen durch den offenen Mund.

Einwandfrei saubere Luft, z.B. über einem Waldgebiet, enthält 20 bis 250 Staubteilchen pro Atemzug. Über einem Industriegebiet können es mehr als 42 000 sein.

Beim Atmen mit geschlossenem Mund gelangt die Luft durch die beiden Nasenlöcher in die beiden **Nasenhöhlen** (Abb. 1, 2). Der Eingang der Nasenhöhle ist mit zahlreichen Härchen besetzt.

In jede Nasenhöhle wölben sich von der Seite her muschelartig geformte Knorpel (Abb. 2). Die Oberfläche der Nasenhöhlen wird hierdurch stark vergrößert. Die Nasenhöhle ist von einer feuchten, gut durchbluteten **Schleimhaut** ausgekleidet. Die Schleimhautoberfläche ist mit Schleim und feinsten **Flimmerhaaren** überzogen. Beim Einatmen streift die Luft an der Schleimhaut vorbei. Die im vorderen Teil der Nasenhöhle stehenden Härchen und die Flimmerhaare der Nasenschleimhaut filtern einen Teil des eingeatmeten Staubes heraus. Beim nächsten Naseputzen oder Niesen wird der aufgefangene Staub wieder entfernt. In der Nasenhöhle wird die eingeatmete Luft angefeuchtet und, was besonders im Winter wichtig ist, erwärmt. Beim Atmen durch den Mund dagegen gelangt die Luft direkt in die Rachenhöhle. Sie wird weder gesäubert noch erwärmt (◁).

Beim Einatmen durch die Nase wird die Luft auch auf ihren Geruch überprüft und kontrolliert. So kann man z.B. unterschiedliche Nahrungsmittel an ihrem Geruch erkennen. Da Nasenhöhle und Mundhöhle miteinander verbunden sind, kann man auch Speisen und Getränke, die im Mund sind, riechen. Für die **Geruchswahrnehmung** sorgen besondere Zellen in der Schleimhaut. Sie befinden sich im

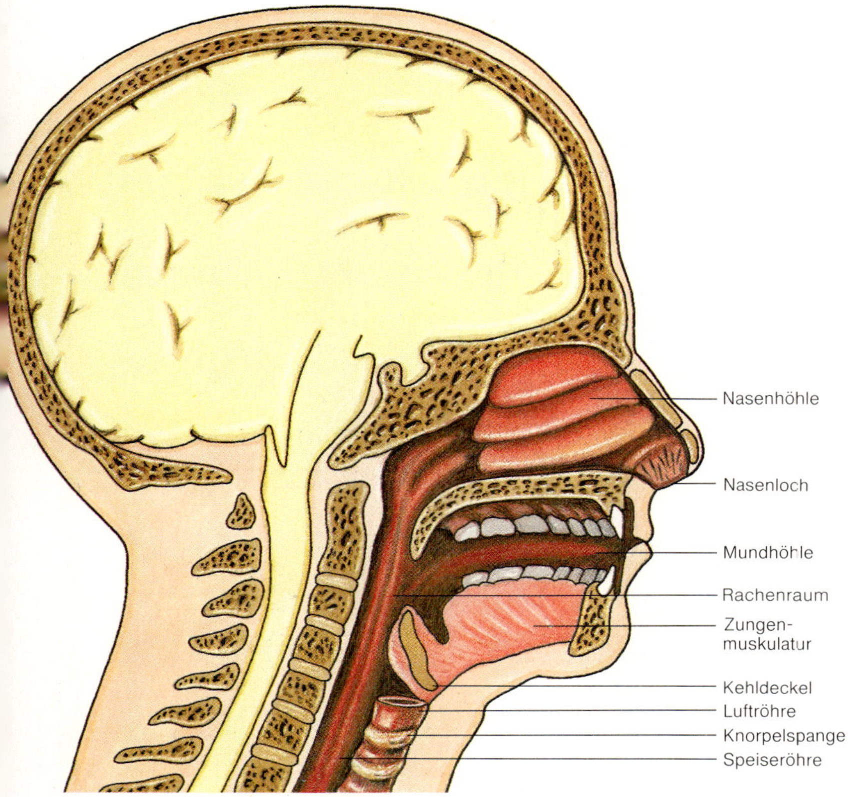

2 Nasenhöhle, Rachenraum, Luftröhre

oberen Teil der Nasenhöhle. Bei starkem Schnupfen kann man keine Gerüche mehr wahrnehmen.

Von den beiden Nasenhöhlen gelangt die angefeuchtete und erwärmte Luft in den **Rachenraum.** Von dort führt der Weg weiter in die **Luftröhre.** Sie ist die Verbindung zur Lunge. Die zehn bis zwölf Zentimeter lange Luftröhre ist eine elastische, etwa zwei Zentimeter weite Röhre, die durch 16 bis 20 hufeisenförmig gebogene Knorpelspangen ständig offen gehalten wird (Abb. 2). So wird die Luftröhre auch bei Bewegungen des Halses nicht zusammengedrückt. Die Innenwände der Luftröhre sind auch mit einer Schleimhaut ausgekleidet, die von kleinen Flimmerhärchen besetzt ist. Schleimhaut und Flimmerhärchen halten die feinen Staubteilchen fest, die durch die Nase noch nicht ausgefiltert wurden. Sie befördern die Teilchen zurück in den Rachen, wo sie durch Husten oder Räuspern entfernt werden.

Beim Essen kann es schon einmal geschehen, daß man sich verschluckt. In diesem Fall sind Speiseteilchen in die Luftröhre gelangt und müssen wieder ausgehustet werden. Die Eingänge zu Speise- und Luftröhre liegen im Rachenraum dicht beieinander. Beim Verschlucken hat sich der Kehldeckel nicht, wie es normalerweise geschieht, über den Eingang der Luftröhre gelegt (Abb. 2).

Aufgaben

② Beschreibe den Weg der Luft von der Nase bis in die Luftröhre. Was geschieht dabei mit der Luft?

③ Vergleiche längeres Atmen durch die Nase und durch den Mund! Was ist deiner Meinung nach gesünder? Begründe deine Antwort!

④ Nimm ein Zimmerthermometer, lies die Temperatur ab und notiere sie. Hauche deinen Atem etwa eine Minute lang gegen die Kugel des Thermometers. Lies nun erneut die Temperatur ab. Was stellst du fest? Begründe!

⑤ Laß dir von einem Klassenkameraden die Augen verbinden, so daß du die zu erratenden Gegenstände vorher nicht sehen kannst. Versuche nun Lebensmittel, Blumen und Flüssigkeiten am Geruch zu erkennen.

In der Nasenhöhle wird die Luft beim Einatmen gesäubert, angewärmt und angefeuchtet. Spezielle Zellen in der Nasenschleimhaut ermöglichen das Riechen. Von der Nasenhöhle gelangt die Luft durch den Rachenraum in die Luftröhre.

13.2 Atembewegungen

Aufgaben

① Miß mit einem Maßband den Brustumfang eines Mitschülers oder einer Mitschülerin bei ruhigem Ein- und Ausatmen. Anschließend sollen er oder sie versuchen, so tief wie möglich einzuatmen und dabei eine Hand auf die Rippen legen. Miß nun den Brustumfang bei angehaltener Luft. Vergleiche die Meßergebnisse miteinander!

② Lege deine Hand auf deinen Bauch und atme ruhig ein und aus. Versuche bewußt in den Bauchraum zu atmen. Berichte!

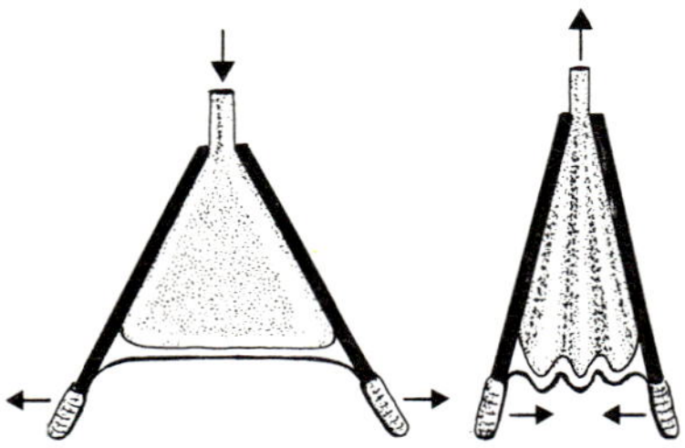

Blasebalg

Beim Einatmen werden die Rippen angehoben, der Brustraum wird größer. Je tiefer man einatmet, um so mehr vergrößert sich der Brustraum. Bei jedem tiefen Atemzug heben sich die Rippen nach oben. Legt man beim Atmen eine Hand auf die Rippen wird diese Bewegung deutlich. Die Hand wird beim Einatmen mit den Rippen hochgedrückt und fällt beim Ausatmen wieder ab. Beim Einatmen ziehen sich die Muskeln zwischen den Rippen zusammen (Abb. 1). Dadurch werden die Rippen angehoben. Der Brustraum wird nach vorn und seitlich vergrößert. Die Luft wird wie bei einem Blasebalg in den Brustraum gesaugt. Erschlaffen die Muskeln zwischen den Rippen wieder, senken sich die Rippen. Der Brustraum wird kleiner, die Luft wird herausgepreßt. Man bezeichnet diese Art der Atmung, die von den Rippen und der Rippenmuskulatur ausgeführt wird, als **Brustatmung.**

Beim Einatmen kann man zugleich bemerken, wie sich der Bauch leicht nach vorn wölbt. Wenn man bei einem tiefen Atemzug die Hand auf den Bauch legt, kann man die Bewegung fühlen. Man kann auch bewußt tief in den Bauch hineinatmen. Hierbei ziehen sich die Muskeln des Zwerchfells zusammen (Abb. 1, S. 140). Das nach oben gewölbte Zwerchfell wird abgeflacht und nach unten gezogen. Der Bauch wölbt sich nach vorn, der Brustraum wird vergrößert. Beim Ausatmen erschlaffen die Muskeln des Zwerchfells wieder. Es wölbt sich wieder nach oben in den Brustraum hinein. Der Brust-

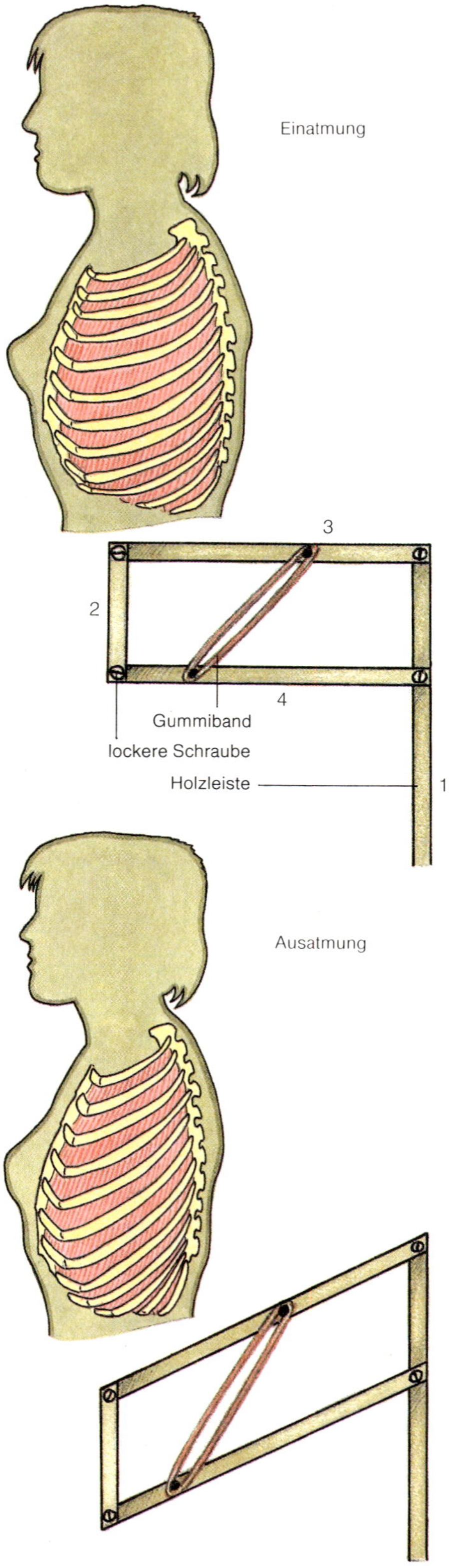

1 Schemazeichnung und Modell zur Brustatmung

raum wird verkleinert, die Luft aus der Lunge herausgedrückt. Diese Atembewegung wird als **Bauchatmung** bezeichnet.

Bei einer normalen, ruhigen Atembewegung wird bei jedem Atemzug etwa ein halber Liter Luft in die Lunge gesaugt und wieder herausgedrückt (Abb. 2). Durch kräftiges Einatmen kann man die pro Atemzug aufgenommene Luftmenge vergrößern. Statt eines halben Liters werden dann etwa zwei Liter Luft aufgenommen. Durch kräftiges Ausatmen werden sie wieder abgegeben. Etwa ein Liter Luft verbleibt immer in der Lunge und kann nicht ausgeatmet werden.

Aufgaben

③ Ordne die Teile der Schemazeichung Abb. 1 dem Modell zu. Vergleiche Modell und Schemazeichnung. Erkläre das Zustandekommen der Atembewegungen.

④ Atme tief in den Bauch ein. Miß gleichzeitig den Brust- und den Bauchumfang, sowohl bei der Einatmung, als auch ausgeatmet. Vergleiche die Meßergebnisse mit denen der Aufgabe 1.

⑤ Beschreibe die Abb. 2 zum Luftfassungsvermögen der Lunge.

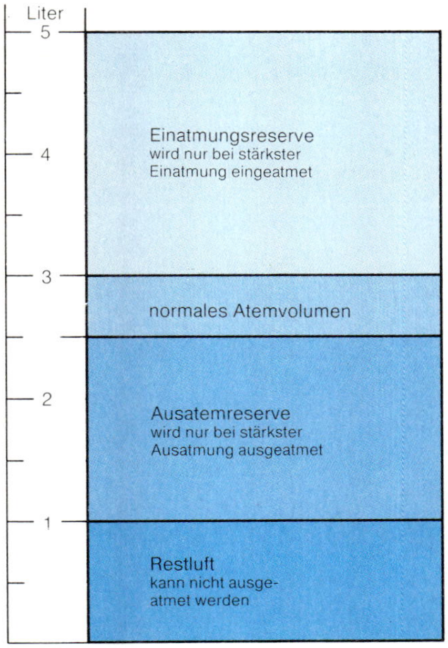

2 Luftfassungsvermögen der Lunge

Mit Hilfe der Muskeln zwischen den Rippen und dem Zwerchfell wird der Brustraum vergrößert und wieder verengt. Beim Einatmen wird der Brustraum vergrößert, die Luft strömt in die Lunge. Beim Ausatmen wird der Brustraum verkleinert, der größte Teil der Luft wird wieder herausgepreßt.

Versuch

Fassungsvermögen der Lunge

Material: Glaswanne, Glasglocke (Inhalt 5 l)
Schlauch mit Mundstück
Durchführung:
Fülle eine Glaswanne mit Wasser und stelle eine Glasglocke oder ein großes Einmachglas von mindestens fünf Litern Inhalt mit der Öffnung nach unten hinein. Das Gefäß muß eine gut erkennbare Einteilung besitzen, an der man den Rauminhalt ablesen kann. Achte darauf, daß die Glasglocke ganz mit Wasser gefüllt ist. Lege einen Schlauch mit einem Ende unter die Glasglocke. Die Glasglocke muß während der Versuche festgehalten werden.

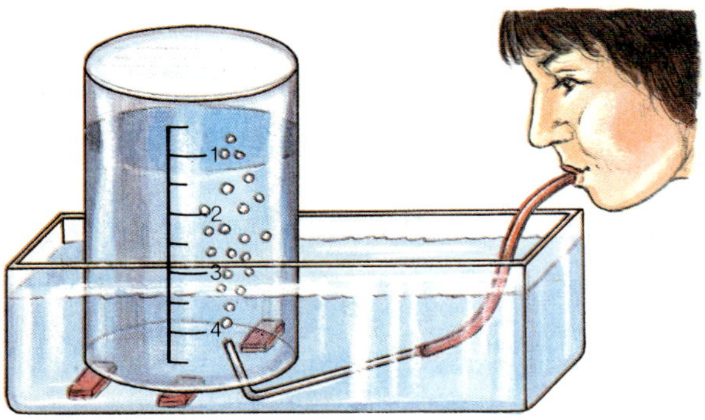

1. Messung:
Atme fünfmal normal in den Schlauch aus. Stelle fest, wieviel Luft du insgesamt ausgeatmet hast. Berechne den Durchschnittswert für die Luftmenge, die du bei einer Atembewegung ausgeatmet hast.
2. Messung:
Atme nun so tief ein, wie du kannst, und blase die Luft so fest wie möglich durch den Schlauch in die mit Wasser gefüllte Glasglocke. Ermittle auch hier den Durchschnittswert aus drei bis fünf Messungen.
Aufgabe:
Halte die Meßergebnisse in einer Tabelle fest. Vergleiche die Werte mit den Werten deiner Mitschüler und deines Lehreres. Wie kommen die Unterschiede zustande? Vergleiche die Werte auch mit denen in Abb. 2.

13.3 Aufbau der Lunge

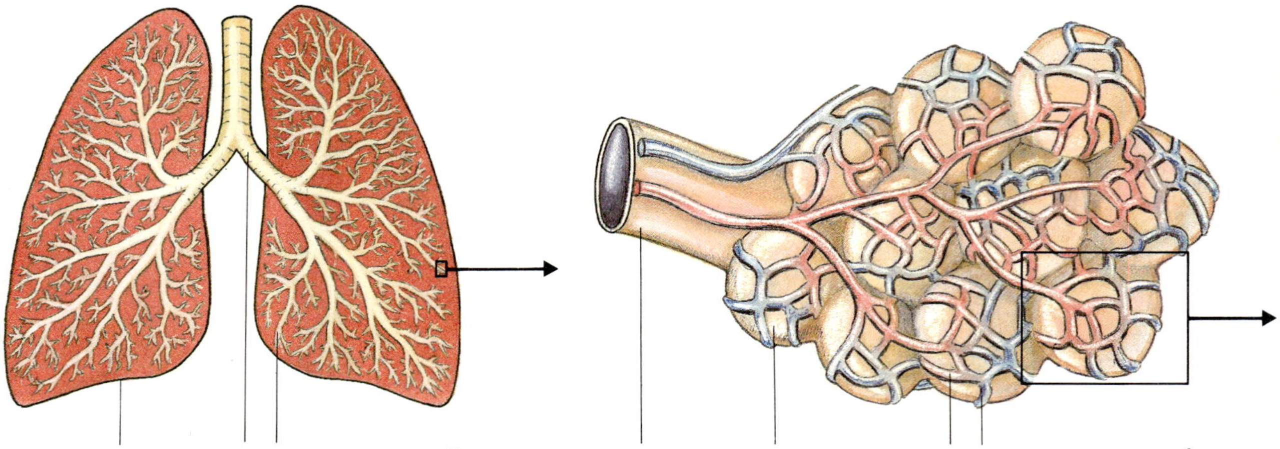

1 Aufbau der Lunge

Etwa 700 m lang sind die Bronchien mit ihren feinen Verzweigungen in einer menschlichen Lunge.

Die **Lunge** besteht aus dem rechten und dem linken Lungenflügel (Abb. 1). Diese liegen von den Rippen geschützt im Brustraum und füllen diesen fast ganz aus. Bei jedem Atemzug strömt Luft durch die Nasen- und Rachenhöhle in die Luftröhre. Die Luftröhre verzweigt sich in die beiden röhrenförmigen **Bronchien** (Abb. 1a). Diese werden ebenso wie die Luftröhre von Knorpelspangen ständig offen gehalten. Auch die Bronchien sind von einer Schleimhaut mit Flimmerhärchen ausgekleidet (Abb. 2). Bis hierhin eingedrungener Staub kann also immer noch entfernt werden. In den Lungenflügeln verzweigen sich die Bronchien immer weiter. Am Ende der Bronchien befinden sich zahlreiche traubenförmig angeordnete **Lungenbläschen** (Abb. 1b). Diese sind nicht mehr von einer Schleimhaut mit Flimmerhärchen ausgekleidet. Dringt zuviel Staub mit der Luft bis dorthin vor, so bleibt er zum Teil an der Innenfläche haften. Bei Bergleuten kann eine Ablagerung von Steinstaub in den Lungenbläschen zu einer Erkrankung führen, die als Silikose (Staublunge) bezeichnet wird. Bei der Silikose werden Lungenbläschen zerstört.

Die Lungenbläschen sind sehr klein. Sie haben nur einen Durchmesser von 1/5 mm, sind aber in sehr großer Zahl vorhanden. Beide Lungenflügel zusammen haben zwischen 300 und 750 Millionen Lungenbläschen, die eine Fläche von etwa 100 m^2 bilden. Das ist fünfzigmal so viel wie die Oberfläche des menschlichen Körpers. Die Wand der Lungenbläschen ist ganz dünn. Sie besteht nur aus einer einzigen Zellschicht (Abb. 1c). Alle Lungenbläschen sind von sehr vielen dünnen Blutgefäßen, den **Kapillaren,** umgeben. Die Wände der Kapillaren sind ebenfalls sehr dünn und für Sauerstoff und Kohlenstoffdioxid durchlässig. Das gleiche gilt für die Wände der Lungenbläschen.

Bei jedem Atemzug gelangt Luft in die Lungen und damit auch in die Lungenbläschen. Der **Sauerstoff** aus der Luft dringt durch die Wände der Lungenbläschen und der Kapillaren ins Blut. Das Blut versorgt den ganzen Körper mit Sauerstoff. Dabei nimmt es gleichzeitig **Kohlenstoffdioxid** aus dem Körper auf und transportiert es zur Lunge. Das Kohlenstoffdioxid wird hier vom Blut abgegeben. Es gelangt durch die dünnen Wände der Kapillaren und der Lungenbläschen in die Lunge. Von dort wird das Kohlenstoffdioxid zusammen mit der eingeatmeten Luft ausgeatmet.

Ein Jugendlicher atmet bis zu 20mal in der Minute ein und aus. Je anstrengender eine Tätigkeit ist, desto mehr Sauerstoff verbraucht der Körper, um so rascher erfolgt die Atmung. Die benötigte Luftmenge kann sich dabei verzehnfachen.

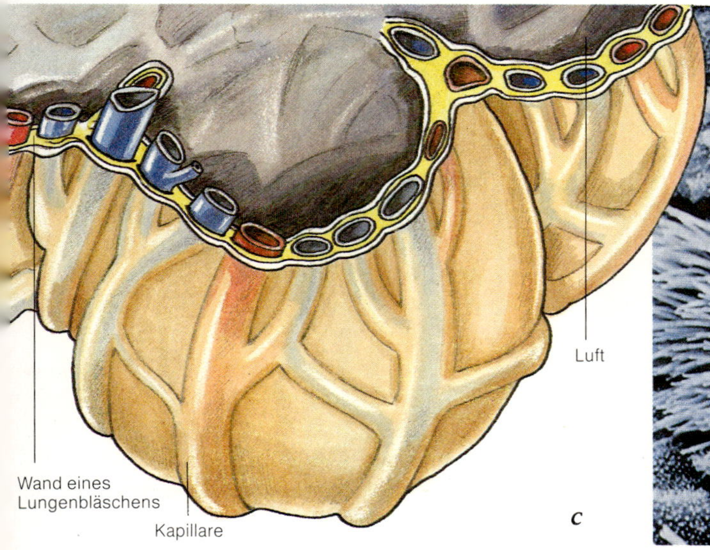

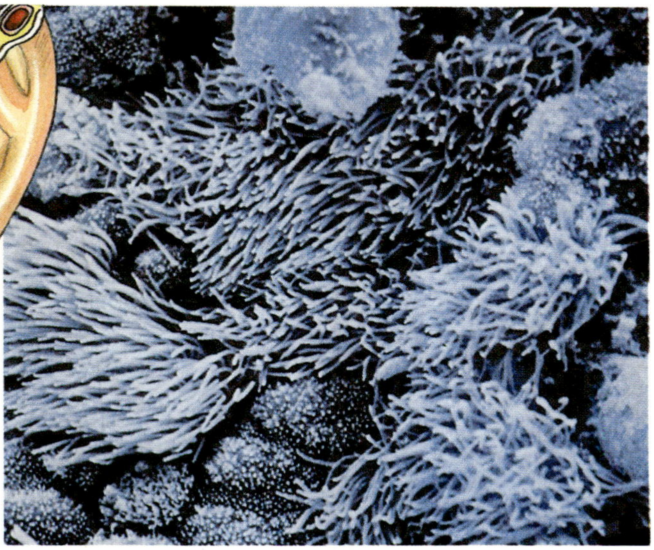

2 Flimmerhärchen der Bronchien

Bei jedem Atemzug wird vom Körper Sauerstoff aufgenommen und Kohlenstoffdioxid abgegeben. Dabei wird jedoch nicht der gesamte Sauerstoffanteil der Atemluft verbraucht, sondern etwa 4 % bis 5 % (Abb. 3).

Wenn mehrere Menschen sich längere Zeit in einem geschlossenen Raum aufhalten, ist die Luft schnell „verbraucht". Das bedeutet, daß der Sauerstoffgehalt der Raumluft geringer geworden ist, und sich der Kohlenstoffdioxidgehalt erhöht hat. Die Fenster müssen deshalb etwa alle zwei bis drei Stunden weit geöffnet und der Raum gründlich gelüftet werden. So wird der Sauerstoffgehalt der Luft wieder erhöht.

Aufgaben

① Beschreibe den Weg der Luft von der Nase bis in die Lunge. Berichte über die Veränderungen, die die Luft in der Lunge erfährt. Nimm hierzu Abb. 1 zu Hilfe.

② Bergleute mit einer Staublungenerkrankung leiden häufig auch in gut durchlüfteten Räumen unter Atemnot. Versuche hierfür eine Erklärung zu geben.

③ Beschreibe den Verlauf der Kurve in Abb. 4 und gib an, wann der Kohlenstoffdioxidgehalt zunimmt, wann er abnimmt.

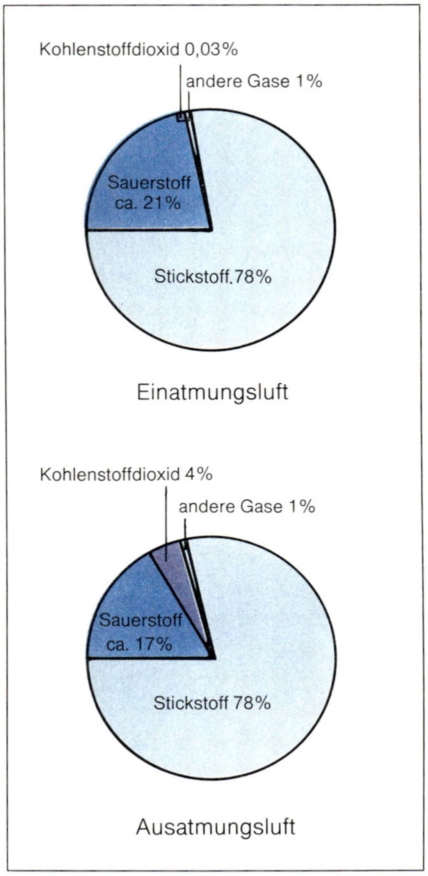

3 Zusammensetzung der Einatmungsluft und Ausatmungsluft

Benötigte Luftmenge pro Minute beim Schlafen, Gehen, Schwimmen und beim Ruder-Wettbewerb.

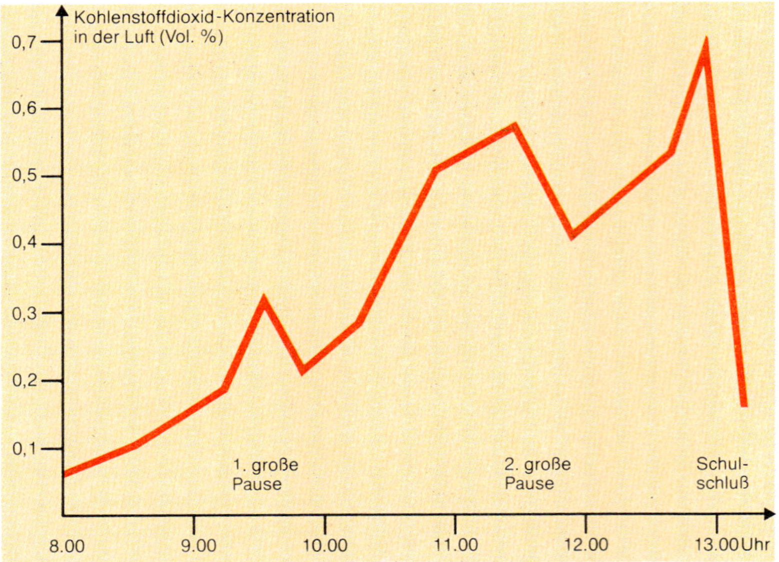

4 Kohlenstoffdioxidgehalt in der Luft eines Klassenraumes

Gib eine Erklärung für die Zu- und Abnahme! Übertrage das Diagramm in dein Arbeitsheft. Markiere mit unterschiedlichen Farben Schulstunden und Pausen.
Wie ändert sich der Sauerstoffgehalt im gleichen Zeitraum? Formuliere deine Vermutung und begründe sie.

Die eingeatmete Luft strömt durch die Luftröhre in die Bronchien. Diese verzweigen sich in den Lungenflügeln in immer feinere Äste. Sie enden in den traubenförmigen Lungenbläschen, die von zahlreichen, sehr dünnen Kapillaren umgeben sind. Zwischen den Lungenbläschen und den Kapillaren vollzieht sich der Austausch von Sauerstoff und Kohlenstoffdioxid.

Versuch

Nachweis von Kohlenstoffdioxid in der Einatmungs- und Ausatmungsluft

Material:
2 Waschflaschen oder Erlenmeyerkolben, 4 gewinkelte Glasrohre, 2 Gummistopfen mit je zwei Bohrungen, 2 Schlauchstücke, Kalkwasser

Durchführung:
Baue den Versuch entsprechend den Abbildungen auf und fülle die Waschflaschen zu etwa einem Drittel mit Kalkwasser. Kalkwasser ist ein Nachweismittel für Kohlenstoffdioxid. Kalkwasser verfärbt sich durch Kohlenstoffdioxid milchig-trüb. Kennzeichne die eine Flasche mit E (Einatmungsluft), die andere mit A (Ausatmungsluft). Atme durch das Mundstück der Flasche E etwa drei Minuten ein und durch die Nase aus. Achte dabei auf eventuelle Veränderungen des Kalkwassers. Atme anschließend durch die Nase ein und durch das Mundstück der Flasche A aus. Achte auf eine eventuelle Veränderung in der Flasche A.

Aufgabe:
Beschreibe den Weg der Atemluft durch die beiden Flaschen. Was kannst du nach einiger Zeit in den beiden Flaschen beobachten? Erkläre die Ergebnisse!

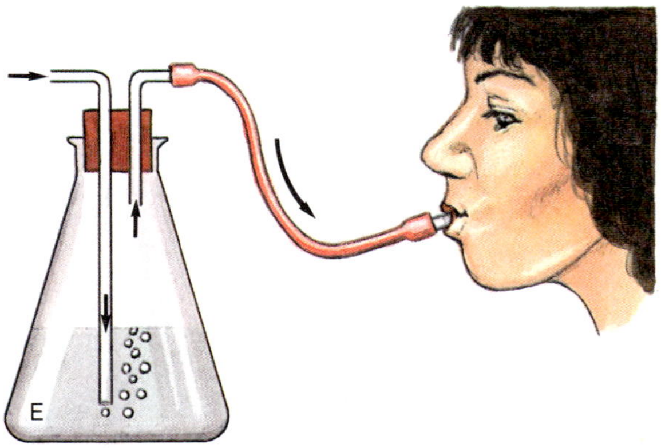

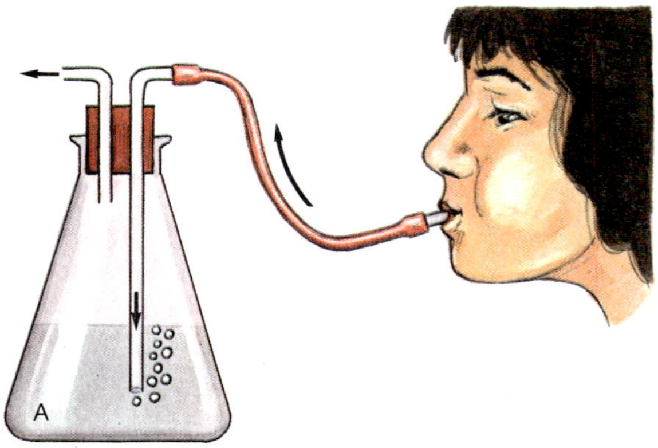

13.4 Ohne Sauerstoff läuft nichts!

Aufgabe

① Zähle die Anzahl deiner Atemzüge in einer Minute im ausgeruhten Zustand im Sitzen. Führe anschließend 20 Kniebeugen durch. Zähle danach wiederum die Anzahl deiner Atemzüge pro Minute. Vergleiche beide Meßergebnisse. Versuche, eine Erklärung zu finden.

Bei schwerer Gartenarbeit, beim Dauerlauf oder beim schnellen Treppensteigen gerät man außer Atem und fängt an zu schwitzen. Wie kommt es dazu? Bei all diesen Tätigkeiten wird Energie verwendet, die vom Menschen aus energiereichen Nährstoffen freigesetzt wird. Zur Freisetzung der Energie ist Sauerstoff notwendig. Er wird bei der Atmung aufgenommen und mit dem Blut zu den Muskeln transportiert. Mit Hilfe des Sauerstoffs laufen unter anderem in den Muskeln chemische Vorgänge ab, bei denen aus den Nährstoffen Energie frei wird. Man nennt diesen Vorgang als **Innere Atmung** (Abb. 1).

Einen Teil dieser Energie benötigen die Muskeln für Bewegungen. Ein anderer Teil dieser Energie wird zu Wärme. Die entstandene Wärme wird über das Blut im Körper verteilt. Bei der Inneren Atmung der Zellen entstehen aus den energiereichen Nährstoffen energiearme Stoffe. Das sind unter anderem Kohlenstoffdioxid und Wasser. Das Kohlenstoffdioxid gelangt mit dem Blut in die Lunge. Hier wird es an die Atmungsluft abgegeben.

Je mehr die Muskeln bewegt werden, desto schneller erfolgt die Atmung; denn die Muskeln benötigen mehr Sauerstoff und müssen gleichzeitig mehr Kohlenstoffdioxid abgeben.

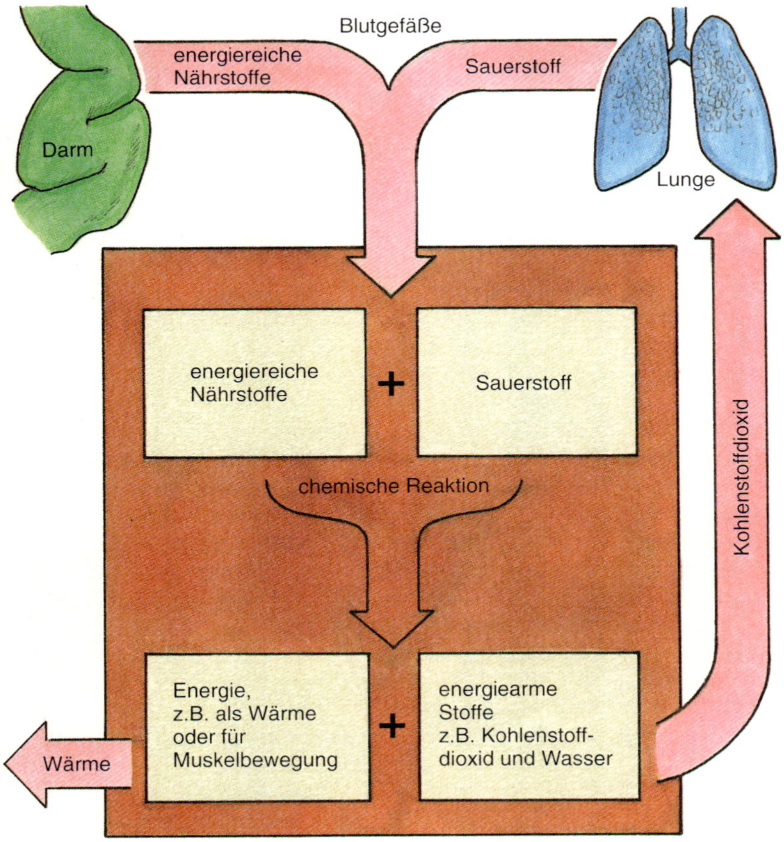

1 Was geschieht mit Nährstoffen und Sauerstoff im Körper?

Aufgaben

② Im Winter spielt eine Schülergruppe, nur bekleidet mit einem leichten Jogginganzug, Fußball im Freien. Sie kommen dabei außer Atem und sind erhitzt. Ihre Mitschüler stehen, mit dicken Winterstiefeln und Anoraks bekleidet, am Rande des Spielfeldes. Trotz der dicken Winterkleidung frieren sie. Finde eine Erklärung!

③ Erkläre mit Hilfe der Abb. 1, was im Körper mit der Energie geschieht, die in den Nährstoffen enthalten ist.

④ Erkläre mit Hilfe der Abb. 1, warum ein Kind, das sich viel bewegt, mehr Nahrung braucht als ein Kind, das sich wenig bewegt.

Energiereiche Nährstoffe werden im Körper unter Mitwirkung von Sauerstoff zu energiearmen Stoffen und Energie umgewandelt. Die Energie verwendet der Körper z. B. für Muskelbewegungen und zur Wärmebildung.

13.5 Die Lunge, ein vielbeanspruchtes Organ

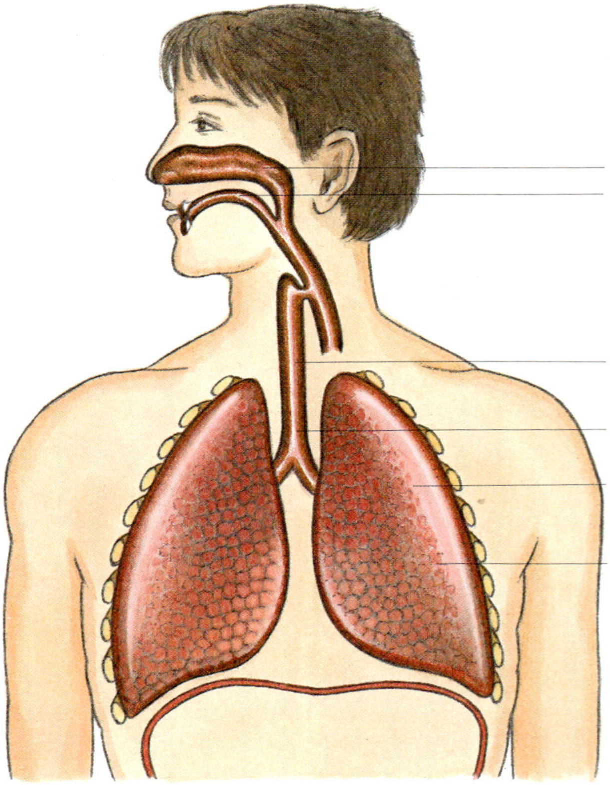

1 Schädigungen der Atmungsorgane durch Zigarettenrauch

Nahezu jeder Mensch hat im Laufe eines Jahres einmal eine **Erkältungskrankheit,** begleitet von einem Schnupfen. Der Herbst scheint die Jahreszeit zu sein, die eine solche Erkrankung des Nasen- und Rachenraumes begünstigt. Normalerweise dringen ständig Krankheitserreger mit der Atemluft in den Körper ein. Der Körper besitzt jedoch genügend Abwehrstoffe, um die Krankheitserreger zu vernichten. Anders ist es, wenn die Abwehrkraft, z. B. durch Unterkühlung geschwächt ist. Die Krankheitserreger können sich im Körper rasch vermehren. Dabei greifen sie die Schleimhaut im Nasen- und Rachenraum an. Als eine der Folgen rötet sich die Schleimhaut und schwillt an. Die Atmung wird erschwert, gleichzeitig wird eine schleimige Flüssigkeit abgesondert. Ein solcher Schnupfen ist zwar für den Betroffenen sehr unangenehm, aber ungefährlich. Meistens verschwindet er nach einer Woche wieder, ohne daß Medikamente eingenommen werden müssen.

Durch eine gesunde Lebensweise können die Abwehrkräfte des Körpers gegen Krankheitserreger erheblich gesteigert werden. Hierzu gehört neben einer vitaminreichen Kost viel Bewegung an der frischen Luft.

Eine Erkältung mindert häufig die Abwehrkräfte des Körpers gegen andere Krankheitserreger. Im Anschluß an eine Erkältungskrankheit kann es daher zu einer Ausweitung der Schleimhautanschwellung im Bereich der Luftröhre und der Bronchien kommen. Diese Erkrankung wird von einem quälenden Husten begleitet. Durch kräftige Luftstöße versucht der Körper, den angesammelten Schleim aus den Bronchien zu entfernen. Manchmal wird eine solche **Bronchitis** von Fieber begleitet. Es ist dringend erforderlich, einen Arzt aufzusuchen. Er kann durch Abhören mit dem Stethoskop feststellen, wie weit die Erkrankung in der Lunge fortgeschritten ist und entsprechende Medikamente verschreiben. Bleibt eine Bronchitis unbehandelt, kann das ernsthafte Folgen haben. Die anhaltende Entzündung kann zu einer Zerstörung der Flimmerhärchen in den Bronchien und zu einer Schädigung der Lungenbläschen führen. Der Gasaustausch wird erschwert, man leidet unter Atemnot.

Dringen Krankheitserreger bis in die Lungenbläschen vor, kann es zu einer **Lungenentzündung** kommen. Bei dieser schweren Erkrankung treten hohes Fieber, Husten und Schüttelfrost auf. Der Austausch von Sauerstoff und Kohlenstoffdioxid in der Lunge ist erschwert.

Die Lungen von Rauchern sind besonders anfällig gegen Infektionskrankheiten. Die Lunge eines Rauchers wird durch den Tabakrauch so stark geschädigt, daß sie mit weiteren Belastungen nicht mehr so leicht fertig wird wie die Lunge eines Nichtrauchers. Eine gesunde Lunge kann den mit der Atemluft aufgenommenen Staub wieder aus dem Körper entfernen oder ihn in den Lungenbläschen vernichten. Im Tabakrauch sind unter anderem Teerstoffe enthalten, die sich in den Bronchien und Lungenbläschen ablagern. Es kann nicht mehr soviel Sauerstoff aufgenommen werden wie bei der unbelaste-

Wer täglich 20 Zigaretten raucht, nimmt im Jahr etwa eine Tasse Teer auf.

ten Lunge eines Nichtrauchers. Die Schleimhaut der Bronchien reagiert auf die Ablagerungen der Teerstoffe mit vermehrter Schleimproduktion. Gleichzeitig lähmen und zerstören die Inhaltstoffe von Zigarettenrauch die Flimmerhärchen in den Bronchien. Die Lähmung tritt bereits nach wenigen Zügen an einer Zigarette ein. Teer und Staubteilchen können kaum noch nach draußen befördert oder in den Lungenbläschen vernichtet werden. Der Schleim setzt sich in den Bronchien ab und verengt die Atemwege. Krankheitserreger können sich hier leichter festsetzen als in den Bronchien von Nichtrauchern. Der Körper versucht durch oft quälenden Husten, den vermehrten Schleim loszuwerden. Man spricht vom „Raucherhusten", der morgens nach dem Aufstehen besonders stark ist. Die schlimmste Folgeerscheinung des Rauchens ist der **Lungenkrebs.** Zehn von elf Lungenkrebserkrankten sind Raucher (Abb. 2). Aber auch Nichtraucher, die längere Zeit dem Zigarettenrauch von Rauchern ausgesetzt sind, erkranken häufiger an Lungenkrebs. Überall wo geraucht wird, wird der Nichtraucher belästigt und gefährdet. Viele Nichtraucher sehen heute nicht mehr ein, daß sie die Belästigung durch Zigarettenrauch ertragen sollen. Man richtet immer häufiger rauchfreie Zonen in den Bereichen ein, in denen mehrere Menschen zusammen sind. Auch in der Bevölkerung ist ein Umdenken erfolgt. Man ist nicht mehr lässig und cool, weil man raucht. Der Raucher fühlt sich schon fast schuldig, daß er raucht. Umfragen haben ergeben, daß die meisten Raucher eigentlich mit dem Rauchen aufhören möchten.

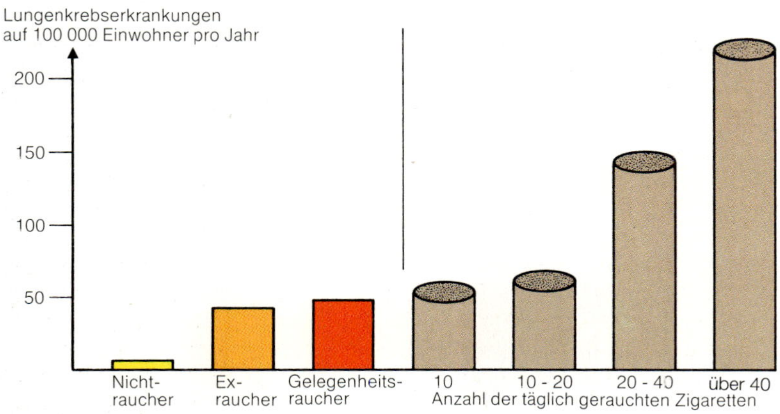

2 Krebsrisiko durch Zigarettenrauchen

Aufgaben

① Beschreibe mit Hilfe von Abb. 1 und des Textes, welche Teile der Atmungsorgane durch Zigarettenrauch besonders geschädigt werden.

② Peter bat seinen Vater, einen Zigarettenraucher, einmal folgendes Experiment zu machen: Nimm einen tiefen Zug aus der Zigarette, behalte den Rauch im Mund und blase ihn anschließend durch ein weißes Taschentuch. Im Taschentuch bleibt ein deutlich sichtbarer, brauner Fleck zurück.
Nimm dann wieder einen tiefen Zug aus der Zigarette, atme den Rauch tief in die Lunge ein und blase ihn dann wieder durch ein weißes Taschentuch. Der Fleck im Taschentuch ist nun kaum wahrnehmbar. Finde eine Erklärung für den Unterschied!

③ Erkältungskrankheiten, die von Schnupfen begleitet sind, lassen sich vermeiden. Nenne mindestens vier Maßnahmen, die dir helfen können, auch während der sogenannten Erkältungszeiten vom Schnupfen verschont zu bleiben.

④ Führe in deinem Verwandten- und Bekanntenkreis eine Umfrage durch. Frage mindestens zehn Personen verschiedener Altersgruppen. Erstelle dazu einen Fragenkatalog:
- Wer litt im letzten Frühjahr, Herbst oder Winter unter einer Erkältungskrankheit?
- Wer ißt regelmäßig Obst?
- Wer treibt mindestens einmal in der Woche Sport?
- Wer ist Raucher? Wer muß sich längere Zeit am Tage in verräucherten Räumen aufhalten?

Welche weiteren Fragen könntest du stellen? Halte die Ergebnisse der Umfrage in einer Tabelle fest und vergleiche sie mit den Umfrageergebnissen deiner Mitschüler.

Bei gesunder Lebensweise können Erkrankungen der Atemwege wie Erkältungen, Bronchitis und Lungenentzündung weitgehend vermieden werden. Auch der Verzicht auf das Rauchen unterstützt eine einwandfreie Funktion der Lunge.

14 Fische

14.1 Anpassung an ein Leben im Wasser

1 Spiegelkarpfen

2 Bachforellen

Karpfen lebten ursprünglich nur in China. Sie wurden etwa vom 13. Jahrhundert an in Europa als Speisefische in Teiche und Seen eingesetzt. Ein Karpfen kann bis zu 40 Jahre alt und einen Meter lang werden.

Heute werden Karpfen gezüchtet, die nur wenige Schuppen auf der Haut tragen. Lederkarpfen haben keine Schuppen, Spiegelkarpfen haben nur wenige, große Schuppen auf der Haut.

Wer kennt ihn nicht, den Weihnachtskarpfen (Abb. 1)? Karpfen werden gern zu festlichen Gelegenheiten gegessen. Es sind Speisefische, die auf der ganzen Welt verbreitet sind. Man kann sie in warmen und flachen Teichen halten. Hier ernähren sie sich von Wasserschnecken und Wasserinsekten.

Wie alle Fische haben Karpfen **Flossen** (Abb. 3). Sie dienen zur Fortbewegung und Steuerung im Wasser. Die breite Schwanzflosse wird nach links und rechts abwechselnd zur Seite bewegt. Sie dient vor allem zum Vorwärtsschnellen und zur seitlichen Steuerung. Brust- und Bauchflossenpaare werden zum langsamen Vorwärtsschwimmen oder zum Aufwärts- und Abwärtsschwimmen benutzt. Rükken- und Afterflosse tragen dazu bei, daß der Fisch beim Schwimmen nicht kippt und seine Lage behält.

Die Fischhaut ist mit Schuppen bedeckt, die von einer Schleimschicht überzogen sind. Die glitschige Schleimschicht ermöglicht, daß der Fisch leicht durch das Wasser gleitet. Die Körperform der Fische ist stromlinienförmig. Ein stromlinienförmiger Körper bietet weniger Widerstand als z. B. ein eckiger Körper.

Fische haben an beiden Seiten ein **Seitenlinienorgan**. Man erkennt es als feinen Strich, der vom Kiemendeckel bis zum Schwanz verläuft. Das Seitenlinienorgan enthält Sinnesorgane, die Strömungen, Hindernisse oder andere Tiere im Wasser wahrnehmen.

Karpfen haben eine längliche **Schwimmblase**. Sie liegt unterhalb der Wirbelsäule und ist mit Gas gefüllt. Wenn ein Fisch zur Wasseroberfläche schwimmt, vergrößert sich die Schwimmblase. Wenn er dagegen in größerer Wassertiefe schwimmt, ist die Schwimmblase kleiner. In der Schwimmblase ist ein Gas. Der Fisch kann die Gasmenge und damit die Größe der Schwimmblase beeinflussen. Die Schwimmblase ermöglicht ihm, im Wasser zu schweben.

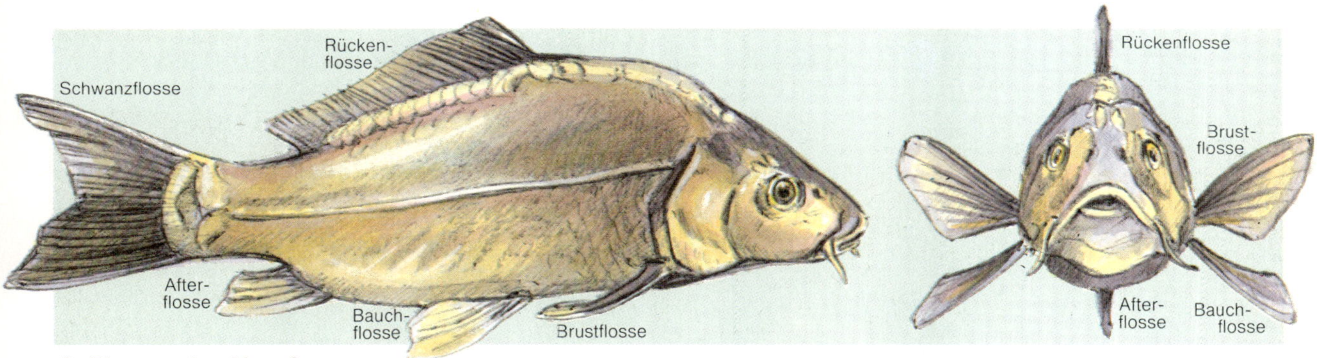

3 Flossen des Karpfens

Versuch

Bau eines Schwimmblasen-Modells.
Du benötigst zwei kleine Drahtsiebe, ein Wasserbassin, einen Schlauch und einen Luftballon.
Ziehe den Luftballon über das eine Ende des Schlauches. Befestige nun die beiden Siebe, so wie in der Zeichnung angegeben, um den Luftballon. Lege die Siebe mit dem Luftballon in das Wasserbecken.
Blase langsam Luft in den Schlauch, so daß sich der Ballon mit Luft füllt. Lasse dann die Luft ab. Notiere deine Beobachtungen und deute sie. Gib an, welchen Teilen des Fisches Luftballon und Siebe entsprechen.

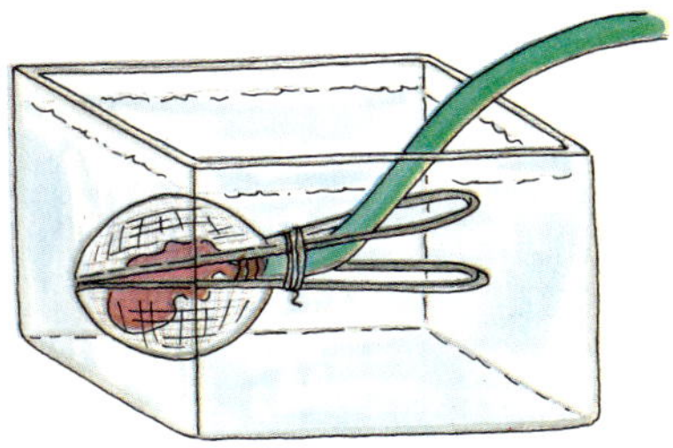

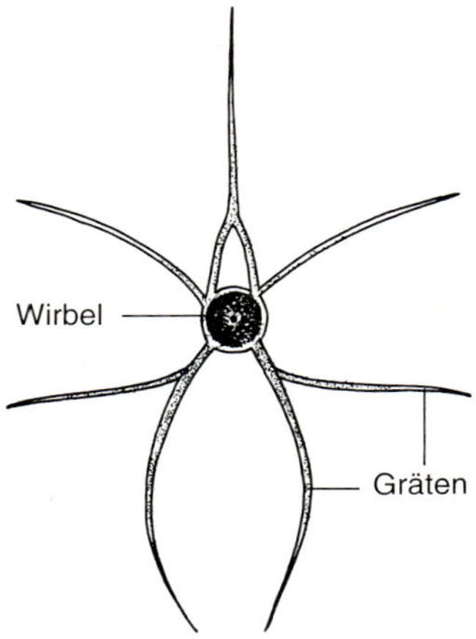

Die Wirbelsäule der Fische verläuft vom Kopf bis Schwanz. An ihr sitzen lange Rippen, die man Gräten nennt.

Aufgaben

① In Abb. 1 ist ein Spiegelkarpfen, in Abb. 2 sind Bachforellen abgebildet. Vergleiche die beiden Fische, indem du Gemeinsamkeiten und Unterschiede herausarbeitest. Eine Tabelle kann dir dabei helfen. Sie kann z. B. so aussehen:

	Karpfen	Bachforelle
Körperform		
Rückenflosse		
...		

② Wir wollen beobachten, wie ein Goldfisch schwimmt. Setze ihn in ein großes mit Wasser gefülltes Glasbassin oder Aquarium. Beobachte den Fisch beim Schwimmen, Stillstehen, Aufsteigen zur Oberfläche oder beim Wenden. Achte auf die Stellung und Tätigkeit der verschiedenen Flossen. Notiere deine Beobachtungen.
Verhalte dich bei deinen Beobachtungen ruhig, so daß der Fisch nicht unnötig gestört wird.

③ Wir untersuchen einen Hering. Dafür benötigst du eine flache Schale, ein Küchenmesser, eine Schere und eine Pinzette. Lege den Fisch in die Schale:
Betaste und reibe die Schuppenflächen in unterschiedlichen Richtungen. Was bemerkst du? Beschreibe und erkläre es.
Öffne das Maul des Fisches. Was kannst du sehen? Schreibe auf, was du beobachtest.
Vergleiche zunächst die Körperform und Flossen des Fisches mit Abb. 3. Schreibe die Unterschiede auf!
Öffne die Bauchhöhle des Fisches mit Hilfe einer Schere. Schneide an der in Abb. 4 eingezeichneten rosafarbenen Linie entlang. Achte beim Aufschneiden des Fisches darauf, daß du nicht zu tief in den Fischkörper schneidest und die inneren Organe nicht beschädigst.
Vergleiche die Lage der Organe mit Abb. 4, die die wichtigsten Organe in der Bauchhöhle eines Fisches zeigt.
Entnimm dem präparierten Fisch vorsichtig die Organe. Lege sie auf ein weißes Blatt Papier und notiere jeweils unter dem Organ seinen Namen.

Fische benutzen zur Vorwärtsbewegung ihre Flossen. Stromlinienform und eine Schleimschicht auf den Schuppen ermöglichen eine Vorwärtsbewegung ohne viel Kraftaufwand. Die Schwimmblase ermöglicht den Fischen ein Schweben in unterschiedlicher Wassertiefe.

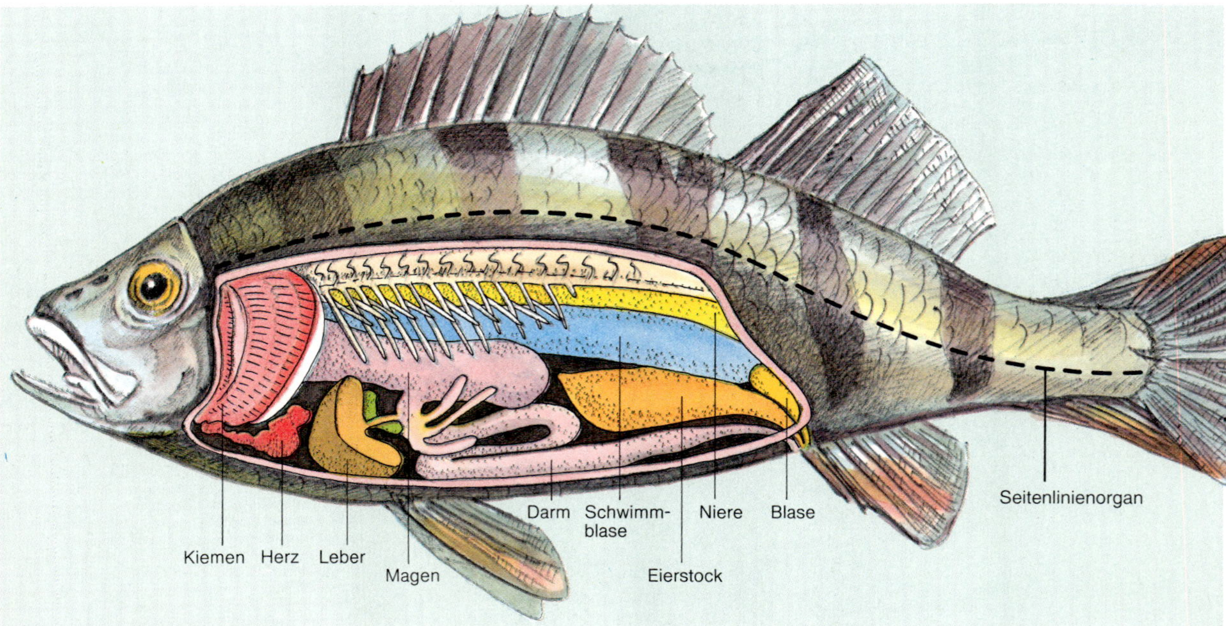

4 Organe beim Barsch

14.2 Forellenzucht

1 Regenbogenforelle

2 Zuchtbehälter

März — 1. Jahr

Schlupf der Eier in der Brutrinne, Jungfische ca. 12 mm lang

↓ April

Umsetzen der Jungfische in größere Behälter

↓ Mai

Abermaliges Umsetzen, Fische nun 3 cm lang

↓ Oktober

Forellen als Setzlinge 10–15 cm lang

↓ März — 2. Jahr

Fische im Mastbehälter

↓ Oktober

Verkauf, Fische ca. 25 cm lang, Gewicht 200–320 g

Ablauf der Forellenzucht

Im Oberlauf kühler und schnell fließender Bäche und Flüsse leben Forellen. Forellen bevorzugen sauerstoffreiches Wasser. In Deutschland kommen zwei Forellenarten vor: die Bachforelle und die Regenbogenforelle. Der Körper der **Bachforelle** hat an den Seiten schwarze und rote Punkte (Abb. 2, S. 160). Die Bachforelle bevorzugt Bäche, deren Temperatur 10 °C nicht überschreitet. Sie ernährt sich überwiegend von Insektenlarven, kleinen Fischen und fliegenden Insekten.

Die **Regenbogenforelle** (Abb. 1) stammt ursprünglich aus Nordamerika. Sie wurde etwa seit 1900 bei uns eingeführt. Die Schuppen der Regenbogenforelle schillern regenbogenartig grün, rot und gelb. Regenbogenforellen sind gute Speisefische. Sie haben wenige Gräten und lassen sich zu Filets verarbeiten. Regenbogenforellen ertragen Wassertemperaturen von 12 °C und mehr und können in Gewässern mit weniger Sauerstoff leben. Sie eignen sich gut zur Zucht. Regenbogenforellen lassen sich mit Preßfutter versorgen und wachsen schnell heran. Man rechnet, daß sich mit etwa einem Gramm Futter ein Gramm Forellenfleisch erzielen läßt. Bei guter Fütterung ist eine Regenbogenforelle am Ende des zweiten Jahres oder zu Beginn des dritten Jahres geschlechtsreif.
Zur Zucht werden im Frühjahr die weiblichen Fische den Teichen entnommen. Aus ihrem Körper werden sehr vorsichtig etwa 1000 bis 5000 Eier herausgedrückt. Der Fischzüchter bezeichnet diesen Vorgang als „Abstreifen". Die Spermien der Männchen werden ebenfalls vorsichtig abgestreift und mit den Eiern vermischt. Auf diese Weise werden die Eier befruchtet. Die Eier werden vom Züchter in Brutrinnen gegeben, deren Wasser schnell fließt, kühl und besonders sauerstoffhaltig ist. Hier schlüpfen die Larven der Regenbogenforellen aus den Eiern. Nach etwa drei Wochen werden die kleinen Fische in größere Zuchtbehälter gesetzt (Abb. 2). Darin wachsen sie im ersten Sommer auf 10–15 cm Länge heran und werden dann als Setzlinge bezeichnet.

Im März des zweiten Jahres kommen die Fische in die Mastbehälter. Bis zum Oktober erreichen sie eine Länge von 25 cm und ein Gewicht von 200–320 g.

Aufgaben

① Vergleiche die Entwicklung von Stichling und Regenbogenforelle. Nimm dazu die Seite 158 zu Hilfe.

② Notiere Merkmale, die Regenbogenforellen als gute Speisefische kennzeichnen.

Regenbogenforellen sind wegen ihrer Unempfindlichkeit und ihres schnellen Wuchses gut zur Zucht geeignet. Schon im zweiten Lebensjahr sind sie ausgewachsen. Man kann sie dann verkaufen oder durch Abstreifen Eier und Spermien zur Weiterzucht gewinnen.

14.3 Wie Fische atmen

Fische brauchen Sauerstoff zum Leben. Er ist zusammen mit der Luft im Wasser gelöst. Dieser Sauerstoff wird mit Hilfe der Kiemen aus dem Wasser aufgenommen. Sie liegen unter dem Kiemendeckel in einer Kiemenhöhle. In jeder Kiemenhöhle sitzen vier knöcherne Kiemenbögen, an der viele kleine Kiemenblättchen dicht übereinander sitzen (Abb. 1). Mit Hilfe dieser Kiemenblättchen wird Sauerstoff aus dem Wasser aufgenommen, der dann ins Blut gelangt. Das in den Kiemen mit Sauerstoff angereicherte Blut fließt anschließend durch Blutgefäße in alle übrigen Teile des Körpers (Abb. 2). So werden alle inneren Organe, wie zum Beispiel Darm oder Niere, durchblutet. Die verschiedenen Organe entnehmen dem Blut Sauerstoff. Sie geben Kohlenstoffdioxid in die Blutgefäße ab. Das mit Kohlenstoffdioxid angereicherte Blut fließt auf der Bauchseite des Fisches nach vorn und gelangt so zum Herzen. Von dort aus wird es in die Kiemen gepumpt. Das Kohlenstoffdioxid wird durch die Wände der Kiemenblättchen in das Wasser abgegeben. Dafür wird wieder Sauerstoff aufgenommen und der Kreislauf beginnt von vorn.

An der Innenseite von jedem Kiemenbogen befinden sich fein verzweigte Kiemenreusen (Abb. 1). Mit Hilfe der Kiemenreusen werden feste Teilchen im Wasser vor den Kiemen zurückgehalten.

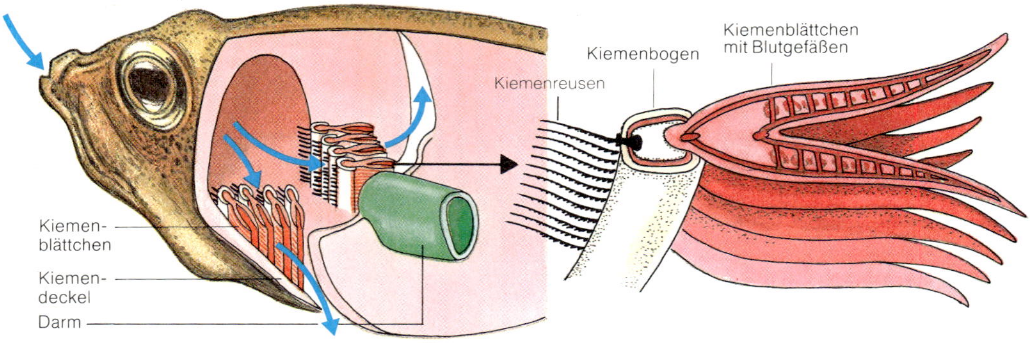

1 Bau der Fischkiemen

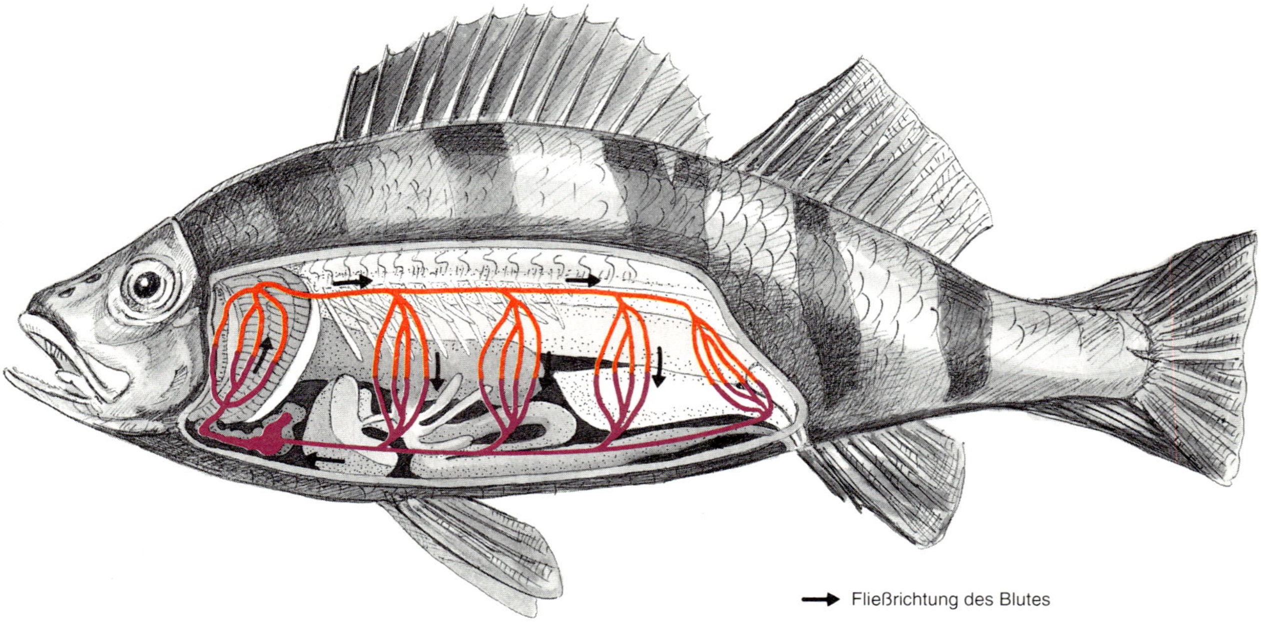

2 Blutkreislauf beim Fisch, stark schematisch

Aufgaben

① Beschreibe den Blutkreislauf bei einem Fisch. Zur Bearbeitung der Aufgabe hilft dir der Text.

② Aale können etwa 12 Kilometer pro Stunde schnell schwimmen, Makrelen bis zu 35 Kilometer pro Stunde. Die Oberfläche der Kiemen ist bei Makrelen sehr viel größer als beim Aal. Welcher Zusammenhang könnte bestehen?

Durch die Kiemen nehmen Fische Sauerstoff aus dem Wasser in ihr Blut auf. Gleichzeitig wird Kohlenstoffdioxid an das Wasser abgegeben. Fische haben einen Blutkreislauf mit einem Herzen auf der Bauchseite.

Biotip

Durch die Verschmutzung der Gewässer werden immer wieder Fische und deren Nahrung abgetötet. Du kannst helfen, daß Gewässer sauberer werden. Halte dich an folgende Regeln:
- Die meisten Waschmittel schädigen Gewässer. Benutze stets so wenig Waschmittel wie möglich.
- Reste von Lacken, Farben, Ölen oder Medikamenten gehören zum Sondermüll und dürfen nie in Böden und Gewässer gelangen.
- Benutze keine Gifte und Düngemittel im Garten. Die Stoffe können in Gewässer gelangen und Tiere und Pflanzen schädigen.
- Benutze Recycling-Produkte mit dem Umweltengel. Die Herstellung dieser Produkte ist meistens mit wenig Abwasserbelastung verbunden.

Versuche

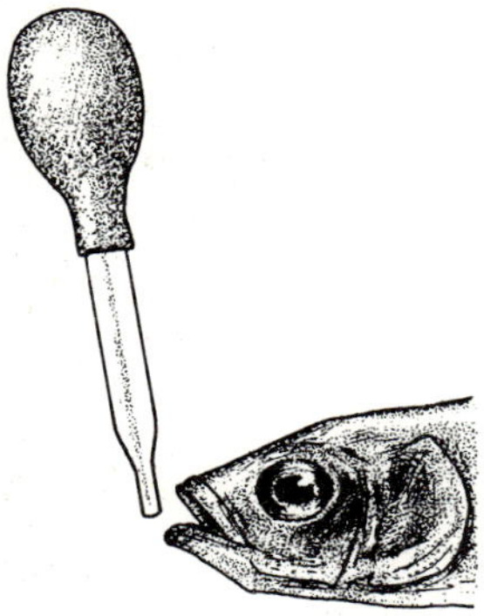

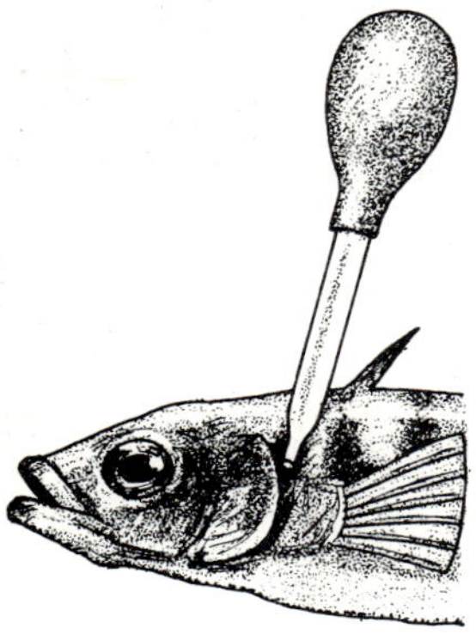

1. Atmung und Atemwege bei einem Fisch
- Du brauchst dazu eine Pipette, etwas Tinte und einen größeren Fisch, der in ein Glasgefäß gebracht wurde. Das Glasgefäß sollte mindestens zehn Liter Wasser enthalten. Überlege zunächst, wie sich mit Hilfe der mit Tinte gefüllten Pipette nachweisen läßt, welchen Weg das Atemwasser im Fisch nimmt.
- Halte die mit Tinte gefüllte Pipette vorsichtig vor das Maul des Fisches. Drücke etwas Tinte in das Wasser. Was kannst du beobachten?
- Halte bei einem weiteren Versuch eine Pipette mit etwas Tinte vorsichtig hinter den Kiemendeckel. Drücke etwas Tinte in das Wasser.
- Beschreibe, was bei beiden Versuchen zu beobachten ist. Deute die Versuchsergebnisse. Nach dem Versuch sollte das Aquariumwasser erneuert werden.

2. Atemgeschwindigkeit beim Fisch
- Im Wasser sind bei verschiedenen Temperaturen jeweils unterschiedliche Mengen Sauerstoff gelöst. Du kannst den Sauerstoffgehalt des Wassers zum Beispiel der folgenden Tabelle entnehmen:

Wassertemperatur	Sauerstoffgehalt pro Liter Wasser
30 Grad C	7,5 mg
20 Grad C	8,8 mg
10 Grad C	10,9 mg

Setze einen größeren Aquarienfisch (z. B. einen Goldfisch) in ein Aquarium mit 15 °C warmem Wasser. Zähle eine Minute lang, wie oft der Fisch in dieser Zeit sein Maul öffnet. Lasse einen Mitschüler gleichzeitig zählen, wie oft der Fisch in dieser Zeit den Kiemendeckel bewegt. Führe den gleichen Versuch bei 25 °C warmem Wasser durch. Notiere die Werte. Erkläre die Versuchsergebnisse.

3. Untersuchung eines Fischkopfes
Besorge dir einen Fischkopf vom Fischhändler. Schneide mit einer Schere den Kiemendeckel ab. Benenne die Teile unter dem Kiemendeckel, die du jetzt sehen kannst. Nimm Abb. 1 zu Hilfe.
Fasse mit dem Finger hinter die Kiemenbögen. Was fühlst du?
Schneide einen einzelnen Kiemenbogen heraus. Zeichne und beschrifte ihn.

14.4 Kennübung: Süßwasserfische

Hecht
Der langgestreckte Fisch hat weit hinten sitzende Rücken- und Afterflossen. Er kann bis zu einem Meter lang werden. Das spitze Maul ist mit Zähnen besetzt. Hechte leben in Seen und Flüssen. Sie lauern zwischen Wasserpflanzen und jagen dort überwiegend Fische und Frösche.

Brachsen
Es ist ein hochrückiger, breiter Fisch mit großen, spitzen Flossen. Die etwa 35 cm langen Brachsen leben überwiegend im langsam fließenden Unterlauf der Flüsse. Im Schlamm suchen sie nach Würmern, kleinen Krebsen, Insekten, Schnecken und Muscheln.

Schleie
Die Schleie ist ein kräftiger, breiter Fisch mit kurzen Flossen. Sie wird ungefähr 25 cm groß und bevorzugt warme, langsam fließende Flüsse, Seen und Teiche. Zwischen Pflanzen und am Schlammgrund ernähren sie sich von Insekten, kleinen Muscheln und Schnecken.

Rotfeder
Der hochrückige, etwa 20 cm lange Fisch hat rote oder rotbraune Flossen. Rotfedern bewohnen Teiche, Seen und langsam fließende Flüsse. Dort suchen sie zwischen Wasserpflanzen nach Wasserinsekten, Asseln oder kleinen Krebsen. Die Rotfeder wird oft mit dem Rotauge verwechselt, bei dem die Afterflosse aber abgerundet ist.

Moderlieschen
Es ist ein kleiner, etwa sechs Zentimeter langer Fisch mit blauem Längsstreifen auf dem Rücken. Moderlieschen leben überwiegend in Gräben und Teichen. Sie fressen Wasserflöhe und andere kleine Wassertiere.

Bitterling
Kleiner, etwa sechs Zentimeter langer und hochrückiger Fisch. Die Schuppen schillern bläulich und rötlich. Bitterlinge leben am Grund der Teiche und Seen. Dort suchen sie nach kleinen Würmern, Insekten oder Krebsen. Die Weibchen der Bitterlinge legen mit Hilfe einer Legeröhre Eier in Teichmuscheln. Hier sind die Eier vor Feinden geschützt.

Flußbarsch
Der etwa 20 cm lange Flußbarsch hat eine zweigeteilte Rückenflosse. Die vordere hat spitze Stachelstrahlen. Flußbarsche bewohnen klare Gewässer mit kiesigem Grund. Erwachsene Barsche fressen kleinere Fische. Der Flußbarsch ist ein wichtiger Speisefisch.

Aufgaben

① Lies die Steckbriefe noch einmal genau durch. Stelle in einer Tabelle zusammen, welche der Süßwasserfische in Teichen und Seen, welche von ihnen in Fließgewässern leben.

② Raubfische haben andere Fische als Nahrung. Friedfische leben überwiegend von Pflanzen.
– Gib an, welche der Süßwasserfische Raubfische und welche von ihnen Friedfische sind.
– Anhand welcher Körpermerkmale könnte man Raubfische im Gegensatz zu Friedfischen erkennen? Notiere es.

14.5 Brutpflege beim Stichling

1 Stichlinge an ihrem Nest

Im Frühjahr wandern die etwa sieben Zentimeter langen Stichlinge in großen Schwärmen. Sie suchen flache, wärmere Wasserbereiche auf. Dort nimmt jedes Männchen einen mit Pflanzen bewachsenen Bereich in Besitz. Es ist sein **Revier**. In dieser Zeit verfärbt sich das Männchen. Die Seiten werden grün, der Bauch rot. Die Färbung ist ein Signal für benachbarte Stichlingsmännchen, das Revier zu meiden. Wenn dennoch ein Männchen in das Revier eines anderen Männchens schwimmt, wird es vom Revierbesitzer vertrieben.

In seinem Revier gräbt das Männchen am Boden eine Mulde und baut ein Nest. Baumaterial für das röhrenförmige Nest sind Algen und andere Pflanzen, die mit einer klebrigen Ausscheidung verkittet werden. Wenn jetzt ein Weibchen in das Revier gelangt, schwimmt das Männchen mit Zickzack-Bewegungen vor dem Weibchen hin und her. Diese Bewegungen gehören zur **Balz**. Damit wird das Weibchen zum Nest gelockt. Gelingt das, dann schlüpft das Weibchen in das Nest und legt etwa 100 bis 200 Eier ab (Abb. 1). Das Männchen schlüpft anschließend in das Nest und besamt die Eier. Das Weibchen wird dann aus dem Revier vertrieben. Das Männchen pflegt die Brut. Es fächelt mit den Brustflossen frisches Wasser in das Nest. So erhalten die in den Eiern heranwachsenden Stichlinge immer sauerstoffreiches Wasser. Aus den Eiern schlüpfen nach etwa 8–10 Tagen Fischlarven, die am Bauch einen Dottersack haben. Im Dottersack befindet sich eiweißreiche Nahrung. Fischlarven unterscheiden sich in ihrem Aussehen stark von den erwachsenen Tieren. Die heranwachsenden Fischlarven ernähren sich vom Dottersack, der sich allmählich zurückbildet. Die jungen Stichlinge ähneln nun den erwachsenen Tieren.

Aufgaben

① Beschreibe Nestbau und Brutpflege beim Stichling. Als Hilfe können dir die Abbildungen und der Text dienen.

② Beschreibe die Entwicklung des Stichlings vom befruchteten Ei bis zum erwachsenen Fisch, wie sie in der Randspalte dargestellt ist.

Stichlingsmännchen haben ein Revier, in dem sie ein Nest bauen. In ihm werden die Eier abgelegt und vom Männchen besamt. Das Männchen betreibt Brutpflege.

Ei, 1,5 mm

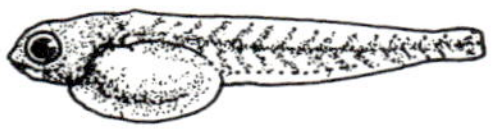

Fischlarve, 3 mm

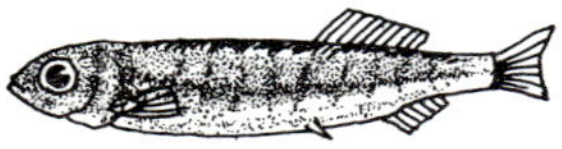

junger Stichling, 1,5 cm

Erwachsener Fisch, 7 cm

Entwicklung des Stichlings

14.6 Der Flußaal wandert 16 000 Kilometer!

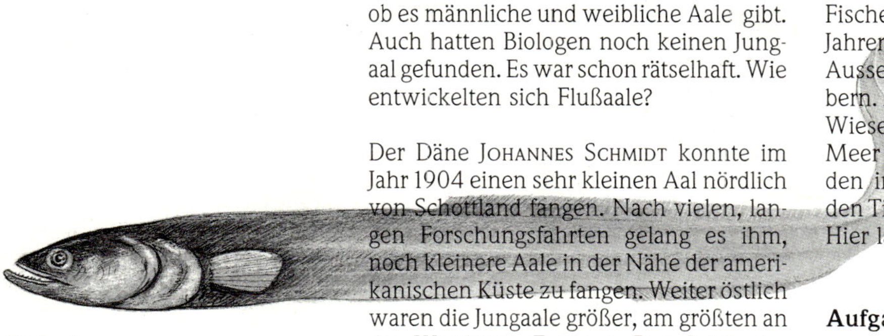

Flußaal

Noch um 1900 wußte man nicht genau, ob es männliche und weibliche Aale gibt. Auch hatten Biologen noch keinen Jungaal gefunden. Es war schon rätselhaft. Wie entwickelten sich Flußaale?

Der Däne JOHANNES SCHMIDT konnte im Jahr 1904 einen sehr kleinen Aal nördlich von Schottland fangen. Nach vielen, langen Forschungsfahrten gelang es ihm, noch kleinere Aale in der Nähe der amerikanischen Küste zu fangen. Weiter östlich waren die Jungaale größer, am größten an der Westküste Europas. Den Laich der Aale fand er aber nicht.

Heute weiß man, daß Flußaale in einer Tiefe von etwa 300 Metern in der von uns etwa 8000 km entfernten Sargasso-See östlich von Florida laichen (Abb. 1). Aus den befruchteten Eiern schlüpfen winzige, nur wenige Millimeter große, durchsichtige und flache Larven. Sie gelangen mit dem Golfstrom im Atlantik nach Europa. Diese Wanderung dauert zwei bis drei Jahre. Die Aale wachsen dabei bis zu einer Länge von sechs Zentimetern heran. Die kleinen, nun länglichen und farblosen Aale nennt man Glasaale. Sie wandern in die Flüsse Europas ein. Sie fressen viel und nehmen eine gelbliche Färbung an. Diese Gelbaale verlassen auf der Wanderung sogar die Flüsse. Häufig schlängeln sie sich nachts wie eine Schlange im nassen Gras voran, bis sie neue Gewässer erreicht haben. Hier fressen sie Wasserinsekten, Kleinkrebse, Würmer oder kleine Fische. Im Alter von sechs oder sieben Jahren nehmen Aale abermals ein anderes Aussehen an. Der Bauch wird grau-silbern. Man nennt sie jetzt Blankaale. Über Wiesen und Flüsse wandern die Aale ins Meer zurück. Sie fressen nicht mehr, werden immer dünner und schwimmen in den Tiefen des Atlantiks zur Sargasso-See. Hier laichen sie und sterben dann.

Aufgaben

① Gib in Form einer Tabelle an, wie Aale sich vom Schlüpfen bis zur Rückwanderung verändern. Du kannst dazu eine Tabelle erstellen:

Alter	Aussehen
nach dem Schlüpfen, ...	wenige Millimeter, ...
......	

② Der äußere Körperbau der Aale unterscheidet sich deutlich von dem vieler anderer Fische, z. B. dem Karpfen. Gib die Unterschiede an.

Flußaale laichen in der Sargasso-See. Die kleinen Aale werden mit dem Golfstrom nach Europa getrieben und wandern in Flüsse und Seen. Als geschlechtsreife Aale wandern sie wieder zur Sargasso-See zurück.

1 Aalwanderung

14.7 Nahrung aus dem Meer

Die Schleppnetzleinen sind bis zu 600 Meter lang. Es gibt heute Sender, die am Schleppnetz befestigt sind und dem Kapitän melden, wann das Netz mit Fischen gefüllt ist.

11. März 1987. Das Fangschiff „Hannover" läuft mit 60 Mann Besatzung in Cuxhaven aus. Das Fangschiff hat eine Menge Proviant. Die Besatzung kann 80 Tage auf See bleiben. So kann die „Hannover" bis nach Grönland fahren und dort fischen. Am 13. März fährt das Schiff vor Schottland. Dann läßt der Kapitän die Maschinen langsamer laufen, das Schiff verringert seine Geschwindigkeit. Eine große Seilwinde wird bewegt und das **Schleppnetz** ins Wasser gelassen. Dann nimmt das Fangschiff wieder langsam Fahrt auf, und das Schleppnetz wird hinter dem Schiff hergezogen. Nach zwei Stunden ist es soweit: Während das Schiff noch langsame Fahrt macht, wird die Seilwinde wieder in Betrieb gesetzt. Sie zieht das Schleppnetz langsam an das Schiff heran. Jetzt taucht das Schleppnetz aus dem Wasser auf. „Das sieht gut aus", sagt ein Matrose. Er hat recht: Etwa 600 Kilogramm Fische zappeln im Netz.

Das Netz wird eingezogen und das Netzende geöffnet. Fische vieler Arten sind heute gefangen worden, darunter Dorsch, Seelachs und Seeteufel (Abb. 1, 2, 3). Es sind auch einige Heringe darunter (Abb. 4). Ein Förderband transportiert die Fische zu den Verarbeitungsmaschinen. Sie zerteilen die Fische in Filetstücke. Die Filets werden sofort tiefgefroren. Sie werden später an Land gewürzt und verpackt. Abfälle wie Köpfe, Flossen oder Gräten werden an Land zu **Fischmehl** verarbeitet. Das Fischmehl wird z. B. Schweinefutter und Hühnerfutter beigemischt (Abb. 5).

1 Dorsch

2 Seelachs

3 Seeteufel

4 Hering

5 Heringsverarbeitung

Moderne Fangmethoden an Bord der Schiffe machen es möglich, Fischschwärme zielsicher und genau aufzuspüren. Besonders Schwarmfische wie Heringe können auf diese Weise geortet und gefangen werden.

Zu einem Heringsschwarm können mehrere hunderttausend Tiere gehören. Im Herbst oder Frühjahr schwimmen die erwachsenen Weibchen in flachere Meeresgebiete und laichen dort. Der Laich wird von den Männchen besamt, indem sie Spermazellen ins Wasser abgeben. Nach etwa zwei Wochen schlüpfen die jungen Heringe aus den befruchteten Eiern. Die jungen Fische gelangen mit der Strömung in das nahrungsreiche Wattenmeer. Wenn sie einige Zentimeter groß sind, wandern sie aus dem Wattenmeer in tiefere Zonen der Nordsee.

Durch die modernen, technisch perfekten Fangmethoden besteht die Gefahr, daß zu viele Fische gefangen werden und nicht mehr genügend junge Fische nachwachsen können. Durch eine solche Überfischung hatte z. B. der Heringsbestand vorübergehend erheblich abgenommen (Abb. 6). Damit die Bestände wieder zunehmen konnten, wird jedes Jahr festgelegt, wie viele Fische gefangen werden dürfen.

1969–1970:	1 100 000 t
1971–1972:	1 000 000 t
1973–1974:	755 000 t
1975–1976:	500 000 t
1977–1978:	40 000 t
1979–1980:	80 000 t
1981–1982:	350 000 t
1983–1984:	635 000 t
1985–1986:	1 065 000 t
1987–1988:	1 300 000 t
1989–1990:	1 100 000 t

6 Entwicklung des Heringsfangs in der Nordsee

Aufgaben

① Die Abb. 6 zeigt die Entwicklung des Heringsfangs in der Nordsee. Zeichne mit Hilfe der Zahlenangaben ein Säulendiagramm. Beschreibe die Entwicklung der Fischbestände und gib Gründe dafür an.

② Ein Heringsweibchen legt etwa 30 000 Eier ab. Dagegen legt ein Stichlingsweibchen nur etwa 150 Eier. Wie läßt sich die unterschiedliche Eizahl erklären? Lies zur Bearbeitung der Aufgabe noch einmal auf der Seite 158 nach.

Zum Fang von Meeresfischen werden häufig Schleppnetze benutzt. Die gefangenen Fische verarbeitet man gleich auf dem Fangschiff. Für viele Jungfische ist das Wattenmeer ein wichtiger Lebensraum. Durch verbesserte Fangmethoden besteht die Gefahr der Überfischung.

14.8 Wir richten ein Aquarium ein

1 Gewaschener Sand und Steine sind eingefüllt

2 Mit den Fingern wird ein Pflanzloch gebohrt

3 Eine Untertasse und eine Zeitung schützen Pflanzen und Sand beim Wassereinfüllen

1 Ein Aquarium wird eingerichtet

Frank möchte in seinem Zimmer Fische halten. Zum Geburtstag darf er sich ein Aquarium aussuchen. Für den Anfang wählt er ein kleineres Becken mit etwa 30 l Inhalt. Zu Hause stellt er das Aquarium so auf, daß er die Fische gut beobachten kann. Sonneneinstrahlung und Heizungswärme soll er nach Möglichkeit vermeiden, hatte ihm der Händler geraten. Nun richtet er sein Aquarium ein. Auf den Boden schüttet er eine Lage gewaschenen Sand, so daß eine von hinten nach vorn abfallende Grundfläche entsteht (Abb. 1). Die Sandschicht ist etwa 4 cm dick. Einige gut gewaschene, größere Steine bieten den Fischen Versteckmöglichkeiten.

Nun geht es an die Bepflanzung. Mit dem Finger bohrt Frank Löcher in den Sand und steckt die Wurzeln der Wasserpflanzen hinein. Die großen Pflanzen kommen

Steckbrief Guppy:

Lebensweise: lebendgebärende Zahnkarpfen, häufigster Aquarienfisch (Süßwasser); Heimat: Venezuela, Barbados, Trinidad
Lebenserwartung: 2–4 Jahre
Anzahl der Jungtiere: je nach Größe des Muttertieres 10–80
Gestalt: weibliche Tiere ca. 6 cm lang; unscheinbar, gelbe Flecken, männliche Tiere ca. 3 cm lang, lebhaft gefärbte Schwanzflosse
Besonderheit: Guppys vertragen Wassertemperaturen von 20 bis 25 °C.

2 Fertig eingerichtetes Aquarium

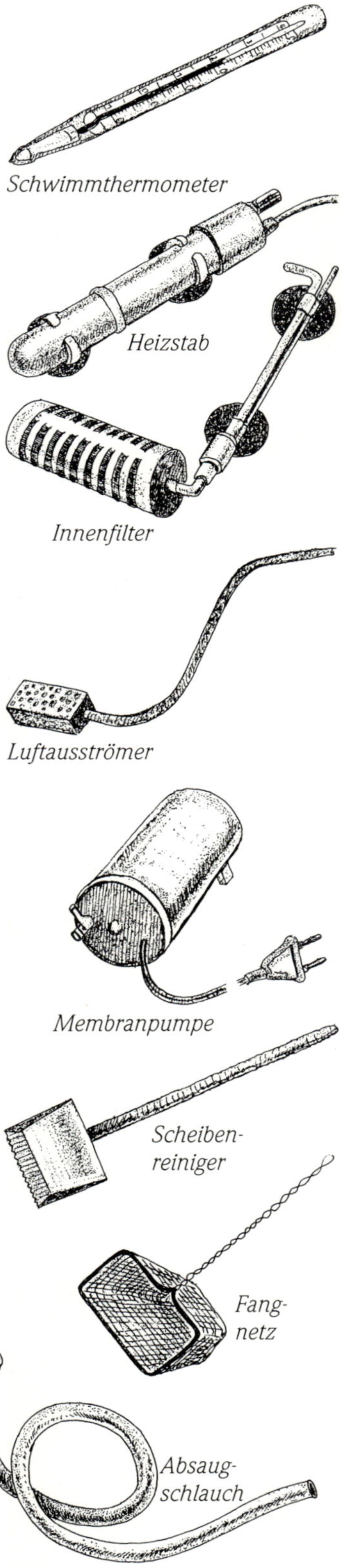

Die wichtigsten Zusatz- und Pflegegeräte für das Aquarium

3 Aquarium mit Guppys

ganz nach hinten, in die Mitte setzt er etwas weniger dicht die kleinen Pflanzen, der Vordergrund bleibt frei. Unmittelbar nach dem Bepflanzen wird das Wasser eingefüllt. Damit die wohlgestaltete Bodenlandschaft nicht beschädigt wird, legt Frank eine Untertasse auf den Boden des Aquariums und breitet darüber eine Zeitung aus. Nun füllt er das Wasser vorsichtig mit einem Schlauch oder Eimer ein. Jetzt heißt es für Frank, ein bis zwei Wochen Geduld haben. Zwar wird die Belüftung des Aquariums schon eingeschaltet, die Fische will er aber erst einsetzen, wenn der Chlorgehalt im Wasser etwas abgeklungen ist. Die Fische kauft Frank in einer Zoohandlung. Der Verkäufer empfiehlt ihm Guppys. Diese Fische sind leicht zu halten und deshalb für Anfänger geeignet.

Vor dem Einsetzen der Fische kontrolliert er die Wassertemperatur. Bei 20 bis 25 °C fühlen sich die Guppys wohl (Abb. 2, 3). Jeden Tag bekommen sie einmal Futter und zwar soviel, wie sie in zwei Minuten auffressen können. Zuviel Futter verunreinigt nur das Wasser. An den Scheiben bilden sich dann Algen, die mit dem Scheibenreiniger ständig entfernt werden müssen. Veralgte Scheiben sehen nicht schön aus. Bei guter Pflege kann man vielleicht schon in ein bis zwei Monaten junge, winzige Fische beobachten. Guppys gebären ihre Jungen lebend. Sie legen keine Eier wie die meisten Fische.

Pflegeplan auf einen Blick

Vorgang	täglich	wöchentlich	alle 3 bis 4 Wochen	bei Bedarf
Temperaturkontrolle	×			
Gesundheitskontrolle – Fische	×			
Funktionskontrolle – Geräte	×			
Fütterung der Fische	×			
Gesundheitskontrolle – Pflanzen		×		
Entfernung abgestorbener Pflanzenblätter		×		
Wasserwechsel			×	
Bodengrundreinigung			×	
Scheibenreinigung – innen				×
Scheibenreinigung – außen				×
Filterreinigung			×	

15 Amphibien

15.1 Amphibien – Leben zwischen Wasser und Land

1 Grasfrosch – Körperbau und Bewegung

Amphibien sind Wirbeltiere, die sowohl im Süßwasser als auch an Land leben können. Man unterteilt Amphibien in **Schwanzlurche** (Molche, Salamander) und **Froschlurche** (Unken, Kröten, Frösche).

Aufgrund ihrer Lebensweise kann man bei Amphibien Anpassungen an das Leben im Wasser und Anpassungen an das Leben an Land beobachten: Schwanzlurche bewegen sich mit ihren vier Beinen und ihrem langen Körper schlängelnd fort. Damit sind sie im Wasser schnell und wendig, an Land jedoch relativ langsam (Abb. 2). Die Frösche können sich durch ihr gutes Sprungvermögen an Land schnell fortbewegen. Ihre Hinterbeine sind zu kräftigen Sprungbeinen ausgebildet.

Die Amphibien haben eine dünne, häufig mit Schleim bedeckte Haut. Diese schützt die Tiere nicht vor Austrocknung. So kommen Amphibien vorwiegend in feuchten Lebensräumen vor.

In ihrer Entwicklung sind Amphibien auf das Leben im Wasser angewiesen. Sie legen ihre Eier im Wasser ab. Die Amphibienlarven benötigen das Wasser als Lebensraum, in dem ihre Entwicklung zum erwachsenen Tier vor sich geht. Bei wenigen Amphibienarten, z. B. beim Alpensalamander, findet die Entwicklung vom Ei bis zum erwachsenen Tier im Körper des Weibchens statt.

Amphibienlarven atmen wie Fische mit Kiemen. Die erwachsenen Amphibien atmen mit Lungen. Die Lungenoberfläche ist kaum durch Einfaltungen vergrößert (Abb. 3). Die Lungenatmung wird noch durch Hautatmung unterstützt. Die Haut der Amphibien ist stark durchblutet, feucht und dünn. So kann aus der Luft Sauerstoff in die Blutgefäße gelangen. Außerdem können viele Amphibien noch durch die sogenannte Mundhöhlenatmung Sauerstoff aufnehmen. Die Schleimhaut der Mundhöhle ist gut durchblutet und so in der Lage, Sauerstoff aufzunehmen und Kohlenstoffdioxid abzugeben.

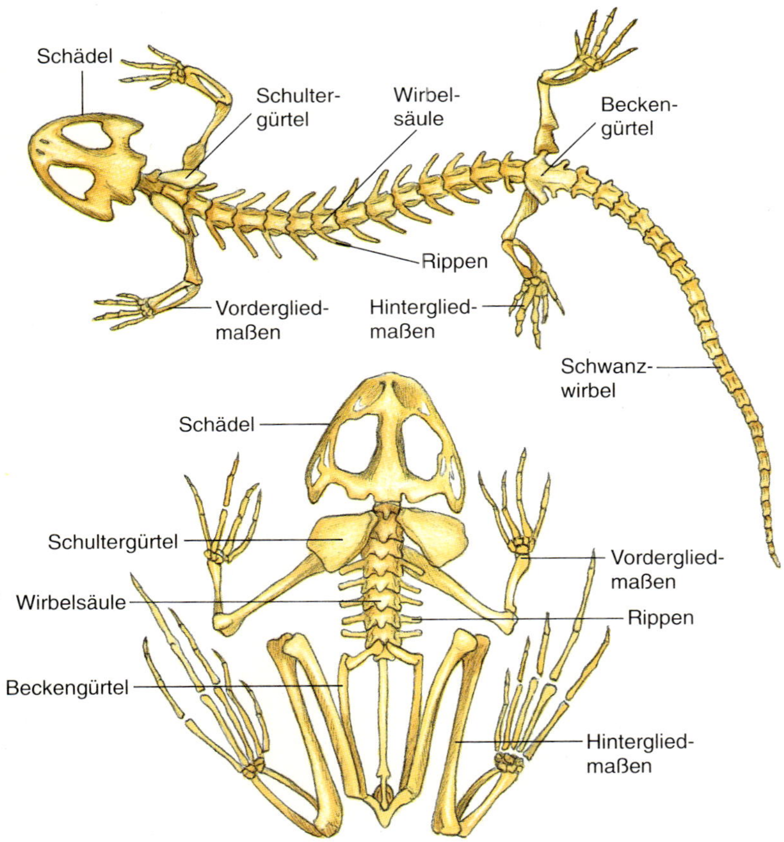

2 Skelett von Frosch und Salamander

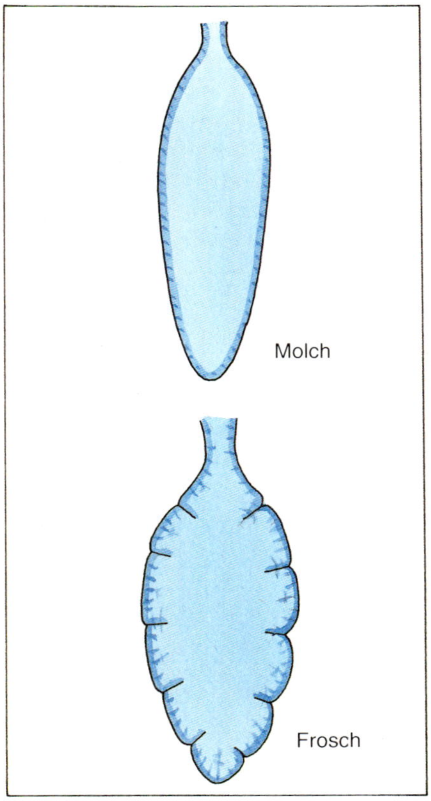

3 Schnitt durch einen Lungenflügel bei Molch und Frosch

Aufgaben

① Stelle mit Hilfe des Textes Merkmale der Amphibien zusammen, die für wasserlebende Amphibien typisch sind. Welche Merkmale sind für landlebende Amphibien typisch?

Merkmale, die für wasserlebende Amphibien typisch sind	Merkmale, die für landlebende Amphibien typisch sind
Kiemenatmung bei Larven	Lungenatmung bei den erwachsenen Tieren

② Abb. 4 zeigt die Anteile von Haut-, Mundhöhlen- und Lungenatmung bei verschiedenen Amphibien. Welche Unterschiede sind zu erkennen? In welcher Beziehung steht die Atmung zur Lebensweise?

③ Vergleiche den Bau der Lunge beim Molch, Frosch und Menschen (Abb. 1, S. 144). Welche Unterschiede stellst du fest?

	Hautatmung	Mundhöhlenatmung	Lungenatmung
Erkröte	28 %	1 %	71 %
Laubfrosch	24 %	1 %	75 %
Feuersalamander	42 %	1 %	57 %
Kammolch	74 %	3 %	23 %

4 Anteile von Hautatmung, Mundhöhlenatmung und Lungenatmung bei Amphibien

Amphibien leben sowohl im Wasser als auch an Land. Die Fortbewegung ist bei Schwanzlurchen schlängelnd, während die Frösche mit den Hinterbeinen springen können. Die Eier werden im Wasser abgelegt. Die Larven atmen mit Kiemen und der Haut. Die erwachsenen Tiere atmen mit der Haut, der Mundhöhle und den Lungen.

Versuch — **Herstellung eines Froschmodells**

Du benötigst für den Versuch:

1 Original-Abdruck aus z. B. Reliefgußmasse
1 Packung Formenmilch auf Naturkautschukbasis
1 dicken Malpinsel
1 Backofen oder Trockenschrank
1 Aufnahmegerät (Glas oder Dose) für den Gummiabdruck
1 Packung weiße Reliefgußmasse
1 Anrührgerät
1 Rührstab
1 Küchenwaage
1 Wasserfarbenmalkasten

- Stelle den Original-Abdruck auf eine saugfähige Pappe und streiche ihn bis auf die Standfläche mit der Formenmilch ein.
- Setze das behandelte Original in den Backofen, stelle ihn jetzt auf 50 °C und trockne 5 Minuten.
- Wiederhole den Anstrich mit der Formenmilch und die anschließende Trocknung ca. zwölfmal. Du erhälst eine gelbliche Gummiform über dem Original-Abdruck.
- Löse die Gummiform vom Originalabdruck und lege sie mit dem Kopf nach unten in das Aufnahmegefäß.
- Rühre ca. 250 g Reliefgußmasse klumpenfrei in ungefähr 80 bis 90 g Wasser ein und gieße sie zügig in den Hohlraum der Gummiform.
- Löse nach etwa einer halben Stunde den erkalteten Froschabdruck aus der Gummiform.
- Lasse das erhaltene Froschmodell ausdampfen (ca. 20 Minuten) und male es an.

15.2 Kennübung: Amphibien

Laubfrosch

Ruf:	Ende Mai bis Juni, „äh, äh, äh, äh (schnell, laut)
Kennzeichen:	Zehen und Finger mit runden Haftscheiben, klettert auf Bäume
Laich:	2 bis 5 Laichballen, mit ca. 3 cm Durchmesser

Erdkröte

Ruf:	im März „orrt, orrt" (mittelhoch, leise)
Kennzeichen:	trockene, warzige Haut; Körper plump, ♀ bis 15 cm
Laich:	Doppelschnur bis 5 m Länge, um Pflanzen geschlungen

Bergmolch

Kennzeichen:	Oberseite grauschwärzlich, ♂ zur Paarungszeit mit orangeroter Bauchseite
Laich:	Eier einzeln unter abgeknickten Blättern von Wasserpflanzen, bis 300

Feuersalamander

Kennzeichen:	schwarz mit gelben Flecken, Muster wechselt von Tier zu Tier
Fortpflanzung:	lebendgebärend, 40 bis 70 Larven werden im Frühjahr in klaren Bächen geboren

15.3 Ein Tümpel am Waldrand

1 Frühjahrsnachmittag am Tümpel

Landschaftswarte arbeiten ehrenamtlich. Sie sollen die zuständigen Behörden über nachteilige Veränderungen in der Landschaft benachrichtigen und darauf hinwirken, daß Schäden von Natur und Landschaft abgewendet werden.

Schülerinnen und Schüler der „Käthe-Kollwitz-Schule" führen ein Projekt über Amphibien durch, und eine Gruppe will ein Laichgewässer erkunden. Man beschließt, sich mit dem Landschaftswart, Herrn Loos, zu treffen. Es ist der 13. März. Die Lufttemperatur beträgt an diesem Spätnachmittag noch 15 °C. Die Weiden blühen und werden von vielen Bienen besucht. Frieda, Silke und Martin sind mit Herrn Loos auf dem Weg zum Tümpel am Waldrand (Abb. 1). Am Boden des kahlen Laubwaldes blühen die weißen Buschwindröschen.

Von einer Stelle am Nordrand des Tümpels dringt wiederholt ein gedämpftes „Quorr, Quorr, Quorr" herüber. Herr Loos strahlt: „Da rufen Grasfrosch-Männchen." Beim vorsichtigen Anschleichen hören sie plötzlich ein vielstimmiges „Rrr, Rrr", das auf- und abschwillt. Herr Loos flüstert: „Jetzt singen die Männchen im Chor." Durch eine Lücke im Schilf sehen die Schüler ein Männchen, das bei geschlossenem Maul seine weiß-graue Kehlhaut aufbläht und laut ruft (Abb. 2). Es fällt auf, daß die Männchen im Konzert untereinander Abstand wahren. Silke zählt an der Uferzone des Tümpels drei Pärchen, die sich umklammert halten, sechs rufende Männchen und ein großes, stummes Grasfrosch-Weibchen. Dieses schwimmt auf das am lautesten rufende Männchen zu. Das Männchen springt auf den Rükken des Weibchens und umklammert es mit seinen Vorderbeinen. Das große Grasfrosch-Weibchen schwimmt mit dem Männchen im Huckepack davon. Immer wieder versuchen andere Grasfrosch-Männchen, sich an das Pärchen anzuklammern.

Martin entdeckt an einer anderen Stelle im flachen Wasser vier gallertartige Klumpen mit schwarzen Punkten (Abb. 3). Herr Loos erklärt: „Das sind die Laichballen eines Grasfrosches. Wenn ein Weibchen mit dem umklammernden Männchen laichbereit ist, stößt es bis zu 3000 Eier in das Wasser aus (Abb. 4). Die austretenden Eier und der dünne, weiche Bauch des Weibchens sind dann ein Signal für das Männchen, eine milchige Flüssigkeit abzugeben. Sie enthält die mikroskopisch kleinen Spermazellen, welche die Eizellen befruchten. Da dieser Ablauf außerhalb des Froschkörpers stattfindet, spricht man von **äußerer Befruchtung**. Die Froschpaare trennen sich nach dem Ablaichen und überlassen die weitere Entwicklung der Eier sich selbst. Jedes befruchtete Ei ist von einer Gallerthülle umgeben. Die Gallerthüllen aller Eier sind miteinander

2 Rufendes Grasfrosch-Männchen

4 Laichende Grasfrösche

3 Laich vom Grasfrosch

verklebt und bilden so den Laichballen" (Abb. 3).

Da die Dämerung hereinbricht, begibt sich die Gruppe auf den Rückweg. Plötzlich ertönt der Ruf von Herrn Loos: „Vorsicht!" Kurz vor Silkes Fuß sitzt in den feuchten Blättern ein erdfarbenes Froschlurch-Pärchen. „Das sind ja Grasfrösche", meint Frieda. „Die wollen wir uns einmal genauer ansehen!" Herr Loos hebt das Pärchen behutsam hoch, und die Schüler erkennen, daß die Haut der Tiere dicht mit warzenartigen Erhebungen überzogen ist. Herr Loos erklärt: „Das sind keine Grasfrösche. Hier seht ihr ein Pärchen der Erdkröte. Die Weibchen tragen die kleineren Männchen auf dem Rücken, wenn sie zum Laichgewässer wandern. Ich möchte euch noch zeigen, woran ihr das Männchen erkennen könnt." Er drückt der oberen Kröte vorsichtig auf beide Flankenseiten. Es ertönt sofort ein heiseres „Orrt, Orrt".

Aufgaben

① Ermittle aus dem Text, welche Aufgaben die Rufe der Grasfrosch-Männchen haben.

② Beschreibe das Verhalten von Männchen und Weibchen bei der Fortpflanzung.

③ Befrage ältere Mitmenschen darüber, was sie über die Verbreitung von Fröschen an deinem Heimatort wissen. Was war damals anders als heute?

④ Der nachfolgende Text enthält Angaben zur Fortpflanzung von Bergmolch und Geburtshelferkröte:
Das Bergmolchmännchen setzt nach einer ausgedehnten Balz ein Spermapaket ab, das von dem Weibchen mit der Kloake aufgenommen wird. Das Weibchen legt an abgeknickten Blättern von Wasserpflanzen bis zu 300 Eier einzeln ab.
Die Geburtshelferkröten laichen an Land. Das Männchen wickelt sich die Laichschnüre mit 20–80 Eiern um die Hinterbeine und trägt sie mit sich herum. Es sucht erst dann das Wasser auf, wenn die Kaulquappen schlüpfreif sind.
Vergleiche die Fortpflanzung von Grasfrosch, Bergmolch und Geburtshelferkröte. Stelle Vermutungen über die unterschiedliche Anzahl der Eier bei den drei Arten an.

Die Fortpflanzung der Grasfrösche findet im Wasser statt. Es handelt sich um eine äußere Befruchtung. Die befruchteten Eier der Grasfrösche bilden große Laichballen.

15.4 Die Entwicklung vom Laich zum Grasfrosch

1 Grasfrosch

2 Eier des Grasfrosches

Im Frühjahr kommen die Grasfrösche aus ihren Winterquartieren (Abb. 1). Sie haben die kalte Jahreszeit im Schlamm des Gewässergrundes verbracht. Im März, manchmal erst im April, kommt es zur Paarung. Dabei umklammert das Männchen das Weibchen im Wasser. Das Weibchen gibt Eier und das Männchen Spermazellen ins Wasser ab. Eizellen und Spermazellen vereinigen sich. Die Eier werden befruchtet. Jedes befruchtete Ei ist von einer Gallerthülle umgeben. Die Gallerthüllen aller Eier sind miteinander verklebt (Abb. 2). Bis zu viertausend davon kann ein Weibchen an den Stengeln von Wasserpflanzen absetzen.

In einem Laichballen gelangt an jedes Ei genügend Sonnenlicht. Dieses erwärmt die auf der Oberfläche dunklen Eier. Außerdem bündeln die Gallerthüllen die Sonnenstrahlen wie eine Brennlinse, so daß in einem Laichballen bis zu 10 °C höhere Temperaturen als in der Umgebung gemessen werden können.

Nach dem Schlüpfen setzen sich die sechs Millimeter langen Kaulquappen mit Hilfe von zwei Haftdrüsen, die sich an der Bauchseite befinden, an den leeren Eihüllen fest (Abb. 3). An jeder Kopfseite bilden sich zwei stark durchblutete, bäumchenartige Außenkiemen. Nur durch Wasseraufnahme verlängern sich die Kaulquappen auf neun Millimeter. Am vierten Tag nach dem Schlüpfen sind die Augenanlagen sichtbar. Der Ruderschwanz ist inzwischen kräftig genug, so daß die Larven schwimmen können (Abb. 4). Etwa eine Woche nach dem Schlüpfen verändern die Kiemen ihre Gestalt. Sie werden vom Kopf her von einem Hautlappen überwachsen. So entsteht ein innerer Kiemenraum, der nur eine kleine Öffnung nach außen auf der linken Körperseite besitzt. Mit kleinen Hornzähnen weidet die Kaulquappe Algen ab, die auf Wasserpflanzen oder Steinen wachsen. In ihrem langen aufgerollten Darm wird die pflanzliche Nahrung verdaut. Bei acht Wochen alten Kaulquappen sind die Hinterbeine voll entwickelt (Abb. 5). Die Kaulquappe mißt jetzt 3,5 cm.

Ab der elften Woche bilden sich weitere Organe um: Der Darm verkürzt sich, die Lunge bildet sich allmählich aus und ersetzt die Kiemen. Als erstes tritt das linke Vorderbein aus der Kiemenöffnung hervor. Mit dem Durchbruch des rechten Vorderbeines erreicht die Kaulquappe die Maximallänge von 4,5 cm (Abb. 6). Wenige Tage später wird der Ruderschwanz zurückgebildet. Der junge Frosch verläßt das Wasser mit ca. 1,5 cm Länge und lebt an Land weiter. Damit ist der Gestaltwandel von der Kaulquappe zum Grasfrosch abgeschlossen. Diesen Vorgang nennt man **Metamorphose.**

3 Schlüpfende Kaulquappen

4 Kaulquappe mit Außenkiemen

5 Kaulquappe mit Hinterbeinen

6 Kaulquappe mit Vorder- und Hinterbeinen

Das Quaken von Grasfröschen ist besonders laut, wenn es abends sehr warm ist. Der Besitzer eines Gartenteichs mit Grasfröschen darin wurde von Nachbarn vor Gericht verklagt, die Grasfrösche wegen des lauten Gequakes zu entfernen. Die Nachbarn verloren den Prozeß. Die Richter entschieden für die Grasfrösche.

Aufgaben

① Beschreibe die Entwicklung des Grasfrosches von der befruchteten Eizelle bis zur Kaulquappe.

② Stelle eine Tabelle zur Entwicklung des Grasfrosches mit folgenden Spalten zusammen: Aussehen, Zeit nach dem Schlüpfen, Längenangabe, Atmung, Ernährung und Entwicklung der Gliedmaßen.

Grasfrösche entwickeln sich im Wasser. Aus den Eiern schlüpfen Kaulquappen. Aus diesen entwickeln sich die Grasfrösche. Diesen Gestaltwandel bezeichnet man als Metamorphose.

Biotip

Frösche sind eine vom Aussterben bedrohte Tiergruppe. Nimm deshalb keinen Laich, keine Kaulquappen oder Frösche aus einem Gewässer. Kaufe auch keinen Laich aus einer Zoohandlung und setze die sich daraus entwickelnden Kaulquappen oder Frösche nicht im Freien aus, denn es sind meistens keine einheimischen Arten. Diese Tiere können unsere Frösche verdrängen.

15.5 Die Wanderungen der Grasfrösche

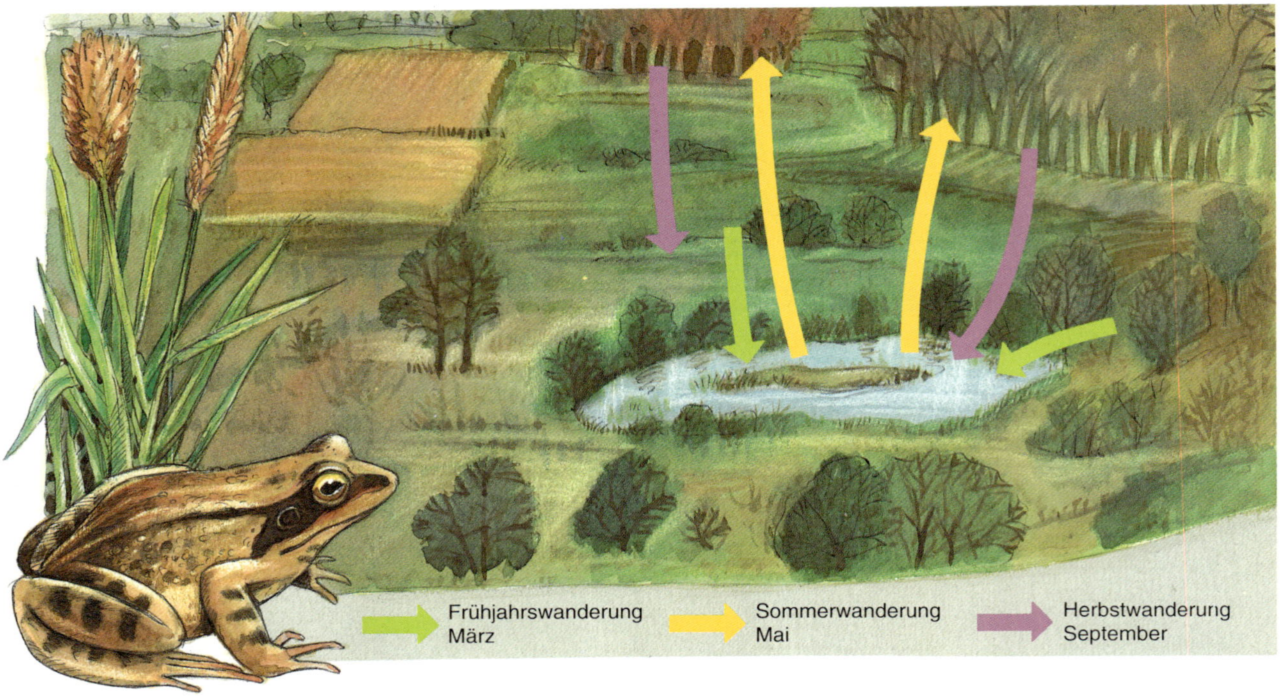

1 Wanderung der Grasfrösche im Verlauf eines Jahres

Es ist noch unklar, wie die Amphibien zu den Laichgewässern und Sommerquartieren finden.

Hohe Luftfeuchtigkeit, warme Niederschläge und Dämmerung lösen bei Temperaturen von über 6 °C im zeitigen Frühjahr die Wanderung der Grasfrösche aus (Abb. 1). Bei dieser Frühjahrswanderung treffen die Grasfrosch-Männchen vor den Weibchen Anfang März am Laichgewässer ein. Beide Partner müssen noch die Laichstimmung aufbauen, die durch zuwandernde Frösche und das Rufen der Männchen gefördert wird. Sonnige Märznachmittage führen dann zum Ablaichen.

Nach der Fortpflanzung halten sich die Frösche bis Ende April an feuchten Stellen umweit des Gewässers verborgen. Sie nehmen nur selten Nahrung auf und stellen sich auf höhere Temperaturen um. Danach brechen die Grasfrösche in die Sommerquartiere auf und entfernen sich bei dieser Sommerwanderung weit vom Laichgewässer. Ideale Lebensräume sind im Sommer feuchte, helle Laubwälder mit vielen verschiedenen Pflanzenarten. Hier fressen die Grasfrösche in der Dämmerung Schnecken, Würmer und Spinnen.
Ab Mitte September erfolgt die Herbstwanderung zurück in Richtung Laichgewässer. Mit den kälter werdenden Tagen Ende Oktober beziehen die Grasfrösche ihre Winterquartiere unter Laub, nahe des Gewässers oder im Schlamm eines Gewässers.

Die Jungfrösche schwärmen im Sommer sofort in die Umgebung des Laichgewässers aus. Dabei gelangen sie auch zu anderen Gewässern. Ein kleinerer Teil von ihnen kehrt nach spätestens drei Jahren geschlechtsreif an das Geburtsgewässer zurück.

Jahr	erste ♂ am Laichgewässer	erste ♀ am Laichgewässer	Zeit der Weidenblüte
1987	12. 3.	14. 3.	spät
1988	18. 2.	21. 2.	früh
1989	2. 3.	4. 3.	früh

2 Daten zur Frühjahrswanderung der Grasfrösche

Aufgaben

① Beschreibe die Wanderungen der Grasfrösche mit Hilfe von Abb. 1 und des Textes.

② Welche Lebensräume benötigen Grasfrösche im Laufe eines Jahres?

Amphibien machen Wanderungen. Man nennt sie: Frühjahrswanderung zum Laichgewässer; Sommerwanderung, die weit vom Laichwasser wegführt; Herbstwanderung zurück in Richtung Laichgewässer zum Bezug der Winterquartiere.

15.6 Aktion: Krötenschutzzaun

1 Einsammeln von Kröten am Schutzzaun

Frieda, Silke und Martin haben im Unterricht über Frösche und Kröten gesprochen. Heute abend, am 16. März, dürfen sie an einer Krötenschutzaktion teilnehmen. Herr Loos, der die Aktion seit zehn Jahren leitet, erklärt den Schülern den Ablauf und weist auf die Unterschiede der Erdkrötengeschlechter hin. Er fährt fort: „Die Wanderung zum Laichgewässer begann am 6. März und war gestern nacht mit 1071 Tieren am höchsten. Gäbe es die Schutzaktion nicht, würden sehr viele Kröten von Autos überfahren werden." In dem Augenblick rast ein Auto mit aufgeblendetem Scheinwerfer vorbei. Es setzt leichter Sprühregen ein, die Temperatur beträgt um 20 Uhr nach sonnigem Tagesverlauf noch 14 °C.

Mit angelegter Leuchtweste, Eimer und Taschenlampe gehen die Schüler langsam den kniehohen Krötenschutzzaun entlang. Sie leuchten wegen der tarnfarbigen Kröten sorgfältig auf den Boden, sammeln die am Zaun entlangwandernden Tiere ein und kontrollieren die ebenerdig eingegrabenen Fangeimer. Die anfängliche Scheu vor den glitschigen Kröten haben die drei schnell überwunden. Mit dem Regen setzt eine starke Wanderung ein. An diesem Abend wurden 546 Männchen und 213 Weibchen sicher über die Straße gebracht.

Datum	Männchen	Weibchen	Tiere insgesamt	Temperatur um 19 Uhr	Wetter		
					Wolken	Sonne	Regen
6.3.91	63	4	67	13 °C	☁		
9.3.91	277	37	314	13 °C	☁		💧
15.3.91	799	272	1071	13 °C	☁	☀	💧
16.3.91	546	213	759	14 °C	☁		💧
18.3.91	177	99	276	11 °C	☁		
21.3.91	18	14	32	10 °C	☁		💧💧

2 Daten zur Erdkrötenwanderung

Aufgaben

① Werte die Tabellendaten in Abb. 2 und den obigen Bericht im Hinblick auf das Wanderungsverhalten der Erdkröte aus.

② Es gibt verschiedene Möglichkeiten, Amphibien auf ihren Wanderungen vor dem Straßenverkehr zu schützen:
- Warnschild „Krötenwanderung" aufstellen
- vorübergehend Schutzzaum aufstellen, Tiere regelmäßig einsammeln und zum Laichgewässer bringen
- Straße während der Amphibienwanderung sperren
- dauerhaften Schutzzaun und mehrere kleine Tunnel für die Amphibien unter der Straße bauen

Vergleiche die Schutzmaßnahmen bezüglich ihrer Wirksamkeit, ihres Aufwands und der Kosten.

③ Erkundige dich bei Umweltverbänden deiner Umgebung nach Möglichkeiten, sich aktiv an Schutzmaßnahmen für Amphibien zu beteiligen!

15.7 Amphibienschutz ist Lebensraumschutz

1 Neu entstandenes Naturschutzgebiet

Durch die Kohleförderung im Tagebau Zwenkau (Südraum Leipzig) erfolgten große Störungen des ökologischen Gleichgewichts. Mit Grundwasserabsenkungen ging die Zerstörung von Auenwaldgebieten des Leipziger Landes einher.
Im Eichholz westlich von Zwenkau wird seit 1991 wieder teilweise bewässert, die Entwässerung wurde 1992 eingestellt.

Die Abb. 1 zeigt den Ausschnitt eines Bergsenkungs-Sees und Grasfrösche in seiner Uferzone, die an einem sonnigen Märznachmittag abgelaicht haben. Das Gewässer bildet das Zentrum eines Naturschutzgebietes am Rande des Reviers. Das Kohlekraftwerk im Hintergrund ist in der Reinigung der Abgase auf dem technisch neuesten Stand. In der näheren Umgebung des Sees finden sich folgende Lebensräume: Laubwälder aus Erlen, Birken und Eichen mit viel Unterwuchs aus Farnen und Kräutern, Waldwiesen mit zahlreichen Blumen- und Insektenarten, ein Kanal mit sonniger Böschung, verschiedene Bachläufe und andere Kleingewässer. Das Naturschutzgebiet geht in biologisch bearbeitete Wiesen über, an die sich Äcker anschließen, die von einer verkehrsreichen Bundesstraße auf einer Seite begrenzt werden.

Die Lebensbedingungen für Amphibien sind in Sachsen mit seinen zahlreichen Industriestandorten, der dichten Besiedlung und dem umfangreichen Verkehrsnetz nicht immer so ideal wie in dem oben beschriebenen Naturschutzgebiet. Amphibien brauchen in besonderer Weise eine intakte Umwelt. Sie benötigen für ihre Lebensweise Landlebensräume mit ruhigen Rückzugsbereichen, einer Vielfalt von Kleinstbiotopen und Verbindungselementen wie Hecken und Fließgewässer. Vor allen Dingen stellen sie erhebliche Anforderungen an die Wasserqualität des Laichgewässers. Für weite Bereiche von Sachsen treffen diese Voraussetzungen nicht mehr zu.

Naturfeindliche Entscheidungen zur Verplanung einer Landschaft lassen sich oft noch korrigieren, das zeigt die Planung dieses Kraftwerks: Die Ansiedlung war ursprünglich auf einer künstlichen Anschüttung mitten im See geplant. Durch massiven Protest von Naturschützern und Bürgerinitiativen sowie Gutachten zum Bestand der Tier- und Pflanzenarten wurde das Gebiet unter Schutz gestellt. Das Kraftwerk wurde an einem entfernten Kanal angesiedelt. Der See und seine Umgebung haben heute auch die Funktion eines Naherholungsgebietes. Mit einer Beobachtungsplattform am Seeufer und einem gewässerfernen Rundwanderweg durch den umgebenden Wald wurde ein Kompromiß zwischen Besucherinter-

Das beschriebene Beispiel zeigt, daß auch in einem Industriegebiet ein Lebensraum für empfindliche Lebewesen wie Amphibien geschaffen werden kann. Wenn es gelingt, solche naturnahen Gebiete möglichst oft anzulegen, haben auch die Amphibien in Sachsen eine Überlebenschance.

Aufgaben

① Erkläre, warum in dem beschriebenen Naturschutzgebiet Grasfrösche und andere Amphibien leben können.

② Die Abbildung 3 zeigt, was wir tun können, um Amphibien zu schützen. Beschreibe die einzelnen Schutzmaßnahmen. Fallen dir weitere ein?

Um Amphibien zu schützen, müssen ihre Lebensräume erhalten bleiben. Amphibien benötigen außer sauberen Gewässern auch Laubwälder und Wiesen.

3 Wie man Amphibien schützen kann

16 Reptilien

16.1 Zauneidechsen mögen es heiß

1 Zauneidechsen-Paar

Sobald im Frühjahr die Sonne stärker scheint, kann man mit etwas Glück auf einer trockenen Wiese, an einem sonnigen Hang oder am Waldrand eine Zauneidechse beobachten. Zauneidechsen verlassen Ende März bis Anfang April ihr Winterquartier und suchen trockene Grasflächen oder Steine auf, auf denen sie sich in der Sonne aufwärmen. Dazu bleiben sie völlig regungslos liegen und heben sich mit ihrem braunen, dunkel gefleckten Körper kaum vom Untergrund ab. Erst bei genauem Hinsehen sind ihre typischen Merkmale zu erkennen. Der ganze Körper ist mit kleinen Hornschuppen bedeckt. Die vier kurzen Beine sind nach den Seiten gerichtet. Der Körper berührt mit der ganzen Unterseite den Boden. Vom Kopf bis zum Schwanz ist eine Zauneidechse etwa 35 Zentimeter lang. Der Schwanz macht die Hälfte der Gesamtlänge aus (Abb. 1).

Eine Zauneidechse, die beim Sonnen gestört wird, sucht blitzschnell ein Versteck auf, beispielsweise unter einem Steinhaufen. Wenn eine Zauneidechse läuft, heben die Beine den Rumpf ein wenig an und sie bewegt sich, bedingt durch den langen Körper, schlängelnd vorwärts (Abb. 2). Zauneidechsen können nur dann schnell laufen, wenn ihr Körper aufgewärmt ist. Während des Sonnens steigt die Körpertemperatur allmählich an. Wenn es am Abend kühler wird, sinkt die Körpertemperatur einer Zauneidechse wieder ab. Ihre Körpertemperatur ist von der Umgebungstemperatur abhängig. Tiere, bei denen die Körpertemperatur mit der Umgebungstemperatur steigt und sinkt, sind **wechselwarm**.

Im Mai suchen Zauneidechsenweibchen einen Platz für die Eiablage. Sie graben in warmer, etwas feuchter Erde eine Höhle und legen dort fünf bis vierzehn Eier ab. Sie betreiben **Brutfürsorge**, das heißt, sie sorgen für einen geeigneten Platz, an dem sich die Eier entwickeln können. Die ausgeschlüpften jungen Zauneidechsen bleiben aber sich selbst überlassen. Für die Entwicklung des befruchteten Eies sind Wasser, Nährstoffe und Wärme notwendig. Wasser nimmt das Ei über die weiche Schale aus der Umgebung auf. Alle notwendigen Nährstoffe sind im Dotter enthalten. Die Sonnenstrahlung erwärmt das Ei. Nach etwa neun Wochen schlüpfen die Jungen (Abb. 3). Die etwa drei Zentimeter langen Tiere sind sofort selbständig.

Junge Zauneidechsen wachsen in der ersten Zeit sehr schnell. Ihre Haut, deren äußere Schicht aus Hornschuppen besteht, kann aber nicht mitwachsen. Sie reißt an mehreren Stellen ein und blättert stückweise ab (◁). Man sagt dann, eine Zauneidechse häutet sich. Unter den alten Horn-

Da ältere Zauneidechsen nicht so schnell wachsen wie Jungtiere, häuten sie sich auch seltener als diese.

schuppen ist zuvor eine neue, etwas größere verhornte Hautschicht gebildet worden.

Die Hornschuppen bedeuten für Zauneidechsen einen wichtigen Schutz. Ihr Körper kann nicht austrocknen. Im Gegensatz zu Amphibien sind Zauneidechsen unabhängig vom Wasser und können in trockenen Gebieten leben. Die Flüssigkeit, die sie benötigen, nehmen sie mit der Nahrung auf. Die verhornte Haut macht eine Hautatmung, wie sie bei den Amphibien stattfindet, unmöglich. Zauneidechsen atmen über Lungen.

Ende September verkriechen sich Zauneidechsen unter Steinhaufen oder in Höhlen unter Baumwurzeln und überwintern dort. Ihre Körpertemperatur sinkt ab. Sie entspricht schließlich der Temperatur in ihrem Winterquartier. Sie nehmen keine Nahrung zu sich. Sie atmen kaum noch und ihr Herz schlägt nur sehr langsam. Sie sind in dieser Zeit völlig bewegungsunfähig. Diesen Zustand nennt man **Winterstarre**. Wenn die Temperatur im Winterquartier unter null Grad absinkt, erfrieren Zauneidechsen.

In den letzten Jahren sind Zauneidechsen bei uns seltener geworden. Ihre Lebensräume sind sehr eingeschränkt worden. Es gibt kaum noch warme, ungestörte Südhänge, Steinbrüche und Kiesgruben.

3 Zauneidechsen schlüpfen aus dem Ei

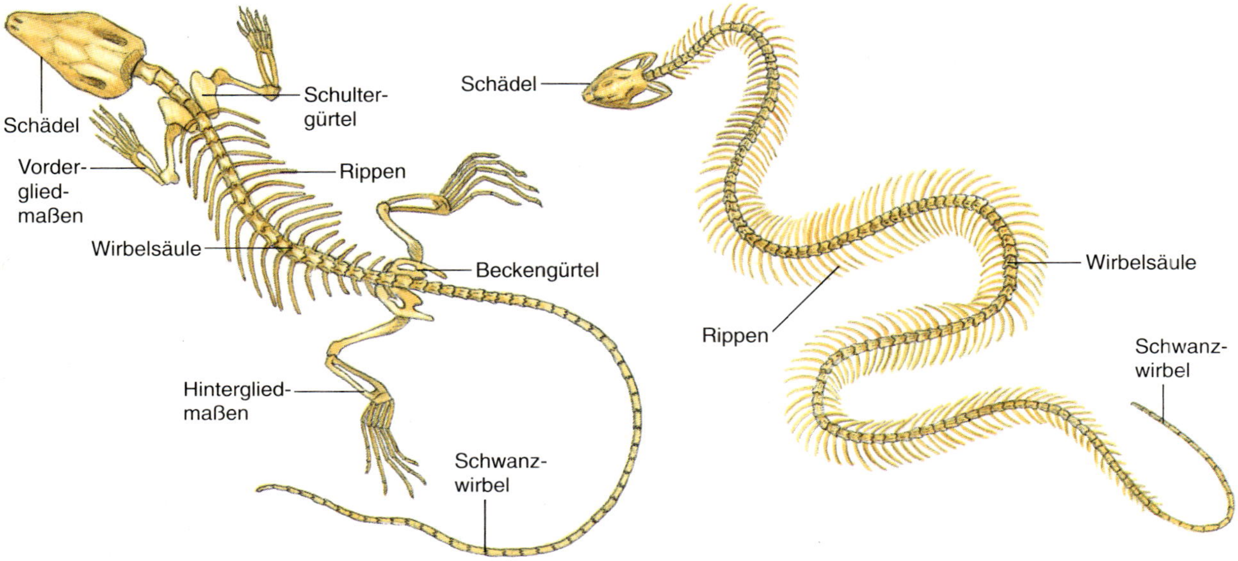

2 Skelett von Eidechse und Schlange

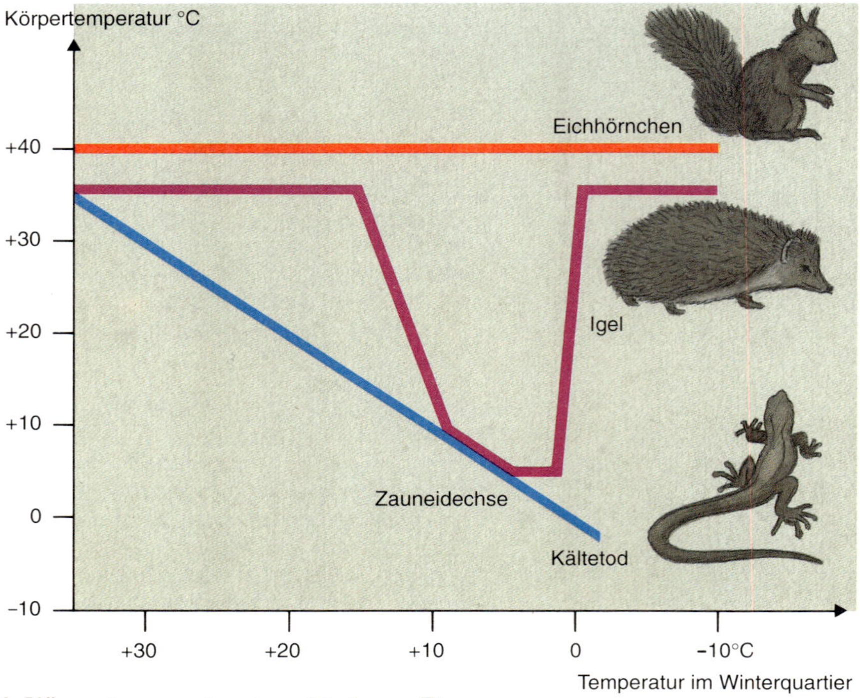

4 Körpertemperatur verschiedener Tiere

Aufgaben

① Betrachte das Zauneidechsenpärchen in Abb. 1. Das Männchen liegt im Vordergrund. Beschreibe das Aussehen der beiden Tiere. Nimm dazu auch den Text zu Hilfe.

② In Abb. 4 ist die Körpertemperatur einer Zauneidechse in Abhängigkeit von der Umgebungstemperatur aufgetragen. Beschreibe und erläutere diese Temperaturkurve.
Vergleiche die Temperaturkurven von Zauneidechse, Eichhörnchen und Igel in Abb. 4. Erkläre die Unterschiede!

③ Bei gleichwarmen Tieren ist die Körpertemperatur unabhängig von der Umgebungstemperatur immer gleich. Gib für folgende Tierarten an, ob sie wechselwarm oder gleichwarm sind:
Ringelnatter, Amsel, Weißstorch, Waldeidechse, Eichhörnchen, Feuersalamander, Maus, Blindschleiche, Zaunkönig, Grasfrosch, Sumpfschildkröte, Maulwurf, Igel.

④ Nenne Merkmale, durch die Zauneidechsen an warme, trockene Lebensräume angepaßt sind.

⑤ Übernimm folgende Tabelle in dein Heft und vervollständige sie:

Lebensraum	Grasfrosch	Zauneidechse	Eichhörnchen
Körperoberfläche			
Beziehung: Körpertemperatur/ Umgebungstemperatur			
Überwinterung			
Fortpflanzung			
Fortbewegung			

⑥ Benötigt eine Zauneidechse während der Winterstarre wenig oder viel Energie? Begründe deine Meinung.

Zauneidechsen sind an ein Leben an Land angepaßt. Ihre Hornschuppen verhindern ein Austrocknen des Körpers. Zauneidechsen atmen mit Lungen. Sie legen Eier und betreiben Brutfürsorge. Zauneidechsen sind wechselwarm. Den Winter verbringen sie im Zustand der Winterstarre.

16.2 Kennübung: Reptilien

Blindschleiche

Komodo-Waran

Sumpfschildkröte

Alligator

Ringelnatter

Bergeidechse

16.3 Kreuzottern – mit Gift fängt man Mäuse

1 Kreuzotter

Es ist ein heißer Sommer im Moor. Zusammengerollt liegt die Kreuzotter im trockenen Gras, völlig reglos (Abb. 1). Eine Maus nähert sich. Sie bemerkt die Gefahr nicht. Die Kreuzotter verfolgt die Maus mit den Augen. Plötzlich schnellt sie vor. Sie beißt die Maus mit ihren Giftzähnen und läßt sie danach wieder los. Die Maus läuft weiter und verschwindet im Gestrüpp. Nach einer Weile kriecht die Kreuzotter der Maus hinterher. Sie verfolgt ihre Duftspur. Dann hat sie die tote Maus gefunden. Sie beginnt, ihre Beute langsam zu verschlingen.

Kreuzottern besitzen im Oberkiefer zwei große, spitze Zähne, die normalerweise nach hinten eingeklappt sind. Beim Öffnen des Maules werden die Zähne aufgerichtet. Über eine feine Öffnung nahe bei der Spitze der Zähne gelangt während des Bisses eine giftige Flüssigkeit in die Beute (Abb. 2). Das Gift löst in der Beute Zersetzungsprozesse aus, durch die ein bestimmter Duft entsteht. Hierdurch hinterläßt das Beutetier auf seiner Flucht eine typische Duftspur. Diesen Geruch nimmt eine Kreuzotter mit Hilfe ihrer Zunge auf. Sie findet die durch das Gift gelähmte oder bereits tote Beute selbst an versteckten Orten. Kreuzottern verschlingen ihre Beute, ohne sie in kleine Stücke zu zerteilen. Dies ist wegen der Größe der Beute nur durch besondere Einrichtungen des Schlangenschädels möglich. Ober- und Unterkiefer sind bei einer Kreuzotter durch zwei stabförmige Knochen miteinander verbunden (Abb. 3). Hierdurch kann der Abstand zwischen den beiden Kiefern soweit vergrößert werden, daß eine Maus oder ein anderes Beutetier unzerkleinert durch den Rachen gepreßt werden kann. Anschließend fressen Kreuzottern oft tagelang nichts mehr.

Kreuzottern sind lebendgebärend, sie bringen bis zu 18 Junge zur Welt. Diese sind dann etwa 20 cm lang. Giftdrüse und Giftzähne sind bei ihnen bereits voll entwickelt. Die Jungen sind selbständig und häuten sich sofort. Wenn Kreuzottern sich häuten, reißt ihre verhornte Haut am Kopf auf. Die Schlange kriecht dann aus dieser Öffnung heraus. Die alte Haut wird in einem Stück abgestreift.

Kreuzottern gibt es in zwei verschiedenen Färbungen, eine dunkle und eine helle Form. Bei der hellen Form sieht man längs des Rückens ein dunkles Zickzackband. Die bis zu 85 cm langen Schlangen besitzen keine Beine. Kreuzottern sind wie Zauneidechsen durch die Hornschuppen vor Austrocknung geschützt. Auch sie sind wechselwarm und überwintern in Höhlen im Zustand der Winterstarre. Sie atmen ebenfalls über Lungen. Aufgrund dieser Merkmale werden sie den **Reptilien** zugeordnet.

Kreuzottern und Zauneidechsen gehören zu den acht Arten der in Sachsen vorkommmenden Reptilien. Ihr Bestand ist in den letzten Jahren stark zurückgegangen. Die Ursachen sind vielfältig, aber letztlich müssen immer Eingriffe des Menschen dafür verantwortlich gemacht werden.

So wurden beispielsweise die Lebensräume der Reptilien ständig weiter eingeschränkt. Auf ehemaligen Heideflächen wachsen Büsche und Bäume, weil Schafe die Gebiete nicht mehr beweiden. Moorgebiete wurden durch Entwässerungsmaßnahmen zerstört. Sand-, Heidegebiete und Kahlschläge wurden aufgeforstet, Waldränder mit Wiesenflächen landwirtschaftlich genutzt und Südhänge bebaut. Das Abflämmen von Böschungen zerstörte nicht nur Lebensraum, sondern auch Nahrungsgrundlage von Zauneidechsen. Die Verwendung von Pflanzenschutzmitteln wirkte sich ebenfalls ungünstig auf das Nahrungsangebot aus. Kreuzottern gingen in ihrem Bestand auch dadurch zurück, daß sie gefangen und totgeschlagen wurden, da man sie wegen ihres Giftes als große Gefahr für den Menschen ansah.

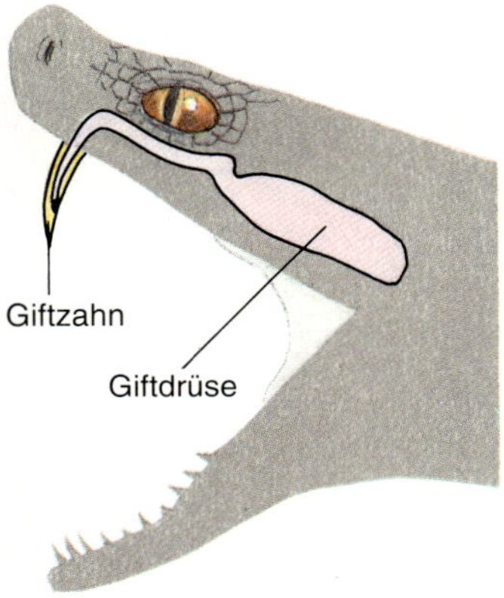

2 Giftdrüse und Giftzahn einer Kreuzotter

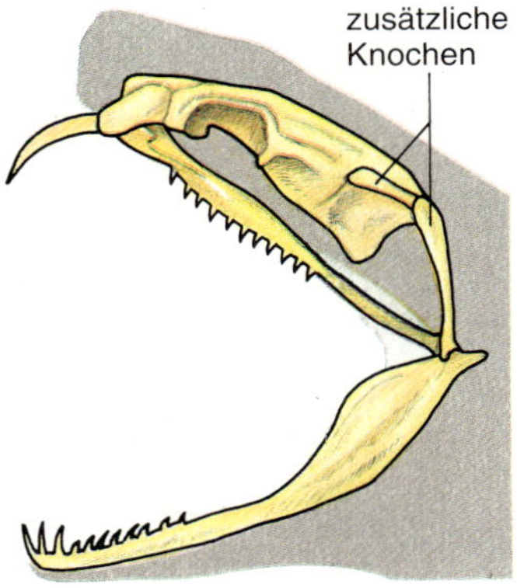

3 Schädel einer Kreuzotter

Biotip

Wie verhalte ich mich im Kreuzotterrevier?

Kreuzottern greifen von sich aus Menschen nicht an. Normalerweise nehmen die Tiere eine Annäherung durch Bodenerschütterung so früh wahr, daß sie rechtzeitig fliehen können. Doch sie beißen, wenn sie überrascht werden. Wenn du Gelände betrittst, in dem Kreuzottern leben, solltest du folgendes beachten:
- Trage immer geschlossene, hohe Schuhe oder Stiefel, so kannst du einer möglichen Bißwunde vorbeugen.
- Verlasse auf keinen Fall die Wege, damit Kreuzottern nicht zu oft gestört werden.
- Nach einem Kreuzotterbiß solltest du einen Arzt aufsuchen.

Aufgaben

① Beschreibe den Beutefang der Kreuzotter. Berücksichtige dabei ihre besonderen körperlichen Merkmale.

② Schlage in einem Bestimmungsbuch und Abschnitt 16.2 „Kennübung Reptilien" nach, welche Reptilienarten in der Bundesrepublik Deutschland vorkommen. Schreibe auf, woran du sie erkennen kannst und wo sie leben.

③ Vergleiche Kreuzottern und Zauneidechsen miteinander. Schreibe Gemeinsamkeiten und Unterschiede zwischen ihnen auf.

④ Überlege dir, warum in den südeuropäischen Ländern, wie z. B. Italien und Spanien, mehr Reptilien vorkommen als in der Bundesrepublik Deutschland.

Kreuzottern besitzen Giftzähne, die sie zum Beutefang einsetzen. Sie können relativ große Beute unzerkleinert verschlingen. Kreuzottern sind lebendgebärend. Kreuzottern sind in ihrem Bestand stark gefährdet.

16.4 Leben vor 150 Millionen Jahren

1 Saurier in ihrem Lebensraum: hinten von links nach rechts: Stegosaurus, Diplodocus, Pteranodon, vorn von links nach rechts: Protoceratops, Anatosaurus, Triceratops, Tyrannosaurus

Große Flächen der heutigen Bundesrepublik Deutschland waren vor 150 Millionen Jahren vom Meer bedeckt. Am Land war es warm, Pflanzen wuchsen üppig. Menschen gab es noch nicht und die wenigen Säugetiere waren alle sehr klein. Zu jener Zeit lebten Saurier.

Auch Saurier gehören zu den Reptilien. Riesige Fußabdrücke und Skelettfunde lassen darauf schließen, daß die meisten Arten von ihnen wesentlich größer und schwerer waren als ihre heute noch lebenden Nachfahren, die Krokodile, Eidechsen, Schlangen und Schildkröten.

Tyrannosaurus zum Beispiel erreichte eine Höhe von sechs Metern, eine Länge von 16 Metern und seine Schrittlänge betrug bald drei Meter. Wahrscheinlich konnte er sehr schnell auf seinen Hinterbeinen laufen und erjagte seine Beute, die vermutlich vor allem aus pflanzenfressenden Sauriern bestand. Er fraß aber wohl auch Aas.

Diplodocus war dagegen ein Pflanzenfresser und wie Tyrannosaurus ein Landsaurier. Er konnte bis zu 28 Meter lang und etwa 40 Tonnen schwer werden. Er lief auf vier Beinen und bewegte sich wahrscheinlich nur langsam fort.

Pteranodon gehörte zu den Flugsauriern. Seine Vorderbeine waren zu Flügeln umgebildet. Von einer Zehe jedes Vorderfußes aus war eine Haut zum Hinterbein gespannt. Obwohl er fliegen konnte, fing er seine Nahrung vermutlich nicht in der Luft. Man nimmt an, daß er sie sich aus dem Meer holte. Wenn er sich ausruhte, hängte sich Pteranodon wohl kopfunter mit den Krallen an Felsen oder Äste.
Nothosaurus, ein Paddelsaurier, lebte wahrscheinlich überwiegend im flachen Wasser und schwamm mit Hilfe der Beine, die wie paddelförmige Flossen ausgesehen haben sollen. An Land konnten sich diese Tiere wohl nur sehr ungeschickt fortbewegen.
Mixosaurus lebte – wie andere Fischsaurier – ausschließlich im Meer, vermutlich vor allem in tiefen Wasserregionen. Ihre Körperform glich wohl eher einem Hai oder Delphin als einem Krokodil. Trotzdem gehörten auch die Fischsaurier zu den Reptilien.

Die zahlreichen Skelettfunde, die in verschiedenen Teilen der Welt gemacht wurden, belegen die Vermutungen, daß Saurier damals alle Lebensräume, das Land, das Wasser und die Luft besiedelten. In vergleichbarem Ausmaß wie damals Saurier, besiedeln heute nur Säugetiere alle Lebensräume.

Vor etwa 65 Millionen Jahren starben die Saurier aus. Die verschiedenen Arten hatten etwa 160 Millionen Jahre lang die Erde bewohnt. Die Ursachen für das Aussterben sind bis heute unklar. Wissenschaftler vermuten, daß entweder Meteoriteneinschläge oder starke Vulkantätigkeiten der Grund hierfür waren. Sie sollen bewirkt haben, daß gewaltige Staubmassen zu einer lang dauernden Verdunkelung geführt haben. Pflanzen starben ab. Nahrungsmangel und gleichzeitig ein extremer Kälteeinbruch führten vermutlich dazu, daß alle Saurier ausstarben.

Art	Länge in m	Höhe in m	geschätztes Gewicht in kg
Brachiosaurus	27	15	50 000
Brontosaurus/Apatosaurus	22	?	40 000
Diplodocus	28	?	40 000
Iguanodon	11	5	10 000
Stegosaurus	9	?	1 750
Tyrannosaurus	16	6	7 000
Ichthyosaurus	12	?	?
Pteranodon	Spannweite 7 m		17
Quetzalcoathus northropi	Spannweite 12 m		65

2 Maße und Gewichte einiger ausgestorbenen Reptilien

Aufgaben

① Suche mit Hilfe eines Buches über Saurier jeweils einen Saurier zu folgenden Formen heraus: Landsaurier, Flugsaurier, Paddelsaurier, Fischsaurier. Beschreibe, wenn möglich, Aussehen und Lebensweise.

② Beschreibe Merkmale, an denen deutlich wird, in welchen Lebensräumen die jeweiligen Saurier gelebt haben.

③ Vor 150 Millionen Jahren besiedelten Saurier alle Lebensräume. Nenne Beispiele von Säugetieren, die heute in den entsprechenden Lebensräumen vorkommen.

④ Miß Höhe und Länge deines Schulgebäudes aus und vergleiche die Maße mit der Größe eines Diplodocus.

⑤ Stelle einen Vergleich an zwischen einem afrikanischen Elefanten (er wird bis siebeneinhalb Meter lang und sechs Tonnen schwer) und zwei Sauriern. Veranschauliche dein Ergebnis in einer Skizze.

⑥ Saurier lebten 160 Millionen Jahre auf der Erde, bevor sie ausstarben. Schlage im nächsten Kapitel nach, seit wieviel Jahren der Mensch und seine Vorfahren auf der Erde leben.

Vor 150 Millionen Jahren waren Saurier auf dem Land, in der Luft und im Wasser verbreitet. Über ihren Körperbau sind wir durch Skelettfunde informiert. Aussagen über ihre Lebensweisen beruhen auf Vermutungen. Saurier starben vor 65 Millionen Jahren aus.

16.5 Archaeopteryx – Beispiel einer Übergangsform?

1 Versteinerter Archaeopteryx

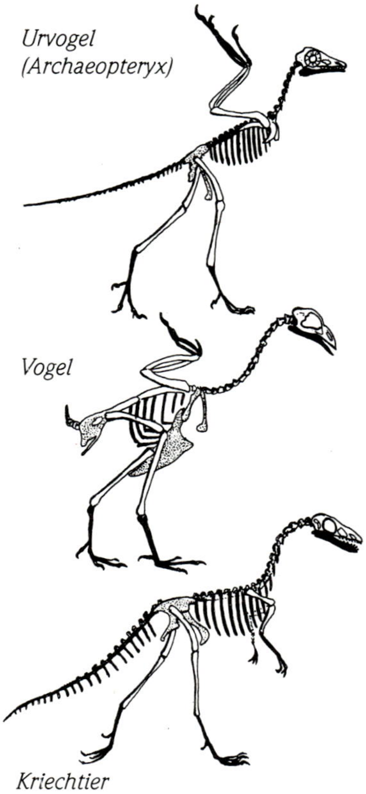

In der Fränkischen Alb bei Solnhofen in Bayern sind in den kalkhaltigen Meeresablagerungen sehr gut erhaltene Fossilien zu finden. 1860 fand man den Abdruck einer sechs Zentimeter langen Feder, die von einer echten Vogelfeder nicht zu unterscheiden war. Überraschend war ihr Alter, ungefähr 150 Millionen Jahre. Wenig später fand man die unvollständige Versteinerung eines Tieres, das Federn wie ein Vogel besessen haben mußte, aber auch Merkmale der Reptilien aufwies. Man nannte das Tier **Archaeopteryx.** Das Wort stammt aus dem Griechischen und heißt „uralte Feder" (archaios = uralt, pteryx = Feder).

16 Jahre nach dem ersten Archaeopteryx-Fund wurde im Jahre 1877 ein zweites Fossil von Archaeopteryx entdeckt (Abb. 1). Dieses Exemplar war vollständiger als das erste. Manche Eigenschaften des Skeletts zeigen Merkmale der Reptilien: die lange Schwanzwirbelsäule, die freien Finger mit Krallen, das Vorhandensein von Bauchrippen, ein Brustbein ohne Kamm und Zähne im Maul. Das Gabelbein beim Archaeopteryx, seine Federn und die Haltung der Vordergliedmaßen (ähnlich einem Vogel) sind Übereinstimmungen mit den Baumerkmalen der Vögel.

Durch andere Fossilfunde weiß man, daß Vögel, die mit den heute lebenden Arten vergleichbar sind, erst vor ca. 130 Millionen Jahren existierten. Daraus schlossen die Wissenschaftler, daß es sich bei Archaeopteryx um eine **Übergangsform** zwischen Reptilien und Vögeln gehandelt hat. Man nimmt an, daß sich die Vögel im Laufe der Erdgeschichte aus Vorfahren der Reptilien entwickelt haben. Über die Lebensweise und das Aussehen von Archaeopteryx kann man nur Vermutungen anstellen (Abb. 2). Wahrscheinlich war Archaeopteryx kein guter Flieger. Vielleicht kletterte das Tier mit Hilfe seiner Krallen an Bäumen hoch und segelte von dort mit ausgebreiteten Flügeln abwärts.

Aufgaben

① Begründe mit Hilfe der Abb. 1, der Zeichnungen in der Randspalte und des Textes die Einordnung des Archaeopteryx als Übergangsform zwischen Reptilien und Vögeln. Fertige dazu eine Tabelle mit zwei Spalten an. In die eine Spalte schreibst du, welche Reptilmerkmale Archaeopteryx hat, in die andere Spalte, welche Vogelmerkmale Archaeopteryx hat.

② Beschreibe die Abbildung einer Rekonstruktion von Archaeopteryx und anderer Lebewesen seiner Zeit (Abb. 2). Äußere Vermutungen über die Lebensweise von Archaeopteryx. Welche Schwierigkeiten ergeben sich, wenn man auf der Grundlage von Fossilfunden ein Lebensbild eines Tieres rekonstruiert?

Archaeopteryx wird als Übergangsform zwischen Reptilien und Vögeln angesehen. Wahrscheinlich entwickelten sich Vögel im Laufe der Erdgeschichte aus Vorfahren der Reptilien.

2 Rekonstruktion des Archaeopteryx und einiger Lebewesen seiner Zeit

16.6 Vergleich der Wirbeltiergruppen

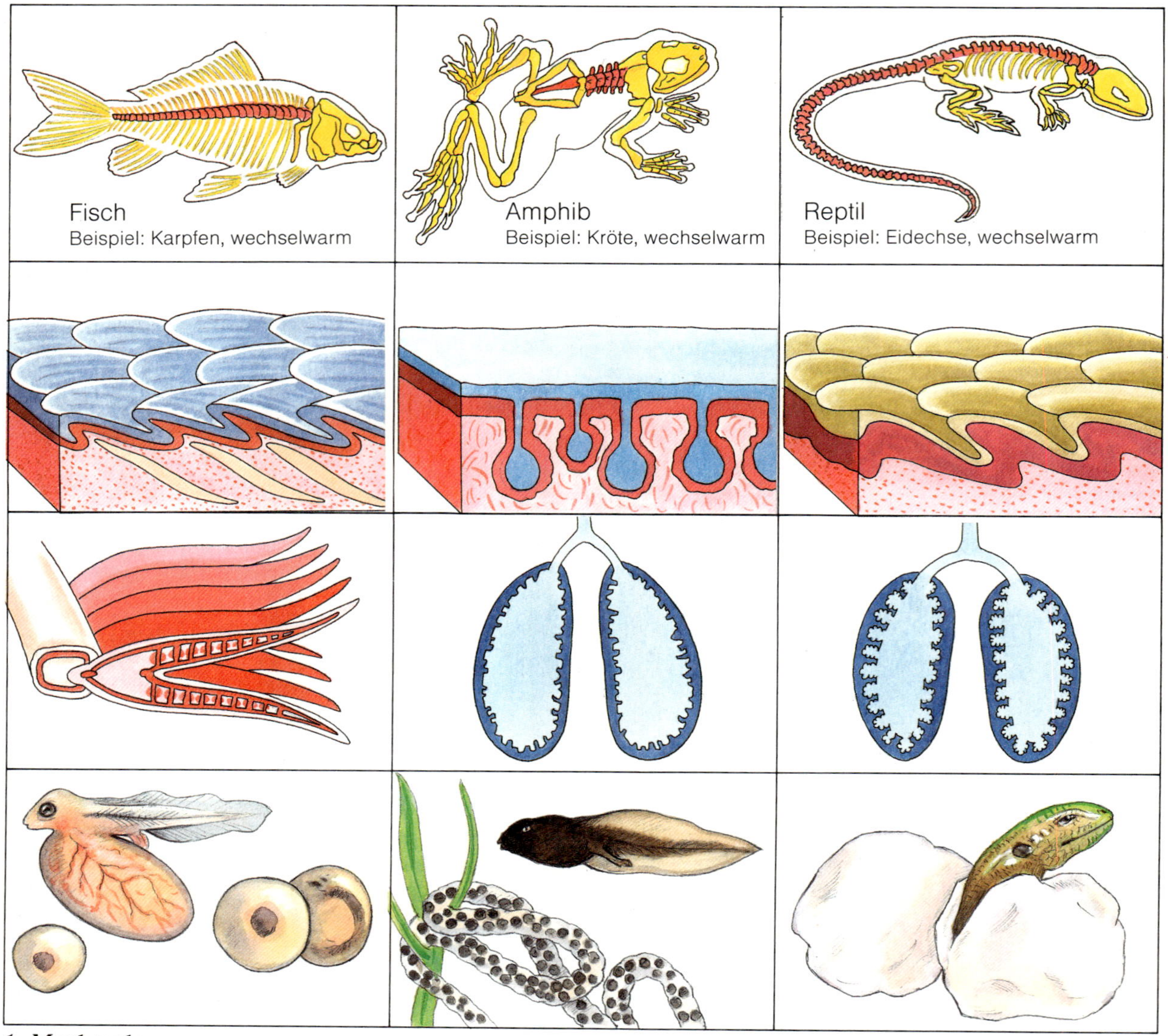

1 Merkmale der Wirbeltiere

Aufgaben

① Betrachte die Übersicht über die Wirbeltiere in Abb. 1. Fertige eine Tabelle mit fünf Spalten an. Trage anstelle der Abbildungen eine entsprechende Beschreibung in Stichworten in die Felder ein.

② Beschreibe aus der Abb. 1 die Unterschiede der Merkmale Haut, Atmung und Fortpflanzung bei den Wirbeltierklassen.

Fische leben im Wasser. Sie besitzen Flossen zum Antrieb und zur Steuerung beim Schwimmen. Die Haut der Fische ist beschuppt und von einer schleimigen Schicht überzogen. Fische atmen mit Kiemen. Zur Fortpflanzung legt das Weibchen die Eier im Wasser ab. Dort werden sie von den Spermazellen des Männchens befruchtet. Man nennt das äußere Befruchtung. Die Jungen entwickeln sich aus den befruchteten Eiern im Wasser.

Amphibien leben an Land in feuchten Gebieten. Der Körper wird mit Hilfe der Beine über den Boden geschoben. Amphibien bewegen sich schleppend-kriechend fort. Die Eier werden bei den meisten Amphibien im Wasser abgelegt. Dort werden sie von den Spermazellen des Männchens

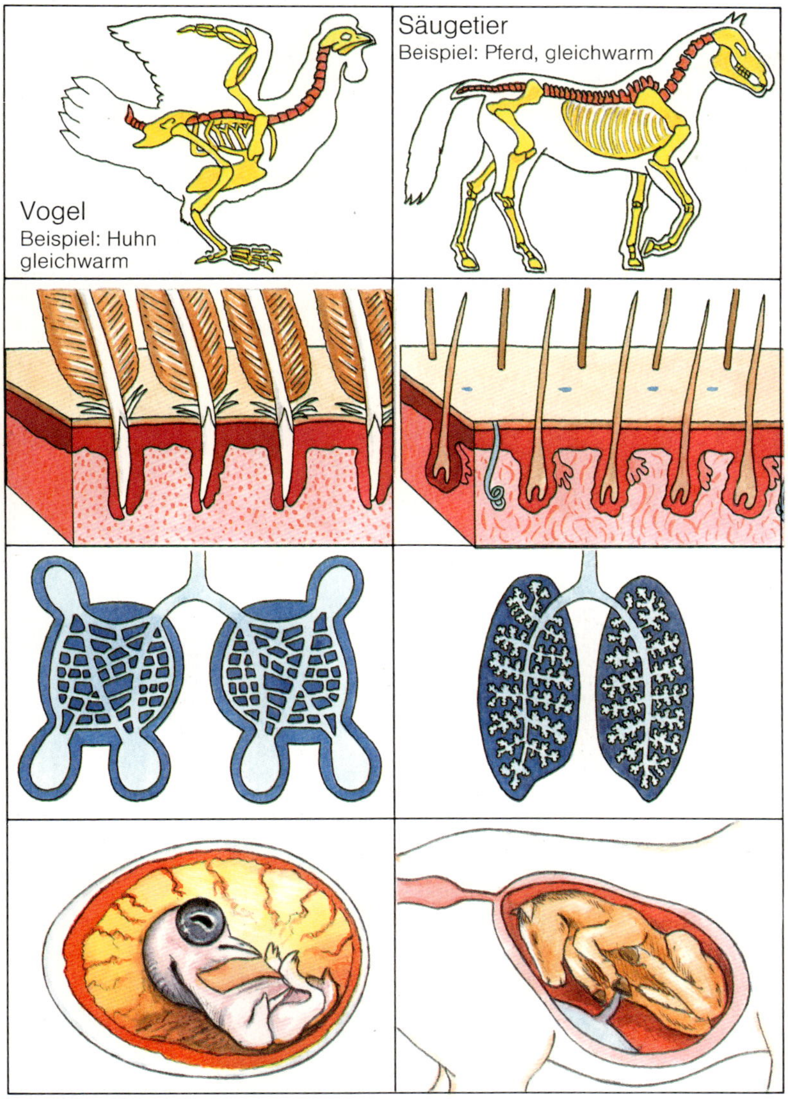

befruchtet. Es ist eine äußere Befruchtung. Die Eier sind von einer Gallerthülle umgeben. Die ausgeschlüpften Larven atmen mit Kiemen und leben im Wasser. Nach einer Metamorphose leben die meisten Amphibien an Land und atmen mit Lungen und der feuchten Haut.

Reptilien leben an Land. Die Beine der Reptilien sitzen seitlich am Körper. Der Körper wird beim Kriechen etwas angehoben. Die Hautoberfläche der Reptilien ist von Hornschuppen bedeckt. Sie atmen mit Lungen. Die Eier werden im Körper des Weibchens befruchtet. Man nennt das innere Befruchtung. Die Eier sind mit einer dünnen Hornschicht umgeben. Sie werden an Land an einer warmen Stelle vergraben. Der Embryo wächst im Ei heran.

Das Fliegen ist die kennzeichnende Fortbewegungsart der **Vögel**. Es wird durch den leichten Skelettbau, die Flügel und die Federn möglich. Vögel atmen mit Lungen. Die Eier werden im Körper des Weibchens befruchtet und mit einer widerstandsfähigen Kalkschale umgeben. Vögel bauen Nester, in die die Eier gelegt werden. Die Vogeleier werden von den Eltern bebrütet. Nach einiger Zeit schlüpfen die Jungen.

Säugetiere sind vorwiegend Tiere, die auf dem Land leben. Einige können sich im Wasser und in der Luft aufhalten. Die Gliedmaßen der Säugetiere sitzen unter dem Körper und heben ihn stark an. Durch die Stellung der Gliedmaßen sind Säugetiere in der Lage, sich auf dem Boden schnell fortzubewegen. Die Haut der Säugetiere ist von Haaren bedeckt. Säugetiere atmen mit Lungen. Die Befruchtung der Eizelle und die Entwicklung des Embryos erfolgt im Mutterleib. Nach der Geburt werden die Jungen einige Zeit von der Mutter mit Milch gesäugt.

Aufgrund der Ähnlichkeit untereinander bilden die Fische, die Amphibien, die Reptilien, die Vögel und die Säugetiere jeweils eine eigene Klasse von Tieren. Die fünf Klassen besitzen trotz aller Unterschiede auch Gemeinsamkeiten. Ein gemeinsames Merkmal ist die Wirbelsäule. Deshalb werden Fische, Amphibien, Reptilien, Vögel und Säugetiere zum **Stamm der Wirbeltiere** zusammengefaßt.
Die Übereinstimmungen bei verschiedenen Merkmalen sind die Folge der verwandtschaftlichen Beziehung zwischen den Wirbeltieren. Alle Wirbeltiere haben gemeinsame Vorfahren. Die Nachkommen haben sich allmählich verändert. Im Laufe langer Zeiträume haben sich zwischen den Nachkommen immer mehr Unterschiede herausgebildet.

Fische, Amphibien, Reptilien, Vögel und Säugetiere unterscheiden sich deutlich durch bestimmte Merkmale voneinander. Als gemeinsames Merkmal besitzen sie die Wirbelsäule. Sie werden deshalb zu dem Stamm der Wirbeltiere zusammengefaßt.

17 Lebensraum Wald

17.1 Kennübung: Laub- und Nadelbäume

Winterlinde
Europäische Lärche
Fichte
Waldkiefer

17.2 Die Kiefer, eine nacktsamige Pflanze

1 Kiefer

2 Kiefernzweig mit Zapfen

Kiefern wachsen in Moor- und Heidegebieten und auf Sandböden (Abb. 1). Kiefern besitzen lange Pfahlwurzeln und weit verzweigte Seitenwurzeln. Sie können sowohl aus der Tiefe als auch aus den oberen Bodenschichten Wasser und Mineralsalze aufnehmen. Kiefern halten auch starken Winden stand, da sie mit den Wurzeln gut im Boden verankert sind. Die Blätter der Kiefer bestehen aus schmalen Nadeln, die paarweise an den Ästen sitzen (Abb. 2, 3).

Kiefern blühen von Mai bis Juni. Am Ende der jungen Triebe sitzen die gelblichen männlichen Blüten (Abb. 3). Jede männliche Blüte ist aus vielen Staubblättern zusammengesetzt (Abb. 4). Jedes Staubblatt enthält zwei Pollensäcke. Bei trockenem Wetter rieseln aus den Pollensäcken riesige Mengen Pollenkörner auf den Boden. Manchmal sind Boden- und Wasserflächen mit den schwefelgelben Pollenkörnern der Kiefern bedeckt, so daß man von „Schwefelregen" spricht. Die Pollen sind durch zwei Luftsäcke besonders schwebefähig und können mit dem Wind über hundert Kilometer weit fortgetragen werden. Sie gelangen so zu den weiblichen Blüten anderer Kiefern.

Die weiblichen Blütenstände sitzen ebenfalls an den Spitzen der jungen Triebe. Es sind kleine, rötliche Zapfen (Abb. 3). Jeder Zapfen besteht aus Samenschuppen mit je zwei Samenanlagen. Diese Samenanlagen liegen nicht in einem Fruchtknoten eingeschlossen, sondern „nackt" auf der Samenschuppe (Abb. 4). Pflanzen mit solchen Samenanlagen nennt man **Nacktsamer.** Alle Nadelbäume gehören zu den Nacktsamern. Bei Tulpen, Kirschen und vielen anderen Blüten, sind die Samenanlagen von einem Fruchtknoten umgeben. Solche Pflanzen gehören zu den **Bedecktsamern.**

Nach der Bestäubung verkleben die Schuppen des Kiefernzapfens, so daß die Samenanlagen gut geschützt sind. Der Zapfen wird dicker und grün. Erst ein Jahr nach der Bestäubung findet die Befruchtung statt. Im Laufe des zweiten Jahres nach der Bestäubung wird der Zapfen braun und holzartig und wächst zu seiner endgültigen Größe heran. Im Frühjahr des dritten Jahres spreizen sich bei trockenem Wetter die Schuppen des Zapfens, so daß die geflügelten Früchte herausfallen können (Abb. 2). Sie werden vom Wind weggetragen, fallen irgendwo auf den Boden

3 Männliche und weibliche Blüten der Kiefer

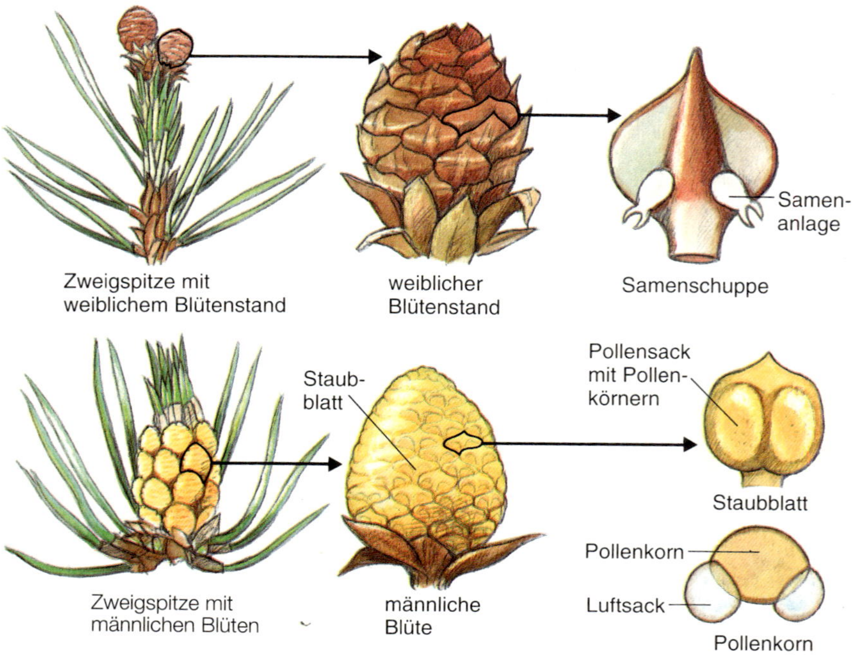

4 Kiefernblüten

und können zu neuen Kiefernpflänzchen auskeimen.

Zu den Nadelbäumen gehören auch Fichten, Lärchen, Tannen, Wacholder und Eiben (Abb. 5–7).

Aufgaben

① Beschreibe anhand des Textes den Zeitverlauf der Fortpflanzung bei der Kiefer von der Bestäubung bis zur Verbreitung der Früchte.

② Erläutere den Unterschied zwischen Nacktsamern und Bedecktsamern. Nenne Beispiele für Nacktsamer und Bedecktsamer.

③ Sammle Zweige mit Zapfen von verschiedenen Nadelbäumen. Beschreibe ihr Aussehen und bestimme, von welchem Baum sie stammen.

④ Sammle abgefallene Zapfen. Trockne sie einige Tage auf der Heizung. Lege anschließend einige der Zapfen in Wasser. Beschreibe deine Beobachtung. Welche Vorteile hat die Eigenschaft des Zapfens für die Verbreitung der Samen?

⑤ Untersuche männliche Blüten und weibliche Blüten der Kiefer und anderer Nadelbäume mit der Lupe. Beschreibe den Aufbau der Blüten. Vergleiche mit der Abb. 4.

⑥ Prüfe, welcher der folgenden Begriffe für die Kiefer zutrifft: zwittrig, getrenntgeschlechtlich, einhäusig, zweihäusig.

⑦ In manchen Gebieten der Erde haben sich auf natürliche Weise ausgedehnte Nadelwälder gebildet. Suche im Atlas eine Karte der Vegetationszonen der Erde und schreibe auf, in welchen Gebieten der Erde solche ausgedehnten Nadelwälder vorkommen.

Bei der Kiefer und anderen Nadelbäumen wie Fichte, Tanne und Lärche liegen die Samenanlagen auf den Samenschuppen, sie sind Nacktsamer. Die Samenanlagen der Bedecktsamer liegen dagegen im Inneren eines Fruchtknotens.

5 Tanne

6 Fichte

7 Lärche

17.3 Wälder sind verschieden

In der Bundesrepublik Deutschland sind fast alle ursprünglichen Wälder vom Menschen verändert worden. Häufig findet man in ihnen nur eine einzige Baumart. Solch einen Wald nennt man **Reinbestand.** In einem Fichtenreinbestand stehen Fichten in geraden Reihen dicht nebeneinander (Abb. 1). Nur wenig Licht gelangt auf den Boden. Als Folge des Lichtmangels sterben die unteren Äste der Fichten ab. Wo noch etwas Sonnenlicht den Boden erreicht, wachsen Gräser, Farne und kleine Sträucher. Manchmal überzieht Moos in dichten Polstern den Boden.

1 Fichtenreinbestand

Wirtschaftlich betrachtet erscheint der großflächige Anbau von Fichten sinnvoll. Sie wachsen besonders schnell. Ein Fichtenreinbestand liefert in der gleichen Zeit etwa doppelt soviel Holz wie ein Mischbestand oder **Mischwald,** in dem verschiedene Arten von Laub- oder Nadelbäumen wachsen. Dennoch sprechen wichtige Gründe gegen Fichtenreinbestände: Fichten sind Flachwurzler, ihre Wurzeln verlaufen dicht unter der Erdoberfläche. Bei starkem Sturm können sie leicht entwurzelt werden. Die Bäume in einem Mischwald dagegen haben häufig tiefreichende Wurzeln und widerstehen heftigen Stürmen besser als Fichten. In einem Fichtenreinbestand kann sich ein Waldbrand schnell ausbreiten. Zwischen den kahlen Baumstämmen findet der Wind wenig Widerstand, feuchte Luft wird schnell weggeweht. Jährlich werden große Flächen durch Feuer zerstört. Im Innern eines Mischwaldes ist es dagegen meist recht feucht, Brände entstehen hier selten. Ein Fichtenreinbestand bietet nur wenigen Insektenarten Nahrung, das Nahrungsangebot für diese Tiere ist allerdings reichlich. Dies kann zu einem massenhaften Auftreten dieser Insekten führen. So wurden in den letzten Jahrzehnten riesige Fichtenbestände durch Fichtenborkenkäfer vernichtet. Aus all diesen Gründen gehen viele Forstverwaltungen immer mehr dazu über, Mischwälder anzubauen. Dazu gehören z. B. Eichen-Hainbuchen-Wälder (Abb. 2).

Wenn man im Frühjahr in einem Eichen-Hainbuchen-Wald spazierengeht, fallen neben den mächtigen Stieleichen und den zahlreichen Hainbuchen auch Rotbuchen

2 Eichen-Hainbuchen-Wald

und Bergahorn auf. Man findet Jungpflanzen von Hainbuchen und Eichen. Am Waldrand und an lichten Stellen wachsen Haselsträucher. Buschwindröschen bedecken große Flächen des Waldbodens. An feuchten und mineralsalzreichen Stellen gedeiht der Aronstab.

In Eichen-Hainbuchen-Wäldern kommen bis zu 4000 Pflanzenarten vor. Dazu gehören ungefähr 3500 verschiedene Pilzarten, 200 Arten von Blütenpflanzen, 150 Moosarten und rund 150 sonstige Pflanzenarten. Die große Zahl verschiedener Pflanzen ermöglicht mehr als 5000 Tierarten, in einem Eichen-Hainbuchen-Wald zu leben. Etwa 80 Prozent davon sind Insekten. Mehr als 70 Vogelarten, rund 30 Säugetierarten, weiterhin können eine Reihe verschiedener Amphibien und Reptilien in einem Eichen-Hainbuchen-Wald leben.

Eine Eiche bietet verschiedenen Tieren Nahrung. Anfang Mai sieht man an Eichenblättern oft die Larven eines kleinen Schmetterlings, des Eichenwicklers. Die Raupen fressen nach dem Schlüpfen die jungen Blätter, sie können einen ganzen Baum kahlfressen. Von den Früchten der Eiche, den Eicheln, ernähren sich Eichelhäher und Eichhörnchen, die wiederum vom Baummarder gejagt werden. Buntspechte zimmern ihre Bruthöhlen, in denen sie ihre Jungen aufziehen. Diese Höhlen können im nächsten Jahr auch von Hohltauben zur Aufzucht ihrer Jungen genutzt werden. Diese Beispiele zeigen, daß Pflanzen und Tiere, die im Wald zusammenleben, voneinander abhängig sind. Sie bilden eine **Lebensgemeinschaft.**

„Die Seele wird vom Pflastertreten krumm. Mit Bäumen kann man wie mit Brüdern reden und tauscht bei ihnen seine Seele um."
(Erich Kästner)

„Ein Wald, meistens aus Bretterreihen bestehend, die oben mit Grün verputzt sind."
(Robert Musil)

Aufgaben

① Nenne Gründe für oder gegen die Anlage eines Fichtenreinbestandes.

② Vergleiche Mischwald und Reinbestand miteinander. Schreibe die Unterschiede in einer Tabelle auf.

③ Stelle die Zahl der in einem Eichen-Hainbuchen-Wald vorkommenden Tier- und Pflanzenarten in Form eines Säulendiagramms dar. Entnimm die entsprechenden Angaben dem Text.

④ Die Zitate und Aussagen in der Randspalte zeigen jeweils eine bestimmte Einstellung zum Wald. Schreibe auf, welche Ansicht dort zum Ausdruck gebracht wird.

In einem Reinbestand wächst nur eine Baumart. Ein Fichtenreinbestand liefert schnell viel Holz, jedoch können starke Stürme, Feuer und Insektenbefall ihn leicht schädigen. Der Eichen-Hainbuchen-Wald ist ein Mischwald, in dem viele verschiedene Pflanzen und Tiere vorkommen. Die Tiere und Pflanzen eines Waldes sind voneinander abhängig und bilden eine Lebensgemeinschaft.

17.4 Kennübung: Tiere und Pflanzen im Eichen-Hainbuchen-Wald

Baummarder
Den Baummarder erkennt man an seinem gelben Kehlfleck. Er kann gut klettern und von Baum zu Baum springen. Dabei ist er so schnell, daß er Eichelhäher und sogar Eichhörnchen erbeuten kann.

Eichelhäher
Der Eichelhäher ist etwa so groß wie eine Taube. Er frißt Eicheln, Bucheckern, Haselnüsse, Beeren und Insekten. Sein lautes „Rätsch-Rätsch" schallt laut durch den Wald.

Hohltaube
Die Hohltaube bezieht zur Brut und Aufzucht ihrer Jungen gerne Höhlen, die Spechte angelegt haben. Anfang April sitzt sie dort auf ihrem ersten Gelege. Sie brütet oft dreimal im Jahr.

Eichenwickler
Der Eichenwickler ist ein Schmetterling, dessen Larven – die Raupen – Anfang Mai ausschlüpfen. Diese Raupen fressen nach dem Schlüpfen die jungen, frischen Blätter der Eichen. Die Raupen dienen vielen Vögeln als Nahrung.

Große Sternmiere
Die Sternmiere blüht von April bis Juni. Sie hat einen vierkantigen Stengel und längliche Blätter.

Aronstab
Der Aronstab kommt an feuchten Stellen im Mischwald vor. Er blüht im April und Mai. Seine winzigen Blüten sitzen an einem braunen Kolben, der von einem großen tütenförmigen Blatt umgeben ist. Im unteren Bereich bildet das Blatt einen bauchigen Kessel, in dem sich häufig Insekten aufhalten. Die im Juni auftretenden roten Beeren sind tödlich giftig.

17.5 Wir erkunden einen Wald

Beschreibung einer Buche

Höhe:	*20 m*
Kronendurchmesser:	*12 m*
Blätter:	*60 000*
Standfläche:	*120 m²*
Blattfläche:	*1200 m²*
Zelloberfläche:	*15 000 m²*

Die Buche verarbeitet jeden Tag die CO_2-Menge, die in einem Dreifamilien-Haus entsteht.

Von ihr verdunsten an einem Sommertag rund 400 Liter Wasser, das die Luft anfeuchtet.

Sie produziert täglich 13 kg Sauerstoff, das entspricht dem täglichen Bedarf von 10 Menschen.
Für sich selbst produziert der Baum jeden Tag 12 kg Zucker.

1. Eine Wald-Ausstellung
Nimm deine Zeichenausrüstung (Zeichenpapier, Bleistift, Farbstifte, Wasserfarben) und durchstreife den Wald. Vielleicht besitzt du einen Fotoapparat, den du mitnehmen kannst. Suche Gegenstände und Motive, die du schön findest und zeichne, sammle oder fotografiere sie (Abb. 1). Die gesammelten Gegenstände, Zeichnungen und Fotos werden anschließend zu einer kleinen Ausstellung zusammengestellt.

2. Geräusche im Wald
Achte während eines Waldspaziergangs besonders auf die Geräusche am Waldrand und im Innern des Waldes. Setze dich hin, schließe deine Augen und stelle fest, welche Geräusche auftreten, z. B. Rauschen des Windes, knarrende Äste, plätschernder Bach, summende Insekten, Tierstimmen. Liste auf, welche Geräusche du gehört hast. Nimm anschließend die Geräuschkulisse am Waldrand und im Waldinnern mit einem Kassettenrecorder auf. Stelle beim Abhören ebenfalls eine Liste der Geräusche auf, die du erkennst und vergleiche sie mit denen, die von deinem direkten Höreindruck stammen. Notiere die Unterschiede. Welche Unterschiede erkennst du zwischen den Geräuschen am Waldrand und denen im Waldinnern? Schreibe auf, woher die einzelnen Geräusche stammen.

3. Wie man Wald „ertasten" kann
Laß dir die Augen verbinden und dich barfuß über einen Waldboden führen. Schreibe auf, welche Eigenschaften der Waldboden hat, wenn man über ihn geht. Laß dich mit verbundenen Augen zu einem Baum führen. Ertaste die Borke des Baumes. Versuche etwa fünf Minuten später, deinen Baum unter mehreren anderen Bäumen durch Tasten wiederzuerkennen.

4. Gerüche im Wald
Suche im Wald Materialien, die deutlich wahrnehmbar riechen. Beachte dabei, daß sich der Geruch vieler Blätter, Stengel und Früchte erst wahrnehmen läßt, wenn sie gebrochen oder zerrieben werden. Erde riecht verschieden, je nachdem ob sie naß oder trocken ist. Die verschiedenen Gerüche lassen sich unterteilen, zum Beispiel in angenehme und unangenehme, in süßliche, saure, scharfe und bittere. Stelle die verschiedenen Gerüche in einer Übersicht zusammen. Wenn von den Geruchsproben genügend Materialien gesammelt worden sind, kann man in der Klasse ein „Riech-Quiz" durchführen.

5. Bestandsaufnahme einer Waldfläche
Wähle in einem Wald eine Untersuchungsfläche von 10 x 10 Meter aus. Markiere die vier Eckpunkte mit gut sicht-

1 Walderkundung

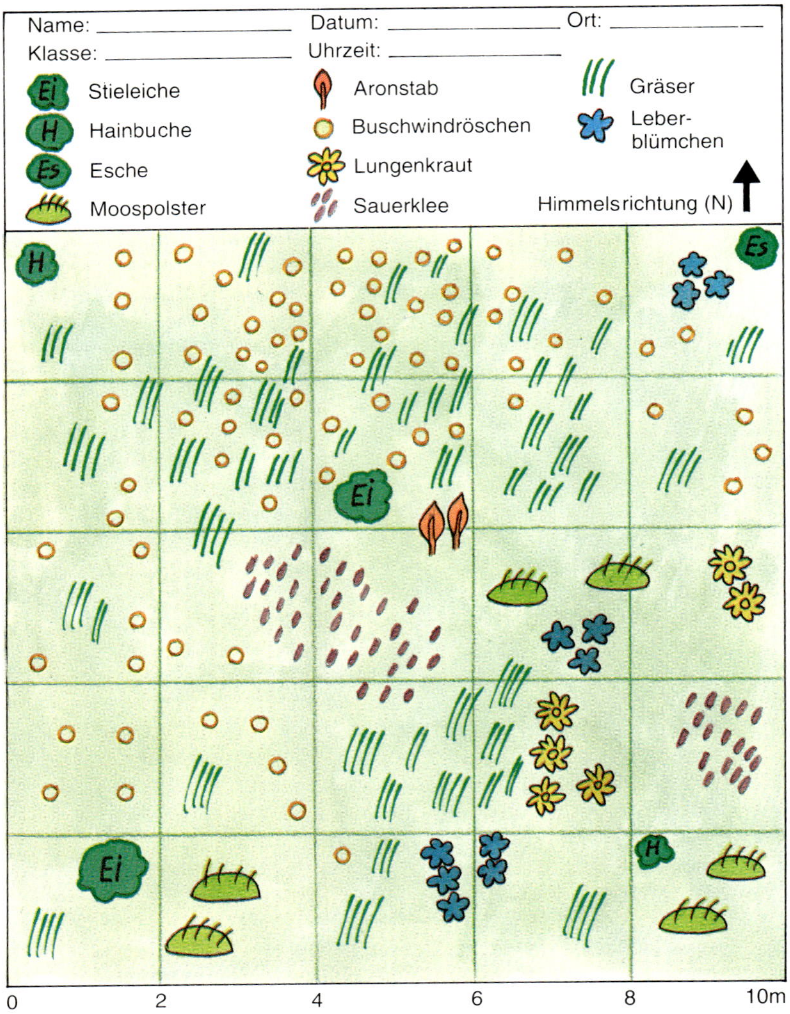

2 Bestandsaufnahme einer Fläche

baren Gegenständen (z. B. Schultaschen). Wenn mehrere Gruppen eine Bestandsaufnahme machen, sollten einige der untersuchten Flächen am Waldrand, einige im Innern des Waldes liegen. Zeichne auf Rechenpapier einen verkleinerten Grundriß, bei dem zwei Zentimeter auf dem Papier einem Meter auf dem Waldboden entsprechen (Abb. 2).

Verwende unterschiedliche Symbole, um die verschiedenen Pflanzen zu kennzeichnen. Erfasse bei dicht stehenden Gräsern oder Moosen keine einzelnen Pflanzen, sondern trage die Ausdehnung der Moos- oder Grasfläche in den Grundriß ein. Notiere ebenfalls Datum, Himmelsrichtung und Lage des Untersuchungsgebietes. Kläre bei der späteren Auswertung folgende Fragen:

- Wie sind die einzelnen Pflanzen verteilt? Nenne mögliche Ursachen dafür.
- Wieviele verschiedene Bäume wachsen auf deiner Untersuchungsfläche, wieviele verschiedene Sträucher?

Vergleiche deine Ergebnisse mit den Bestandsaufnahmen deiner Mitschüler. Stelle Unterschiede fest und begründe sie.

6. Höhenbestimmung von Bäumen
Bestimme die Höhe einiger Bäume. Du benötigst dazu einen möglichst geraden Stock oder Zweig und ein Maßband, wie es im Sportunterricht benutzt wird. Der Stock muß genau so lang sein wie dein ausgestreckter Arm (Abb. 3). Halte den Stock senkrecht so vor dich, daß die Faust in Augenhöhe liegt. Verändere durch Vor- und Zurückgehen die Entfernung zum Baum so lange, bis du den Baumgipfel in einer Linie mit der Stockspitze siehst. Dein Abstand vom Baum entspricht dann etwa der Höhe des Baumes. Um genau zu sein, mußt du deine eigene Körpergröße zu dem gemessenen Abstand addieren.

7. Höhenprofil eines Waldes
Lege in einem Waldstück mit einem Maßband eine gerade Strecke von 20 Metern aus. Ermittle entlang dieser Strecke nach beiden Seiten ½ Meter weit die größeren dort wachsenden Pflanzen, miß ihre Abstände, stelle ihre Höhen notfalls durch Schätzen fest. Trage die Werte maßstabs- und umrißgetreu auf ein kariertes DIN A4-Blatt ein (Abb. 4).

Untersuche Waldstücke, die Besonderheiten aufweisen, zum Beispiel einen Waldabschnitt mit Waldrand, einen Waldbestand mit dichter Kronenschicht und einen Bestand mit dichtem Unterwuchs und wenigen Bäumen. Welcher Zusammenhang besteht zwischen der Dichte der Baumkronen und dem Vorkommen von Sträuchern und Kräutern? Schreibe das Ergebnis deiner Überlegungen in dein Heft.

8. Temperatur innerhalb und außerhalb des Waldes
Miß an einem heißen Sonnentag die Temperatur vom Waldrand zum Waldinnern in Abständen von etwa 10 m an fünf verschiedenen Stellen, und zwar jeweils in 30 cm und 150 cm Höhe. Trage die Meßwerte in einer Tabelle in deinem Arbeitsheft zusammen. Erkläre die Unterschiede.

3 Wie hoch ist der Baum?

9. Lichtverhältnisse in einem Wald
Miß die Lichtverhältnisse in einem Wald an verschiedenen Stellen. Benutze den Belichtungsmesser in einem Fotoapparat. Stelle die Filmempfindlichkeit auf 21 DIN ein. Wähle die Blende 5,6. Halte den Fotoapparat an der Meßstelle 30 Zentimeter entfernt von oben auf ein weißes Blatt Papier. Lies dann die zugehörige Belichtungszeit ab und notiere die Ergebnisse nach folgendem Muster in einer Tabelle:

Meßstelle	Belichtungszeit	Prozent des vollen Tageslichtes
Freies Gelände	1/250	100 %
Waldrand	1/125	50 %
Waldinneres	...	...

Setze den im freien Gelände gemessenen Wert gleich 100 Prozent. Die übrigen Meßwerte beziehen sich auf diesen ersten Wert. So entspricht eine Verdoppelung der Belichtungszeit einer Verringerung des Tageslichtes um die Hälfte. Fertige ein Säulendiagramm an, in dem die unterschiedlichen Lichtverhältnisse an den verschiedenen Stellen deutlich werden.

4 Höhenprofil eines Waldes

17.6 Stockwerkaufbau eines Waldes

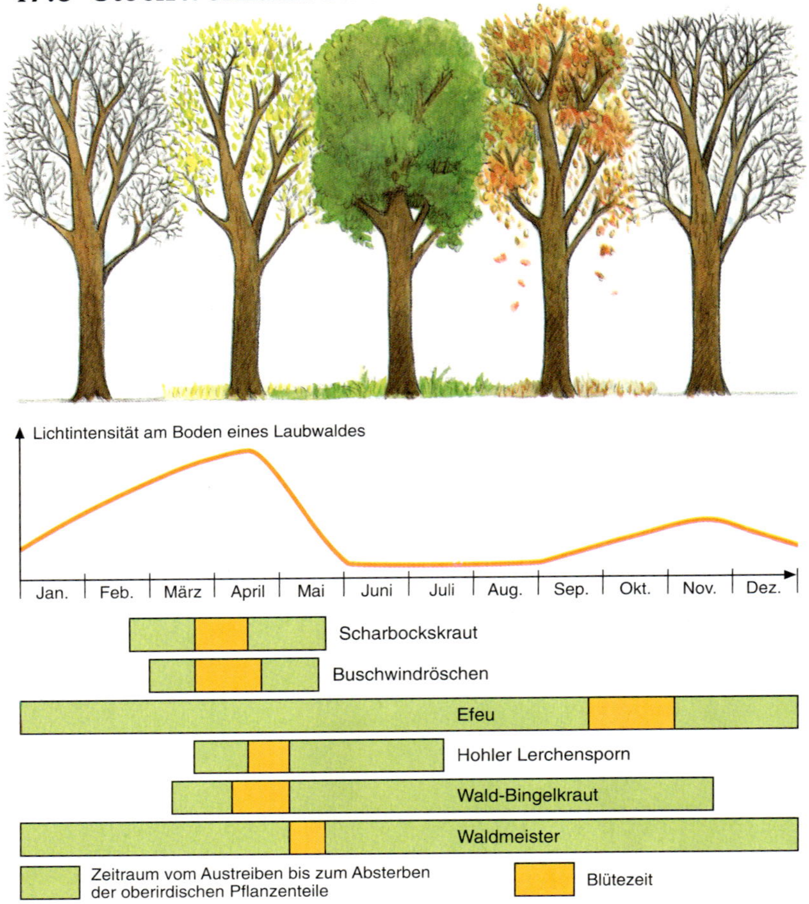

1 Lichtintensität und Abfolge des Blühens im Verlauf des Jahres

2 Scharbockskraut mit Wurzelknollen

Wenn in einem Eichen-Hainbuchen-Wald die Bäume und Sträucher im Frühjahr noch keine Blätter haben, gelangt viel Licht auf den Waldboden (Abb. 1). Einige Pflanzen, wie Buschwindröschen und Scharbockskraut, nutzen dies aus. Sie blühen zwischen März und Mai. Noch bevor sich im Juni das Laub der Bäume voll entfaltet, sind sie verblüht und haben Samen und Früchte gebildet. Nach der Blütezeit speichern diese Pflanzen Nährstoffe, die im nächsten Frühjahr Wachstum ermöglichen. Das Buschwindröschen speichert die Vorräte in einem reich bewurzelten Erdsproß, das Scharbockskraut in verdickten Wurzeln, den Wurzelknollen (Abb. 2). Pflanzen, die durch ihre frühe Blütezeit an die Lichtverhältnisse im Frühjahr angepaßt sind, nennt man **Frühblüher.** Auch Schlüsselblume, Lerchensporn und Aronstab sind Frühblüher.

Die Lichtverhältnisse bestimmen nicht nur die zeitliche Abfolge des Blühens in einem Laubwald, sondern sind auch mitverantwortlich für die schichtenartige, räumliche Anordnung der dort vorkommenden Pflanzen. Man bezeichnet diesen schichtenartigen Aufbau auch als **Stockwerkaufbau** des Waldes (Abb. 3). In einem solchen Wald fällt im Sommer das volle Sonnenlicht zunächst auf die Baumkronen. Dieser Bereich wird Kronenschicht genannt. Unter den Baumkronen nimmt die Lichtmenge deutlich ab. Dort gedeihen schattenertragende Sträucher und junge Bäume. Sie bilden die Strauchschicht des Waldes. Sträucher, die mehr Licht benötigen, findet man auf Waldlichtungen und am Waldrand. Dort wächst zum Beispiel der Schwarze Holunder. Nachdem im Mai die Bäume und Sträucher voll belaubt sind, gelangt nur noch rund fünf Prozent des vollen Sonnenlichts durch das dichte Blätterdach hindurch. Darunter wachsen Pflanzen, die mit wenig Licht auskommen, wie der Sauerklee oder die Schattenblume (Abb. 4). Sie gehören ebenso wie die Frühblüher zur Krautschicht des Waldes. Nur ungefähr 1–2 Prozent des Sonnenlichts dringen im Sommer bis auf den Waldboden durch. Dort wachsen vor allem Pilze und Moose. Moose können reichlich Wasser speichern und halten so den Waldboden feucht. Sie bilden die Moosschicht des Waldes.

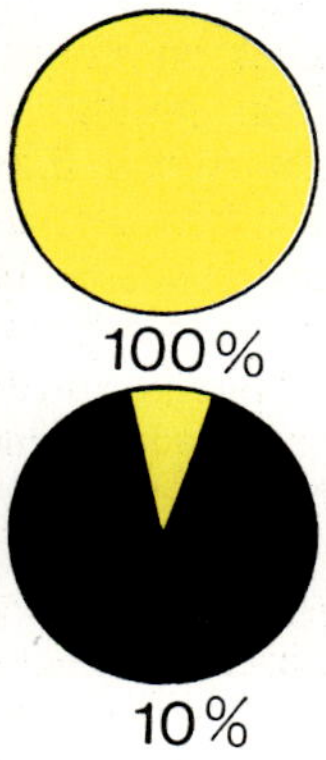

Prozentuale Anteile des einfallenden Sonnenlichtes

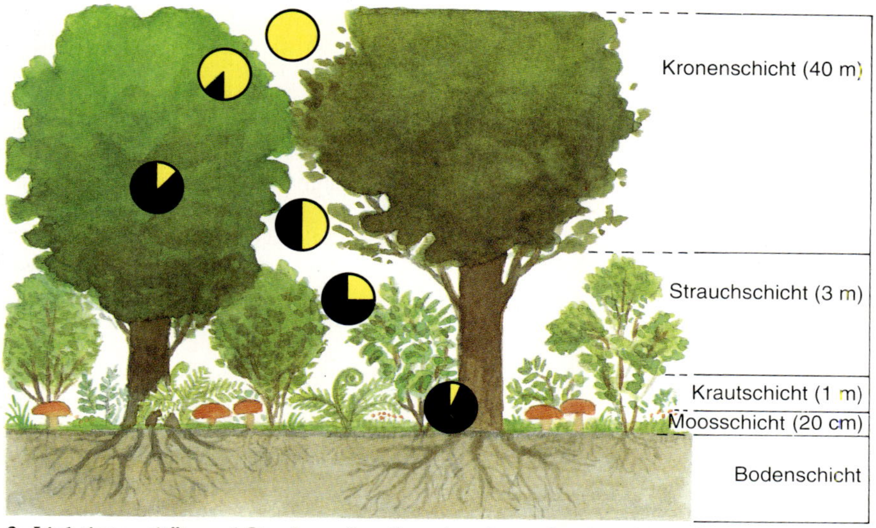

3 Lichtintensität und Stockwerkaufbau in einem Laubwald im Sommer

Die darunterliegende lichtlose Bodenschicht ist von den Wurzeln der verschiedenen Pflanzen durchzogen. Sie bilden die Wurzelschicht eines Waldes. Pflanzen wurzeln in unterschiedlicher Tiefe. Moose sitzen auf dem Boden auf, der Erdsproß des Buschwindröschens liegt in 15 Zentimeter Tiefe, die Wurzeln des Schwarzen Holunders reichen in etwa 80 Zentimeter Tiefe, die der Rotbuche in 2 bis 3 Meter Tiefe. So gelangen alle Pflanzen an das nötige Wasser und die darin gelösten Mineralsalze.

4 Schattenblume

Aufgaben

① Beschreibe den schichtenartigen Aufbau eines Laubwaldes mit deinen Worten. Trage die Schichten in Form einer Tabelle in dein Arbeitsheft ein und ordne ihnen entsprechende Pflanzen zu.

② Erkläre mit Hilfe des Textes und den Abbildungen 1, 2 und 3 die Anpassung von Frühblühern an die Lichtverhältnisse in einem Laubwald.

③ Die Abb. 4 zeigt die Schattenblume. Sie wächst in Laub- und Nadelwäldern an feuchten Stellen und blüht von Juni bis August. Diese Pflanze besitzt große, dünnhäutige Blätter, die in trockener Luft schnell welken. Schreibe auf, inwiefern diese Pflanze an die Lebensverhältnisse im Waldinnern angepaßt ist.

④ Schneide eine verdickte Wurzelknolle des Scharbockskrautes durch und träufele einige Tropfen Iod-Kaliumiodid-Lösung auf die Schnittfläche. Iod-Kaliumiodid-Lösung färbt Stärke blau-violett. Notiere das Ergebnis in dein Heft, deute es.

Frühblüher sind an die Lichtverhältnisse während des Frühjahres in einem Wald angepaßt. Die Lichtverhältnisse in einem Laubwald sind mitverantwortlich für seinen schichtenartigen Aufbau.

17.7 Eichhörnchen, Artisten der Baumkronen

Fichtenzapfen

Kiefernzapfen

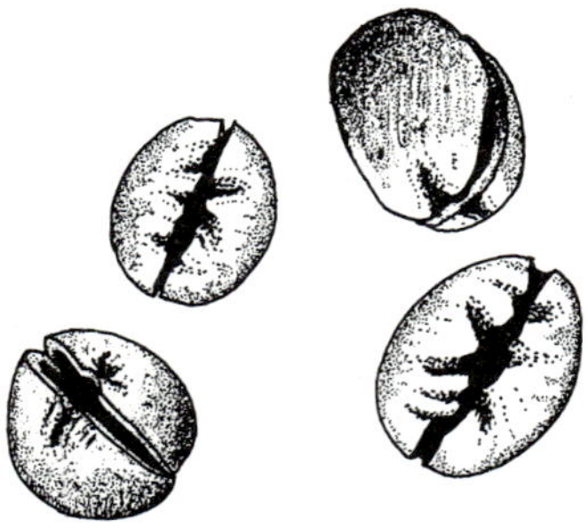

Haselnüsse

Fraßspuren vom Eichhörnchen

Eichhörnchen bauen schon im Februar mehrere Kobel (Abb. 2). In einem der Kobel bringt das Weibchen meist vier bis fünf Junge zur Welt. Hier werden die Jungen gesäugt und aufgezogen. Die Jungen sind zunächst unbehaart. Erst nach drei Wochen haben sie einen dichten, kurzhaarigen Pelz. Im Alter von 30 Tagen öffnen sich die Augen der Jungtiere. Manchmal beunruhigen und bedrohen Baummarder die Jungen. Dann werden sie vom Weibchen in einen anderen Kobel gebracht.

Wenn die Jungen etwa sechs Wochen alt sind, klettern sie ab und zu aus dem Kobel und erkunden die Umwelt. Bei Ausflügen bleiben sie aber stets in der Nähe des Kobels. Durch Rufe verständigen sie sich und verlieren so nie den Kontakt untereinander. Die Jungen lernen, mit Hilfe ihrer langen Nagezähne Nüsse, Eicheln, Zapfen und andere Früchte zu öffnen. Das dauert anfangs noch einige Minuten lang. Nach einigen Wochen können die jungen Eichhörnchen die harte Schale einer Nuß in etwa einer Minute aufknacken.

Während des Sommers wirft ein Eichhörnchen-Weibchen oft zum zweiten Mal Junge. Die jungen Eichhörnchen des ersten Wurfs lernen nun immer sicherer zu klettern. In vier oder fünf Meter weiten Sätzen springen sie von Baum zu Baum. Manche Tiere beherrschen sogar Saltosprünge. Beim Sprung dient ihnen der buschige Schwanz als Steuer. Eichhörnchen können mit ihren langen Krallen gut auf Zweigen und Ästen laufen.

Im Herbst legen Eichhörnchen im Boden Vorräte von Nüssen und anderen Früchten an. Während des Winters vergessen sie aber oft ihre Vorräte. Auf diese Weise tragen Eichhörnchen zur Verbreitung von Samen bei. Wenn es schneit oder sehr kalt ist, schlafen Eichhörnchen manchmal viele Tage im Kobel. Eichhörnchen halten **Winterruhe**.Hat sich das Wetter gebessert, dann suchen sie wieder nach Nahrung.

1 Eichhörnchen

Aufgaben

① Welche Merkmale weisen darauf hin, daß ein Eichhörnchen gut klettern und springen kann? Nimm die Abbildungen und den Buchtext zu Hilfe.

② Auf dieser Seite sind Fraßspuren von Eichhörnchen abgebildet. Wie sehen die benagten Früchte aus? Erkläre, wie die Fraßspuren entstehen. Suche im Wald nach Früchten, die von Eichhörnchen benagt wurden.

③ Die Abb. 1 zeigt das Leben von Eichhörnchen während eines Jahres. Fertige mit Hilfe dieser Abbildung und des Textes eine Aufstellung an, die folgendes Aussehen hat:
Januar: Eichhörnchen schlafen. Sie graben im Schnee nach Nahrung.

Eichhörnchen können geschickt in Bäumen klettern und springen. Eichhörnchen bauen Kobel und ziehen darin Junge auf. Wenn die Jungen etwa zwei Monate alt sind, werden sie selbständig und haben gelernt, Nüsse aufzuknacken.

2 Das Eichhörnchen-Jahr

17.8 Kennübung: Vögel des Waldes

Schwarzspecht
Der ausgewachsene Schwarzspecht ist 45 cm lang und damit der größte und auch der schwerste unter den heimischen Spechten. Der Schwarzspecht meißelt seine Höhle 40 cm tief in einen Baum, der Durchmesser der Höhle beträgt 15 cm. Die drei bis vier Jungen werden ungefähr drei Wochen von den Eltern gefüttert.

Buntspecht ▶
Der Buntspecht erreicht eine Größe von 23 cm. Seine Nist- und Schlafhöhle hat eine Tiefe von rund 30 cm. Wenn im Winter das Nahrungsangebot knapp ist, schlagen Buntspechte Kiefern- und Fichtenzapfen mit dem Schnabel ab und fressen die fetthaltigen Samen.

Grünspecht
Der erwachsene Vogel ist 32 cm lang. Gelegentlich hakken Grünspechte bis zu acht Zentimeter tiefe, trichterförmige Löcher in den Boden einer Wiese und holen mit ihren langen Zungen Rasenameisen aus unterirdischen Gängen hervor.

Buchfink ▶
Buchfinken leben in allen lichten Wäldern, Gärten und Parkanlagen. Der Buchfink ernährt sich vorwiegend von Samen, Früchten und Insektenlarven. Mit seinem kräftigen Schnabel kann er größere Körner knakken.

Rotkehlchen
Rotkehlchen ernähren sich von Insekten und deren Larven, im Winter auch von Beeren verschiedener Sträucher.

Trauerschnäpper ▶
Trauerschnäpper brüten in Baumhöhlen. Sie flattern von Zweig zu Zweig und fangen dabei fliegende Insekten, gelegentlich ernähren sie sich auch von Beeren.

17.9 Wie Vögel Konkurrenz vermeiden

Schnabelformen verschiedener Vögel

In unseren Wäldern kommen verschiedene Spechtarten vor. Schwarzspechte halten sich vorwiegend im Bereich der dikken Baumstämme auf (Abb. 1). Dort schlagen sie mit ihrem kräftigen Schnabel die Borke ab und stochern nach Insekten und deren Larven, die in der Borke oder im Holz ihre Fraßgänge und Verstecke haben. Grünspechte sind häufig am Boden anzutreffen. Sie nehmen die dort herumlaufenden Ameisen mit ihrem spitzen Schnabel wie mit einer Pinzette auf. Gelegentlich suchen Grünspechte in der Borke von Bäumen nach Insektenlarven und Spinnen. Buntspechte nutzen alle Schichten eines Waldes. Von allen Spechten sind die Buntspechte am wenigsten auf bestimmte Nahrungsquellen spezialisiert. Mit ihrem kurzen, kräftigen Schnabel hacken sie bei der Suche nach Larven in den Spalten und Fraßgängen der Borke. In morsches Holz kann ein Buntspecht bis zu 10 Zentimeter tiefe Löcher schlagen und so an seine Nahrung gelangen.

Grünspecht, Schwarzspecht und Buntspecht nutzen die vielen Lebensmöglichkeiten, die ein Wald bietet, unterschiedlich aus. Sie halten sich gewöhnlich in unterschiedlichen Bereichen auf und ernähren sich größtenteils von verschiedenen Beutetieren. Unterschiedlich ist auch die Art und Weise, wie sie ihre Nahrung suchen und aufnehmen. Diese Unterschiede tragen dazu bei, daß sie nicht im Wettbewerb um die gleiche Nahrung stehen. Obwohl die verschiedenen Spechte im gleichen Lebensraum vorkommen, findet kaum Konkurrenz um die Nahrung statt.

Dies gilt auch für andere Vögel des Waldes. Amseln stochern mit ihren schmalen Schnäbeln in der Laubstreu unter Bäumen nach Würmern, größeren Insekten und Spinnen. Dort finden auch Rotkehlchen ihre Nahrung, nämlich kleine Insekten und Spinnen. Trauerschnäpper sitzen an den äußeren Spitzen der Zweige, fliegen von dort aus hoch in die Luft und schnappen nach vorbeifliegenden Insekten.

Aufgaben

① Stelle die Lebensbereiche, körperlichen Voraussetzungen wie Bau der Zunge und Schnabelform, die Art der Nahrung und der Nahrungsaufnahme bei den drei Spechtarten in einer Übersicht zusammen. Lies dazu den Text in diesem Abschnitt und den Abschnitt 17.8 durch.

② Betrachte die Schnabelformen bei den abgebildeten Vögeln in der Randspalte. Zeichne die unterschiedlichen Schnabelformen in dein Heft. Schreibe dazu, welche Nahrung die Vögel aufnehmen. Erläutere den Zusammenhang zwischen der Schnabelform und der Art der Nahrung.

Vögel können die vielfältigen Lebensmöglichkeiten, die ein Wald bietet, unterschiedlich ausnutzen. Dadurch wird Konkurrenz um die Nahrung vermieden und das Zusammenleben verschiedener Arten im gleichen Lebensraum ermöglicht.

1 Vögel vermeiden Konkurrenz

17.10 Farne, Moose, Pilze

Aufgaben

① Lege eine geschlossene Sporenkapsel des Wurmfarns in einen Tropfen Wasser auf einen Objektträger. Gib ein Deckglas darüber und beobachte sie im Mikroskop. Gib etwas Glycerin an den Deckglasrand und sauge es mit Filterpapier vom gegenüberliegenden Deckglasrand durch. Das Glycerin entzieht der Kapsel Wasser. Schreibe auf, was nun passiert.

② Wiege ein etwa handgroßes trockenes Polster vom Haarmoos. Lege es anschließend in eine Schale Wasser. Nimm das vollgesogene Moospolster heraus, laß es kurz abtropfen und wiege es erneut. Berechne den Unterschied. Das Wievielfache seines ursprünglichen Gewichtes hat das Moos an Wasser aufgesaugt? Führe die Untersuchung bei verschiedenen Moosarten durch (z. B. Sternmoos, Torfmoos, Weißmoos) und vergleiche die Ergebnisse.

③ Schneide von einem ausgewachsenen Wiesenchampignon den Stiel ab. Lege den Pilzhut mit der Unterseite auf ein weißes Blatt Papier. Decke ein Einmachglas über den Pilzhut. Dies schützt ihn vor Luftzug. Lasse den Pilz einen Tag lang unberührt stehen. Nimm am nächsten Tag den Pilzhut vorsichtig hoch. Notiere, was du beobachtest.

1 *Wurmfarn*

2 *Unterseite eines Farnblattes*

3 *Vorkeime des Wurmfarn*

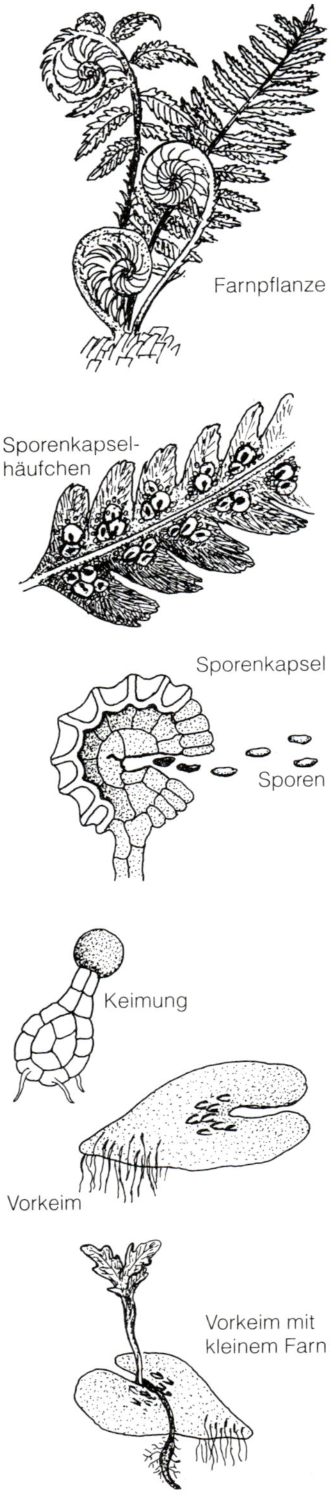

Farnentwicklung

In Laub- und Nadelwäldern, an Bachufern und Abhängen wächst der Wurmfarn und kann dort riesige Flächen bedecken. Der Wurmfarn liebt den Schatten. Er gedeiht auf feuchtem, lehmigem Untergrund. Seine Blätter sind gefiedert, auffallend groß und dünn (Abb. 1). Von ihnen kann viel Wasser verdunsten. Dies erhöht die Luftfeuchtigkeit im Wald.

Der Wurmfarn bildet keine Blüten. Im Laufe des Sommers entstehen auf den Blattunterseiten kleine Kapseln, die nach einiger Zeit aufreißen (Abb. 2). Dabei werden zahlreiche winzige braune Körnchen herausgeschleudert, die Sporen. Sie werden vom Wind verbreitet. Auf feuchtem Waldboden keimen sie aus. Aus der Spore wächst zunächst ein blattartiges, herzförmiges grünes Gebilde, das meist etwas kleiner ist als ein Pfennigstück, der Vor-

4 Haarmoos

keim (Abb. 3). Auf der Unterseite des Vorkeims entwickeln sich männliche und weibliche Fortpflanzungsorgane. Die Spermazellen können in einem Wassertropfen die Eizellen erreichen und sie befruchten. Aus einer befruchteten Eizelle entsteht dann eine neue Farnpflanze.

Auf feuchtem Waldboden wächst das Haarmoos. Die einzelnen Pflanzen stehen dicht nebeneinander und bilden dichte, bis zu 30 Zentimeter hohe Polster (Abb. 4). Im Wald saugen Moospolster das Regenwasser wie ein Schwamm auf und geben es später nur langsam wieder ab. Ein Teil des gespeicherten Wassers sickert in die Tiefe und erhöht die Bodenfeuchtigkeit. Ein anderer Teil des Wassers verdunstet an die Luft. Dies führt im Wald zu einer etwa gleichbleibenden Luftfeuchtigkeit.

5 Hallimasch

Farne und Moose gehören zu den **Sporenpflanzen.** Moose bilden ihre Sporen in einer Kapsel, die an einem langen Stiel aus der Moospflanze herauswächst (Abb. 4). Nach der Reife werden die Sporen wie die Salzkörnchen aus einem Salzstreuer herausgeschüttelt und mit dem Wind verbreitet. Sie keimen aus und bilden fadenförmige Vorkeime, aus denen Moospflanzen entstehen.

Auf abgestorbenen Baumstümpfen wächst der Hallimasch (Abb. 5). Er gehört wie alle Pilze zu den Sporenpflanzen. Die Sporen befinden sich an der Unterseite des Hutes. Wenn sie reif sind, können sie leicht vom Winde weggeweht werden. In einem vermoderten Baumstumpf oder im Boden wachsen die Sporen zu einem weit verzweigten Fadengeflecht heran. Aus diesem nur mikroskopisch sichtbaren Fadengeflecht wachsen an vielen Stellen die gut sichtbaren Teile des Pilzes aus Stiel und Hut.

Der Hallimasch ist wie alle Pilze eine Pflanze ohne Wurzeln, Blätter, Blüten und Früchte. Weil sie kein Chlorophyll enthalten, können sie keine Fotosynthese betreiben. Die lebenswichtigen Nährstoffe beziehen Pilze von anderen Pflanzen. Das Fadengeflecht des Hallimasch kann einen Baumstumpf durchsetzen und die darin enthaltenen Nährstoffe aufnehmen und abbauen.

Aufgabe

④ Pilze wachsen selbst in lichtarmen Fichtenreinbeständen. Speisepilze wie der Champignon werden in dunklen Kellern herangezogen. Schreibe die Erklärung dafür auf.

Farne, Moose und Pilze sind Sporenpflanzen. Die Sporen dienen der Fortpflanzung. Farne und Moose haben für den Wasserhaushalt des Waldes eine besondere Bedeutung. Pilze haben kein Chlorophyll. Sie nehmen Nährstoffe von anderen Pflanzen auf.

17.11 Nahrungsbeziehungen in einem Mischwald

In einem Mischwald leben Eichhörnchen, die sich z. B. von Eicheln ernähren. Nach dem Schlüpfen verzehren die Raupen des Eichenwicklers die jungen, frischen Eichenblätter. Unter der Rinde von kränkelnden oder geschwächten Fichten fressen die Larven des Fichtenborkenkäfers mit ihren kräftigen Mundwerkzeugen Gänge in die äußere Schicht des Holzes, den Bast (Abb. 1).

Alle genannten Tiere fressen Pflanzenteile. Gleichzeitig sind sie selbst Nahrung für andere Tiere. Eichhörnchen werden z. B. von Baummardern erbeutet. Die Raupen des Eichenwicklers dienen Kohlmeisen als Nahrung. Der Buntspecht ernährt sich von den Larven des Fichtenborkenkäfers. Baummarder, Kohlmeise und Buntspecht sind ihrerseits wieder Beute für den Habicht.

Man kann die verschiedenen Lebewesen in der Reihenfolge des „Fressens und Gefressenwerdens" hintereinander anordnen. Zum Beispiel: Eicheln → Eichhörnchen → Baummarder → Habicht. Ein solches Schema wird als **Nahrungskette** bezeichnet. Auch die folgende Reihenfolge stellt eine Nahrungskette dar: Bast → Borkenkäfer → Buntspecht → Habicht.

Eichhörnchen ernähren sich nicht nur von Eicheln, sondern auch von Haselnüssen, Bucheckern und Fichtensamen. Sie werden nicht nur vom Baummarder gejagt, sondern auch vom Fuchs oder Habicht. Borkenkäfer werden nicht nur vom Buntspecht, sondern auch vom Grünspecht gefressen.

Jede Nahrungskette kann sich an den einzelnen Gliedern mit anderen Nahrungsketten verbinden. Wenn zwei oder mehr Nahrungsketten miteinander verbunden sind, spricht man von einem **Nahrungsnetz.** In einem Wald gibt es viele Nahrungsketten, die zu einem Nahrungsnetz verbunden sind. Sie sind über Nahrungsbeziehungen direkt oder indirekt miteinander verbunden und bilden eine **Lebensgemeinschaft.**

Aufgaben

① Erkläre, warum die Bezeichnung „Nahrungsnetz" wirklichkeitsnäher ist als der Begriff „Nahrungskette".

② Informiere dich über die Nahrung der im Einband abgebildeten Tiere. Schreibe einige mögliche Nahrungsketten auf.

Im Wald gibt es eine Fülle von Nahrungsbeziehungen, die sich als Nahrungskette ordnen lassen. Die Nahrungsketten sind zu einem Nahrungsnetz verbunden. Alle Lebewesen in einem Wald bilden eine Lebensgemeinschaft.

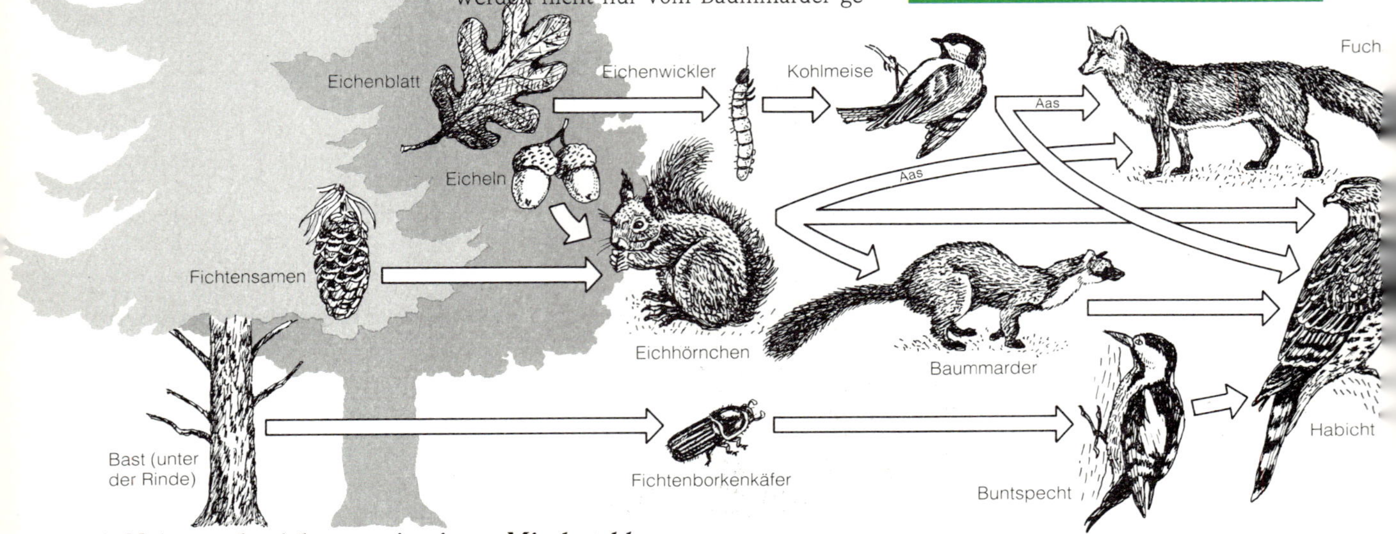

1 Nahrungsbeziehungen in einem Mischwald

17.12 Ein Wald braucht keinen Dünger

Zersetzung eines Buchenblattes

Heutzutage werden immer mehr Abfälle wieder verwendet. So wird zum Beispiel Glas in großen Containern gesammelt und anschließend wieder zu Glas verarbeitet. Man spricht von Recycling. Das Verfahren, aus Abfällen wichtige Rohstoffe wieder zu gewinnen, wird im Wald schon seit jeher angewendet.

Ein Hektar Buchenwald produziert in einem Jahr rund drei Tonnen Blätter. Nur ein kleiner Teil dient Pflanzenfressern als Nahrung. Der weitaus größte Teil fällt im Herbst auf den Waldboden und bildet die Laubstreu. Wenn diese große Menge an abgestorbener Substanz nicht ständig abgebaut und zersetzt würde, blieben die abgestorbenen Blätter unverändert. Im Laufe der Jahre würden abgestorbene Pflanzenteile und auch tote Tiere den Waldboden bedecken und verhindern, daß dort neue Pflanzen wachsen. Doch dies geschieht nicht.

Im Waldboden leben unzählige Kleinlebewesen. Dazu gehören Springschwänze, Käfer, Milben, Asseln, Schnecken und Würmer. Springschwänze fressen das Blatt seitlich an. Asseln, Milben, Regenwürmer und Käfer fressen Löcher in das Blatt, so daß schließlich nur die Blattadern zurückbleiben. Dabei verdauen sie die aufgenommenen Pflanzenreste nicht vollständig. Ihre Ausscheidungen enthalten daher noch weiter verwertbare Stoffe.

Diese Stoffe werden anschließend von Bakterien und Pilzen weiter zersetzt. Diese Lebewesen sind so klein, daß man sie nur mit dem Mikroskop erkennen kann. Bakterien, Pilze und die übrigen Bodenlebewesen bezeichnet man als **Zersetzer.** Als Endprodukt bei der Zersetzung entstehen schließlich Mineralsalze, Wasser und Kohlenstoffdioxid.

Wasser und Mineralsalze werden von den Pflanzen mit den Wurzeln aufgenommen, Wasser und Kohlenstoffdioxid dienen den Pflanzen als Ausgangsprodukte für ihr Wachstum. Auf diese Weise gelangen alle Stoffe wieder in die Nahrungskette. Ihre Weitergabe beginnt aufs Neue. Der Kreislauf der Stoffe schließt sich (Abb. 1).

Aufgabe

① Beschreibe den Kreislauf der Stoffe anhand von Abb. 1 mit eigenen Worten.

Alle Überreste von Pflanzen und Tieren werden von zahlreichen Bodenlebewesen gefressen und abgebaut. Bakterien und Pilze bauen die Reste zu Mineralsalzen, Wasser und Kohlenstoffdioxid ab. Diese Stoffe werden von den Pflanzen wieder aufgenommen. So schließt sich der Kreislauf der Stoffe.

1 Kreislauf der Stoffe im Wald

17.13 Klasse 6 a führt ein Projekt zum Thema „Boden“ durch

Wenn man die Schülerinnen und Schüler in eurer Klasse fragen würde, was sie zum Thema „Boden“ wissen oder welche Fragen ihnen dazu einfallen, antworten sie vielleicht folgendes:
- Gartenboden muß man pflegen, damit alles gut wächst.
- Wie können Regenwürmer eigentlich im Boden leben?
- Warum werden manche Böden bei Dürre und Hitze steinhart und reißen?
- Warum wird der Strand am Meer mittags so heiß?
- Aus Lehm- und Tonboden werden Ziegel hergestellt.
- Manche Böden werden bei Überschwemmungen als trübe Brühe mitgerissen.
- In trockenen Böden verdorren Pflanzen.
- Wenn es geregnet hat, bilden sich auf Feldwegen oder Trampelpfaden oder vor Fußballtoren kleine oder große Pfützen.

Für einige Menschen dient Boden als Spielfläche. Andere nutzen ihn als Rohstoff, aus dem sie etwas herstellen. Wieder andere pflegen den Boden, damit Pflanzen dort gut wachsen können. Man kann Boden auf verschiedene Weise nutzen und dabei ganz unterschiedliche Erfahrungen sammeln.
Wenn man sich in der Schule ausführlich mit dem Thema „Boden“ beschäftigen möchte, so kann man es zum Beispiel so machen wie die Klasse 6 a der Pestalozzi-Schule. Diese Klasse hatte sich vor einiger Zeit entschieden, die Behandlung des Themas „Boden“ in Form eines Projektes durchzuführen. Ein Projekt unterscheidet sich vom „normalen“ Unterricht vor allem dadurch, daß Lehrer und Schüler gemeinsam interessante Themen suchen. Die Schülerinnen und Schüler bearbeiten die Themen dann möglichst selbständig. Dies bedeutet, daß sie ihre Arbeit weitgehend selbst planen und durchführen. Natürlich muß zwischendurch der Lehrer immer wieder mal helfen. Am Ende stellen sie das Produkt ihrer Arbeit öffentlich vor. Wie ein Projekt abläuft, kannst du am Beispiel der Klasse 6 a gut verfolgen.

Projektarbeit zerfällt immer in mehrere Arbeitsabschnitte.

1. Abschnitt: Die Projektarbeit wird vorbereitet

- Wir finden ein geeignetes Thema
- Wir sammeln Fragen und Probleme
- Welche Ziele wollen wir erreichen?
- Aus welchen Unterthemen setzt sich das Thema zusammen?
- Wir bilden Arbeitsgruppen
- Welche Arbeitsgruppe übernimmt welches Thema?

1. Die Projektarbeit wird vorbereitet

Zunächst überlegten Lehrer und Schüler gemeinsam, welche Fragen und Probleme ihnen interessant und wichtig erschienen. Aus den vielen Vorschlägen stellte man mehrere Arbeitsthemen zusammen. Die Klasse 6 a entschied sich für folgende Themen:
* Wie unterscheiden sich verschiedene Bodenarten?
* Wie ist Waldboden aufgebaut?
* Wir wollen Tiere kennenlernen, die im Boden leben.
* Wie nutzt der Mensch den Boden?
* Ist unser Grundwasser in Gefahr?
* Wie man Boden richtig düngt.
* Tiere, die im Laub des Waldes leben.
* Welche Bedeutung hat der Regenwurm für den Boden?

Anschließend entschieden die Schülerinnen und Schüler, welches der Themen sie in den nächsten zwei bis drei Wochen bearbeiten wollten. Die mit einem * versehenen Themen wurden ausgewählt. Es bildeten sich insgesamt sieben Gruppen. Fünf Gruppen mit vier Schülern, eine Gruppe mit drei und eine mit fünf Schülern. Das Thema „Regenwurm“ wurde von zwei Gruppen gleichzeitig bearbeitet. Im Rahmen dieser Gruppen wurde nun die Arbeit fortgesetzt.

2. Abschnitt: Die weitere Arbeit wird geplant

- Die Mitglieder der Gruppe besprechen den Umfang ihrer Arbeit

- Sie entscheiden sich, wie und in welcher Reihenfolge sie vorgehen wollen

- Sie kümmern sich um:
  - Informationsquellen (z. B. Schulbücher, Zeitungen, Zeitschriften, Bücher aus der Bibliothek)
  - Material (z. B. Experimentiergerät)
  - Medien (z. B. Video- oder Fotokamera, Kassettenrekorder, Papier, alte Tapeten, Folien)
  - Absprachen und Termine

2. Die weitere Arbeit wird geplant

Die Gruppenmitglieder dachten zunächst darüber nach, in welchem Umfang und in welcher Reihenfolge ihre Arbeit vor sich gehen sollte. Die Gruppe, die die verschiedenen Böden untersuchen wollte, erstellte für ihre Arbeit einen Fragenkatalog. Darin hieß es unter anderem:

- Welche Versuche können wir durchführen?
- Welches Material benötigen wir dazu?
- In welcher Reihenfolge sollten wir die Versuche durchführen?
- Brauchen wir bestimmte Räume?
- Was finden wir im Lehrbuch zu diesem Thema?
- Welche weiteren Bücher oder Zeitschriften müssen wir uns besorgen?

In der Gruppe mit dem Unterthema „Wie nutzt der Mensch den Boden?“ wurde zunächst darüber diskutiert, ob man beispielsweise eine Befragung durchführen sollte. Hierzu müßte man einen Katalog von Fragen entwickeln. Weiterhin galt es zu klären, wen man fragen und wie man die Befragung auswerten wollte. Eine Schülerin schlug vor, einen Landwirt und eine Gärtnerei zu besuchen und sich direkt „vor Ort“ zu informieren. Ein anderer kam auf die Idee, man solle doch die Befragung und die Besuche mit der schuleigenen Videokamera aufnehmen. Dieser Vorschlag wurde begeistert aufgenommen. Erstens macht das Filmen Spaß, und zum anderen kann man so den Schülerinnen und Schülern in den anderen Gruppen später die Arbeitsergebnisse sehr anschaulich darstellen. Man verabredete sich mit dem Lehrer, der in der Schule die Medien betreute. Er war bereit, die Schüler in die Arbeit mit der Kamera gründlich einzuweisen.
Die Gruppe, die den Schichtenaufbau in einem Waldboden genauer untersuchen wollte, informierte sich zunächst bei einem Förster. Der kannte eine Stelle im Wald, wo ein Hang abgerutscht war und wo die einzelnen Bodenschichten gut zu erkennen waren. Man vereinbarte mit dem Förster einen Termin, an dem die Gruppe einen Erkundungsgang in den Wald durchführen wollte. Zuvor gab ihnen der Förster noch ein paar wichtige Tips: „Vergeßt nur nicht, Papier, Bleistift und Meßband mitzubringen, und denkt dran, eure Stiefel anzuziehen.“

3. Abschnitt: Durchführung der Arbeit

- In jeder Gruppe wird das ausgewählte Thema bearbeitet
- In der Gruppe werden Informationen ausgetauscht
- Zwischendurch wird immer wieder über mögliche Verbesserungen oder Veränderungen diskutiert
- Bei auftretenden Problemen wird der Lehrer befragt

3. Jetzt geht es richtig zur Sache

Nachdem die Planungen in der Gruppe abgeschlossen waren, konnte es richtig losgehen. Bei den Versuchen über die verschiedenen Böden gab es jedoch anfänglich Probleme. Die Schülerinnen und Schüler hatten zu jedem Versuch eine Materialliste angefertigt. Leider verfügte die Schule nicht über alle Geräte, die vorgesehen waren.

An dieser Stelle konnte der Lehrer ihnen behilflich sein. Die geplante Versuchsdurchführung mußte so verändert werden, daß sie mit dem vorhandenen Material durchgeführt werden konnte.

Natürlich klappte auch in den anderen Gruppen nicht alles so wie geplant. Die Gruppe, die mit der Videokamera arbeiten wollte, hatte zunächst Probleme, weil zur gleichen Zeit eine Gruppe größerer Schüler die Kamera ausgeliehen hatte. So führte man die Befragung zunächst nur mit dem Fragebogen durch. Eine Woche später war es jedoch so weit: Die ersten Interviews mit der Kamera konnten aufgenommen werden.

Bei dem Termin mit dem Förster stellte sich heraus, wie wichtig der Tip des Försters gewesen war, Stiefel mitzubringen. Es hatte in der Nacht vorher kräftig geregnet, und der Waldboden war weich und matschig. An der vom Förster vorgeschlagenen Stelle waren die einzelnen, übereinanderliegenden Bodenschichten gut zu erkennen.

4. Abschnitt: Die Arbeitsergebnisse werden vorgestellt

- Die Arbeitsergebnisse werden übersichtlich dargestellt (z. B. Protokollmappen, Wandzeitungen, Folien, Fotos, Filme)
- Das Arbeitsergebnis jeder Gruppe wird den übrigen Schülerinnen und Schülern vorgestellt
- Die Ergebnisse werden dabei im Zusammenhang diskutiert und miteinander verknüpft
- Die Ergebnisse werden einer breiteren Öffentlichkeit dargestellt (z. B. in Ausstellungsvitrinen in der Schule)

4. Die Ergebnisse der Arbeit werden vorgestellt

Nach etwa zwei Wochen hatten die Gruppen ihre Versuche, Erkundungen und Befragungen beendet. Nun wurden die Ergebnisse der Arbeit zusammengestellt. Die Mitglieder der Arbeitsgruppe „Verschiedene Böden" fertigten eine Protokollmappe an. Dort waren die einzelnen Versuche klar und übersichtlich aufgeschrieben. Man hatte zunächst zusätzlich einige Versuchsskizzen gezeichnet. Die Ergebnisse wurden teilweise in Form einer Tabelle dargestellt. Der Videofilm zum Thema „Wie nutzt der Mensch den Boden" wurde zum Schluß mit Zwischentiteln versehen. Die Gruppe mit dem Unterthema „Wie ist Waldboden aufgebaut?" präsentierte ihre Ergebnisse auf einer großen Wandzeitung.

In den folgenden Stunden bekamen die einzelnen Gruppen die Möglichkeit, ihre Ergebnisse im Klassenverband vorzutragen. Einige Versuche wurden vorgeführt, z. B. der zur Wasserdurchlässigkeit verschiedener Bodenproben. Der Videofilm wurde unter großem Beifall gezeigt, die Wandzeitung wurde ausgehängt. Anschließend wurden die Ergebnisse eingehend besprochen. Dabei merkte man, wie sich die Ergebnisse der einzelnen Gruppen häufig ergänzten. Alle überlegten gemeinsam, was man hätte besser machen können. Auf diese Weise trug jeder mit den Arbeitsergebnissen seiner Gruppe dazu bei, die Ergebnisse der anderen Gruppen zu erweitern und zu vertiefen.

Die Gruppe, die sich mit den Gefahren für unser Grundwasser beschäftigt hatte, erstellte u. a. einen Brief an das Ordnungsamt und an die Landwirtschaftskammer, um herauszufinden, wie Landwirte bei der Düngung beraten bzw. überwacht werden.

Einige Tage später wurde ein Teil der Arbeiten in einer Glasvitrine auf dem Flur ausgestellt. Die Schülerinnen und Schüler waren richtig stolz auf das, was sie größtenteils selbständig geleistet hatten. Insgesamt waren fast alle mit den Ergebnissen ihrer Arbeit zufrieden. So war es kein Wunder, daß man beschloß, bald wieder ein „Projekt" durchzuführen.

17.14 Ein Wald ist mehr als ein Holzlieferant

Luftfilter
In Gebieten mit starker Luftverunreinigung kann die Luft bis zu 500 000 Staubteilchen je Kubikmeter enthalten. In einem Wald halten die Blätter einen großen Teil der mit dem Wind herangewehten Staubteilchen fest. Beim nächsten Regen werden sie heruntergespült. In der Waldluft befinden sich daher nur etwa 500 Staubteilchen je Kubikmeter.

Klimaverbesserung
Ein beträchtlicher Teil des eingesickerten Wassers wird von den Pflanzen aufgenommen und verdunstet anschließend von den Blättern. Hierdurch wird die Luftfeuchtigkeit im Wald und der Umgebung erhöht. Wegen der hohen Wasserverdunstung wirkt ein Wald besonders an heißen Tagen kühlend auf seine Umgebung.

Lärmschutz
Ein 80 Meter breiter Waldstreifen kann den Lärm um etwa ein Drittel absenken.

Holzlieferant
Die Wälder in der Bundesrepublik Deutschland liefern jährlich über 35 Millionen Kubikmeter Holz. Dies entspricht einer massiven Holzwand von 1 Meter Dicke und 30 Meter Höhe von Flensburg bis Basel. Diese gewaltige Menge deckt unseren Holzbedarf aber nur zur Hälfte. Die restliche Hälfte wird importiert, etwa aus Nord- und Osteuropa, aus Afrika und Nordamerika.

Erholung
Bei einem Waldspaziergang kann man den besonderen Erholungswert des Waldes kennenlernen. Der elastische Boden, der Wechsel von Licht und Schatten, die Schönheit der Pflanzen, der Gesang der Vögel, die kühle, erfrischende, wohlriechende Luft, all dies wirkt sich günstig auf unser körperliches und seelisches Wohlbefinden aus.

Lawinenschutz
In Gebirgsregionen erweist sich der Wald als der beste Lawinenschutz. Er verhindert das Abrutschen der Schneedecke.

Wasserfilter
Waldboden enthält zahlreiche Hohlräume. Während das Wasser langsam in den Boden einsickert, wird es in dem verzweigten Hohlraumsystem gefiltert und gereinigt. Abfallstoffe werden von den im Boden lebenden Bakterien abgebaut. Wenn das Wasser als Quelle irgendwo wieder ans Tageslicht kommt, ist es von Abfallstoffen gereinigt. So trägt der Wald dazu bei, daß immer Trinkwasser bester Qualität zur Verfügung steht.

Wasserspeicher
Man sagt, im Wald regnet es zweimal. Wenn es außerhalb des Waldes schon aufgehört hat zu regnen, dann fallen im Wald immer noch die Regentropfen von den Blättern und Ästen. Die Moosschicht und der Boden im Wald können viel Wasser speichern.

Bodenschutz
Waldpflanzen halten mit ihren Wurzeln den Boden zusammen. Dies verhindert, daß Erde vom Wasser weggespült oder vom Wind weggeweht wird. In entwaldeten Gebieten, vor allem im Gebirge, können Regenfälle leicht zu Erdrutschen führen.

Volkswirtschaftliche Bedeutung
Mehr als 250 000 Waldbesitzer beziehen ihr Einkommen ganz oder teilweise aus der Holznutzung. Fast eine Million Menschen sind als Arbeiter, Angestellte und Beamte in forstwirtschaftlichen Dienststellen und Unternehmen sowie in holzwirtschaftlichen Betrieben, wie Sägewerken, Schreinereien und Papierfabriken, tätig.

17.15 Der Wald – ein bedrohter Lebensraum

Schädigungen von Bäumen werden nach verschiedenen Stufen unterschieden. Am Wuchs, an den Blättern, am Stamm und an den Wurzeln treten typische Veränderungen auf. Bei Nadelbäumen vergilben die Nadeln, sie werden braun und fallen früher ab. Bei Laubbäumen treten kleine lederartige Blätter mit geschädigten Blatträndern auf. Teile von Blättern werden gelb und sterben ab.

Der Baum produziert weniger Nährstoffe, er hat weniger Holzzuwachs, die Jahresringe folgen dicht aufeinander. Bei Nadelbäumen kann die Borke abfallen. Die Baumkronen lichten sich, die Äste werden dürr (Abb. 1,2). Der herbstliche Laubfall beginnt früher, schon im Spätsommer fallen auch grüne Blätter ab. Die kranken Bäume sind nicht mehr widerstandsfähig gegen Frost und Schädlinge.

Hauptursache der Waldschäden sind Gase, die sich in der Atmosphäre mit Wasser zu Säuren umwandeln. Diese Säuren bewirken, daß der **saure Regen** entsteht.

Durch sauren Regen und andere Luftschadstoffe werden bei den Pflanzen die Zellen von Wurzeln und Blättern stark geschädigt. Die Schadstoffe greifen zum Beispiel die auf der Blattoberfläche befindlichen Wachsschichten an. Durch den sauren Regen wird auch ein Teil der Bodenlebewesen zerstört. Diese können dann nicht genügend Mineralsalze bilden. Als Folge werden die Bäume nicht ausreichend mit Mineralsalzen versorgt. Geschädigte Bäume sind anfällig für Schädlingsbefall, zum Beispiel durch den Fichtenborkenkäfer oder den Eichenmehltau.

Wenn man die Schadstoffbelastung der Luft tatsächlich senken will, muß viel getan werden. Nicht nur in neuen, sondern vor allem in alten Kraftwerken und Industrieanlagen sind wirksame Filter einzubauen. Durch Einbau von Katalysatoren in Autos und umweltfreundlichere Verbrennungsanlagen in Haushalten kann der Schadstoffgehalt der Abgase deutlich reduziert werden.

Aufgabe

① Beschreibe die Auswirkung der Luftverschmutzung auf Bäume mit deinen Worten. Nimm dabei die Abbildungen und den Text zu Hilfe.

Immer mehr Bäume sind geschädigt und sterben. Abgase aus Industrie und Autos sind die wichtigsten Ursachen des Baumsterbens. Kranke Bäume werden häufig von Borkenkäfern befallen und dadurch ebenfalls geschädigt.

1 Stark geschädigter Fichtenzweig

2 Kranke Fichte

3 Gesunde Fichte

17.16 Waldschäden in Sachsen

1 Waldschäden im Erzgebirge

Eine Gruppe von Schülerinnen und Schülern der Klasse 6a befaßte sich mit dem Thema „Was kann man gegen das Waldsterben tun?“ Die Gruppe hatte Informationen zu diesem Thema aus verschiedenen Büchern, Zeitungen und Zeitschriften gesammelt. Gleichzeitig hatte sie den Revierförster in Klingenthal im Erzgebirge aufgesucht und mit ihm ein Interview durchgeführt. Hier einige Auszüge daraus:

SCHÜLER: Wieviel Wald hat Sachsen insgesamt?

FÖRSTER: Der Anteil des Waldes an der Gesamtfläche von Sachsen beträgt 27 %. Davon wird fast die Hälfte als Privatwald bewirtschaftet.

SCHÜLER: Woran erkennt man Waldschäden?

FÖRSTER: Nun, man erkennt sie beispielsweise am Wuchs der Bäume, an den Blättern, am Stamm und an den Wurzeln. Besonders deutlich zeigt sich dies bei Nadelbäumen, an denen die Nadeln vergilben, braun werden und schließlich abfallen. Die Baumkronen werden lichter (Abb. 1 und 1–3, S. 213).

SCHÜLERIN: Und woran erkennt man die Schäden bei Laubbäumen?

FÖRSTER: Bei Laubbäumen treten kleine lederartige Blätter mit geschädigten Blatträndern auf. Teile von Blättern werden gelb und sterben ab. Die Krone lichtet sich, die Äste werden dürr. Der herbstliche Laubfall beginnt etwas eher. Die kranken Bäume sind nicht mehr widerstandsfähig gegen Frost und gegen Schädlinge, wie z. B. den Borkenkäfer, der im Erzgebirge großen Schaden anrichtet.

SCHÜLERIN: Seit wann werden Untersuchungen über Waldschäden durchgeführt?

FÖRSTER: Beobachtungen gibt es durch die Förster schon sehr lange (Abb. 2). 1991 wurden in Sachsen Untersuchungen der Waldschäden durchgeführt, die vergleichbar sind mit denen in anderen Ländern. Man unterscheidet verschiedene Schadstufen:
ohne sichtbare Schädigung (Schadstufe 0), schwach geschädigt (Schadstufe 1), mittel stark geschädigt (Schadstufe 2), stark geschädigt (Schadstufe 3) und tot (Schadstufe 4). Ich habe hier die Waldschadenserhebung für das Land Sachsen.

	1991	1992	1993
Schadstufe 0	37 %	39 %	41 %
Schadstufe 1	36 %	40 %	35 %
Schadstufe 2–4	27 %	21 %	24 %

SCHÜLER: Was weiß man über die Ursachen der Waldschäden?

FÖRSTER: Beim Zustandekommen der Waldschäden spielen verschiedene Faktoren eine Rolle. Hauptursache der Waldschäden sind Luftschadstoffe. Diese Stoffe gelangen durch Kraftwerke, Industrieanlagen, den Autoverkehr und die Haushalte in die Luft (Abb. 1).

SCHÜLER: Was kann gegen das Waldsterben getan werden?

FÖRSTER: Wenn man die Schadstoffbelastung der Luft tatsächlich senken will, muß jeder einzelne mithelfen. Als Förster versuche ich, einen besonders widerstandsfähigen Buchen-Mischwald anzubauen. Erkrankte Bäume werden schnell gefällt. Auch verzichte ich auf den Einsatz von Umweltgiften. Wichtig ist auch den Bestand an Rot- und Rehwild zu begrenzen, um den Verbiß an den jungen Trieben der Bäume zu verhindern. Außerdem hat man in den letzten Jahren nicht nur in neuen, sondern auch in alten Kraftwerken und Industrieanlagen wirksame Filter eingebaut.

SCHÜLERIN: Kann auch jeder einzelne etwas gegen das Waldsterben tun?

FÖRSTER: Aber sicher! Als „Normalbürger" kann ich alles tun, was dazu dient, die Luftverschmutzung zu vermindern, wie z. B. Energiesparen. Ich hoffe, daß ihr darüber im Unterricht sprechen werdet.

Der tropische Regenwald wird in einem ungeheuren Ausmaß abgeholzt, bzw. abgebrannt. Man vermutet für die Zukunft starke Einflüsse auf unser Klima durch das Fehlen der großen Waldflächen. Außerdem verschwinden mit dem Regenwald zahlreiche Tier- und Pflanzenarten, die keinen anderen Lebensraum mehr finden.

Aufgabe

① Stelle dir folgende Situation vor: Dicht bei dem Luftkurort Sauberhausen soll eine neue Autobahn durch ein waldreiches Tal gebaut werden. Im Ort entbrennt eine heftige Auseinandersetzung über das Für und Wider. Bei einer von der Gemeinde veranstalteten Podiumsdiskussion treffen die unterschiedlichen Standpunkte hart aufeinander. Bereite gemeinsam mit deinen Mitschülern in der Klasse eine solche Podiumsdiskussion vor. An diesem Gespräch können beteiligt sein: Ein Vertreter der Industrie, ein Vertreter der Bürgerinitiative gegen den Bau der Autobahn, der Bürgermeister, ein Waldbesitzer, Politiker verschiedener Parteien, ein Förster, der Vertreter eines Automobilklubs, usw. Stellt für jeden „Diskussionsteilnehmer" eine Reihe überzeugender Argumente zusammen.

Die Waldschäden werden vor allem durch die Verschmutzung der Luft mit Schadstoffen verursacht. Ein großer Teil unseres Waldes ist bereits geschädigt.

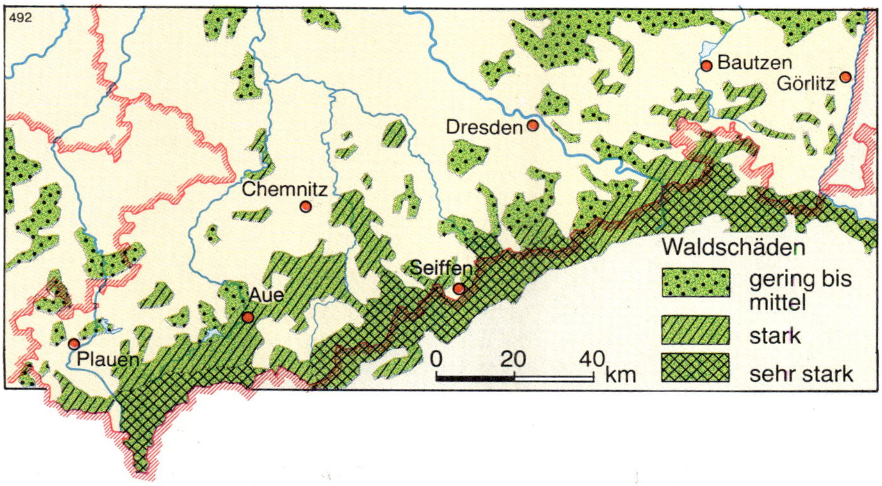

2 Das Waldsterben im Erzgebirge

17.17 Was jeder gegen das Waldsterben tun kann

Im Rahmen des Unterrichts zum Thema „Wald" haben Schüler und Schülerinnen der Klasse 9a eine Befragung auf der Straße durchgeführt. Sie befragten verschiedene Leute, was man gegen das Waldsterben tun kann. Hier einige Antworten:

- „Die Industriebetriebe machen den meisten Dreck, die sollen ihn gefälligst wieder wegmachen."
- „Ich fahre seit einiger Zeit mehr Fahrrad und weniger Auto."
- „Das ist Aufgabe der Politiker. Als einzelner kann man da nichts machen."
- „Letztes Jahr habe ich meinen Urlaub im Sauerland verbracht. Da habe ich nichts vom Waldsterben bemerkt."
- „Ich habe mir vor kurzem ein Auto mit Katalysator gekauft. Das ist mein Beitrag zur Verbesserung der Situation."
- „Waldsterben, wenn ich so was schon höre. Könnt ihr in der Schule nichts Gescheites lernen?"

Solche und ähnliche Antworten zeigen, daß es immer noch viele Menschen gibt, die wenig oder gar nichts davon wissen, was man gegen die Schadstoffbelastung der Umwelt tun kann. Es gibt Menschen, die denken, daß sie dieses Problem nur wenig oder gar nicht beeinflussen können. Doch jeder kann etwas tun (Abb. 1). So werden zum Beispiel die Müllhalden immer größer. Die Beseitigung von Kunststoffabfällen, zum Beispiel Plastiktüten, in Verbrennungsanlagen belastet die Umwelt. Wer dazu beiträgt, den Müllberg zu vermindern, leistet einen Beitrag auch zum Schutze des Waldes. Deshalb gelten beim Müll die drei großen „V":
Vermeiden, Vermindern, Verwerten.

Jeder kann versuchen, Abfall zu vermeiden, indem er Produkte kauft, die nicht so aufwendig verpackt sind. Natürlich geht es nicht immer ohne Verpackung. Dann sollte man jedoch darauf achten, daß der Abfall wiederverwendet werden kann. Fast überall werden heute Sammelcontainer angeboten, Beispielsweise für Altglas und Papier. Papier, Glas und Metall können wiederverarbeitet werden, organische Abfälle können in Komposterde umgewandelt werden und für die Umwelt gefährliche Produkte wie Batterien oder Medikamentenreste als Sondermüll ordnungsgemäß beseitigt werden.

In Mitteleuropa wird je Einwohner in einem Jahr so viel Energie verbraucht, wie man erhält, wenn man 4000 Kilogramm Steinkohle verbrennt. 86 Prozent der verbrauchten Energie entfallen auf Haushalt und Auto. Durch verbesserte Wärmedämmung und durch energiesparende Heiztechnik kann man dafür sorgen, daß Energie gespart wird und dabei tatsächlich die Wohnung und nicht die umgebende Luft geheizt wird. Es gilt: Energiesparen ist die wichtigste Energiequelle.

In der Bundesrepublik Deutschland werden rund 85 Prozent der Energie aus Koh-

Biotip

- Schalte Elektrogeräte nur ein, wenn du sie auch wirklich brauchst.

- Nimm zum Einkaufen lieber die Einkaufstasche anstelle einer Plastiktüte.

- Achte darauf, daß beim Zähneputzen nicht minutenlang warmes Wasser ungenutzt aus dem Wasserhahn läuft.

- Energie und Wasser kannst du sparen, wenn du kurz duschst anstatt zu baden.

- Wenn deine Familie am Wochenende einen Ausflug mit dem Auto machen will, schlage vor, daß man auch wandern oder eine Radtour machen kann.

- Achte beim Kauf von Produkten auf den Blauen Engel.

le, Erdöl und Erdgas erzeugt. Diese fossilen Energiequellen sind nicht unerschöpflich. Deshalb müssen auf Dauer viel stärker als bisher erneuerbare Energiequellen genutzt werden, beispielsweise nachwachsende Rohstoffe. Darunter versteht man die in der pflanzlichen Biomasse gespeicherte Energie, etwa Öl aus Samen oder Biogas aus pflanzlichen Abfallstoffen. Daneben gilt es in verstärktem Umfang, die Sonnenenergie direkt zu nutzen, ebenso Windenergie, Erdwärme und Wasserkraft.

Aufgaben

① Setze dich mit einigen der am Anfang aufgeführten Meinungen bei der Befragung der Bürger auseinander. Welche hältst du für richtig, welche für falsch. Schreibe deine eigene Meinung zu diesem Thema auf.

② Liste weitere Beispiele für Möglichkeiten auf, die geeignet sind, das Ausmaß der Schadstoffbelastung der Luft zu verringern. Was kann man beispielsweise noch zu Hause oder in der Schule tun?

③ Welche Vorteile hat es, weniger fossile und mehr nachwachsende Stoffe zur Energieerzeugung einzusetzen?

④ Die örtlichen Stromerzeuger bieten Informationsmaterial zur Nutzung alternativer Energiequellen an. Informiere dich über die Möglichkeiten, die es gibt.

⑤ Beschaffe dir weitere Informationen zum Thema Energiesparen, Recycling und Müllvermeidung. Infos und Ideen gibt es z. B. bei Ortsgruppen von Umweltschutzorganisationen.

Wenn man etwas gegen das Waldsterben tun will, muß jeder dies wollen und entsprechend konsequent handeln. Man beginnt am besten in Bereichen des täglichen Lebens in kleinen Schritten.

18 Lebensräume in unserer Umgebung

18.1 Lebensraum Hecke

1 Ackerlandschaft ohne Hecken

2 Ackerlandschaft mit Hecken

Aufgabe

① Siehe dir Abb. 1 und 2 an. In welcher Landschaft würdest du lieber spazierengehen? Begründe deine Entscheidung.

Stell dir vor, eure Klassenwanderung im Sommer würde in eine Ackerlandschaft verlegt, wie sie Abbildung 1 zeigt: Keine Bäume und Sträucher, keine Hecken und Blumen. Ihr würdet auf Wegen ohne Schatten gehen. Der Wind würde eure Haut austrocknen. Wahrscheinlich würdet ihr kaum einen Vogel hören oder sehen, vielleicht einmal eine Feldlerche. Anders in einer Ackerlandschaft mit Hecken. Hecken können Lebensraum für viele verschiedene Tier- und Pflanzenarten sein (Abb. 3).

Dorngrasmücke, Neuntöter, Goldammer, Fasan und andere Vögel legen in Hecken ihre Nester an. Auch der Nachwuchs von Hase, Igel, Rötelmaus und Zauneidechse kommt in Hecken oder in ihrer Nähe zur Welt. Manche Tiere wie Hermelin, Igel, Rötelmaus, Dorngrasmücke, Neuntöter, Fasan, Zauneidechse, Hainschnirkelschnecke, Schwebfliege und Laufkäfer halten sich in Hecken auf, weil sie dort Nahrung finden. Besonders im späten Sommer und im Herbst bieten die Früchte der Heckensträucher Nahrung. Insekten wie zum Beispiel Kleiner Fuchs, Laufkäfer und Schwebfliegen kommen zahlreich in Hecken vor. Sie finden dort Nahrung. Viele Insekten sind Nahrung anderer Tiere. Manche Tiere halten sich in Hecken auf, weil sie dort vor Feinden, vor Störungen durch Menschen und vor schlechtem Wetter geschützt sind und Deckung finden. Hasen und Fasanen fliehen in den Schutz einer Hecke, wenn ein Fuchs zu nahe kommt oder sie von Menschen gestört werden. Für Igel und Zauneidechse

3 Lebensraum Hecke

In Hecken können leben:
Pflanzenarten: über 1000
Tierarten: über 7000
davon
Säugetiere: 45
Vögel: 50
Amphibien: 7
Reptilien: 8
Käfer: 800
Blattläuse: 12
Schmetterlinge: 115
Schlupfwespen: 110
Mücken, Fliegen: 200
Spinnen: 60
Wanzen: 73
Zikaden: 29
Heuschrecken: 7
Schnecken: 30

bietet eine Hecke Überwinterungsmöglichkeiten. Jagende Vögel, wie Habicht und Turmfalke, starten von höheren Heckenbäumen ihre Beuteflüge.

Hecken sind nicht nur für Tiere und Pflanzen wichtig, sondern bieten auch Menschen Vorteile: Sie verschönern die Landschaft, mindern die Windgeschwindigkeit und die Verdunstung in Bodennähe, halten mit den Wurzeln den Boden fest und verhindern so die Abtragung von Ackerboden. Außerdem können Blätter, Blüten und Früchte einiger Heckenpflanzen für die Herstellung von Tee, Saft oder Marmelade genutzt werden.

Früher wußten die Bauern vom Nutzen der Hecken. An den Grundstücksgrenzen wurden Hecken angepflanzt und an Stellen, die schwierig zu bearbeiten waren, ließ man Hecken wuchern. Mit der Modernisierung der Landwirtschaft wurden immer mehr große und teure Maschinen bei der Feldarbeit eingesetzt. Die alten Feldhecken waren im Wege. In den letzten vierzig Jahren verschwanden viele tausend Kilometer Hecken aus der Landschaft. Heute setzt sich die Erkenntnis durch, daß Hecken Lebensraum für viele verschiedene Pflanzen und Tiere sein können und deshalb geschützt werden müssen. Es werden sogar wieder Hecken gepflanzt. Es dauert viele Jahre bis aus einer Heckenpflanzung der Lebensraum geworden ist, den eine große, alte Feldhecke für viele Tiere und Pflanzen darstellt.

„Auf den Stock setzen" nennt man es, wenn eine Hecke geschnitten wird. Viele Sträucher und Bäume einer Hecke vertragen es, geschnitten zu werden. Allerdings darf niemals eine ganze Hecke auf den Stock gesetzt werden, weil sonst viele Tiere ihren Lebensraum verlieren. Deshalb werden alle paar Jahre nur kleine Abschnitte einer Hecke geschnitten.

Aufgaben

② Vergleiche Abb. 1 und Abb. 2 miteinander. Nenne die Unterschiede und gib an, welche Auswirkungen die unterschiedlichen Landschaften in Abb. 1 und Abb. 2 für die Tier- und Pflanzenwelt haben.

③ Für die Tiere, die in Abb. 3 gezeigt sind, hat eine Hecke unterschiedliche Bedeutung, je nachdem, ob sie als Nistplatz, für Nahrung, oder als Deckung genutzt wird. Fertige nach folgendem Muster eine Tabelle an, um die Bedeutung einer Hecke für die verschiedenen Lebewesen übersichtlich darzustellen:
Folgende Tiere bringen in einer Hecke ihre Jungen zur Welt: Igel, ...
Diese Tiere finden in einer Hecke Nahrung: Dorngrasmücke, ...
Folgende Tiere flüchten vor Feinden oder bei Störungen in eine Hecke: Fasan, ...

④ Geht zu einer Hecke in der Nähe eurer Schule. Unterteilt die Hecke in 10 Meter lange Abschnitte. Bestimmt die Bäume und Sträucher in diesen Abschnitten mit Hilfe der Abb. 4. Zeichnet ihren Standort in eine Karte der Hecke ein. Beschreibt wie der Boden beiderseits der Hecke genutzt wird. Notiert euch die Namen der Tiere, die ihr im Bereich der Hecke gesehen habt. Tragt Gründe zusammen, die dafür sprechen, die Hecke zu erhalten und zu schützen.

Hecken sind Lebensraum für viele verschiedene Tiere und Pflanzen. Tiere finden in einer Hecke Nistgelegenheit, Nahrung, Deckung vor Feinden und Schutz vor schlechtem Wetter sowie einen Platz zum Überwintern.

Biotip

Lebensraum Reisighaufen
Heckensträucher und Bäume eines Gartens sorgen ständig für Nachschub an Reisig und Ästen. Diese Materialien gehören nicht auf den Müll, sondern in einer feuchten und schattigen Gartenecke aufgeschichtet. Dort kann das Material über Jahre hinweg vermodern. Immer wieder anfallende Zweige und Äste werden obenauf geschichtet.
Solch ein Haufen toten Holzes bietet Lebensmöglichkeiten: Bakterien, Baumpilze, Asseln, Springschwänze und Regenwürmer bauen den Haufen Stufe um Stufe ab. Holzwespen, manche Käfer und andere Insekten legen im morschen Holz ihre Eier ab. Heckenbraunelle und Zaunkönig finden möglicherweise Nistgelegenheit im Totholzhaufen, und andere Vögel wie Rotkehlchen, Nachtigall und Kleiber gehen in den Zweigen auf Insektenjagd. Igel finden im Reisighaufen ein Quartier.

4 Bestimmungshilfe: Heckenpflanzen im Herbst

Stichwortverzeichnis

Bildquellenverzeichnis

amw Pressedienst, München: 40.1
Uwe Anders, Brauschweig: 43.2; 51.2; 96.2; 105.2; 117.2
Toni Angermayer, Holzkirchen: S. 19 o. r.; u. r.; S. 25 M. l.; u. r; 30.1; 34.1; 41.1; 58.2; 68.1; 103.5; 150.1, 2; S. 156 o. r.; u.; S. 157 u.; S. 167; 169.3, 4; 170.1–4; 171.5–8; 177.3; S. 179 u.; S. 202 o. l.
Anthony Verlag, Starnberg: 32.1; 36.1; 59.4; 66.2; u.; 198.2; ; S. 202 o. r.
Bavaria-Verlag, Gauting: 77.1; 94.4–6; S. 107 o. l.
Dr. Hans Bibelriether, Spiegelau: 193.2
Bildarchiv f. Medizin, München: 79.1
Heinz Böttgenbach, Münster: 61.2, 3; S. 115 o.; u. l.
Bonnier Fakta, Stockholm, Lennart Nilsson: 89.1; 91.4
Bruce Coleman Ltd., England: S. 19 u. l.; S. 70 u. r.
Manfred Danegger, Überlingen: S. 25 o. r.; 56.1; ; S. 70 o. l.; o. r.; S. 71 u. l.; u. r.
Deutsche Presse-Agentur (dpa), Frankfurt: 18.6; 62.1; 98.1; 214.1
Flugrevue, Stuttgart: 40.2
FWU Institut f. Film u. Bild in Wissenschaft u. Unterricht, München: 53.1; 54.3–5
Greiner & Meyer, Braunschweig: 11.2; 13.3; 18.5; 85.2; 86.2; 94.3; 97.16; 102.2; S. 107 M. r.; 109.1; 119 o. l.; 176.1; 190.1–3; 213.2, 3; 218.1
Gruner + Jahr, München: 9.3; S. 91
Jochen Haupt, Kamen: S. 166; 168.1; 169.2; 174.1
Ifa-Bilderteam, München: S. 3; 15.8; 36.2; 63.3; 121.4; S. 179 o. r.; 191.6
Institut f. Meereskunde, Dr. Kinzer, Kiel: S. 160 o.; u. l.
Aribert Jung, Hilchenbach: 94.2; 99.4; S. 107 M. r.; u. l.; u. r.; 109.2; 111.4; 113.1; 118.1, 2; S. 194 u. r.; 204.2; 205.4; S. 207
Manfred Kage, Institut f. Wissenschaftliche Fotografie, Lauterstein: 15.2
Keystone, Hamburg: 69.3; 102.1; S. 107 o. r.; M. l.
Prof. Dr. H. Klingel, Zoolog. Institut d. Universität, Braunschweig: 66.1
Dr. Wolfgang Kurtze, Stade: 153.2
Lennart Larsen, Kopenhagen: 72.1
Werner Layer, Mannheim: 15.5
Lieder, Ludwigsburg: S. 97 u.
Mauritius, Mittenwald: 53.2; 92.2, 3; 98.3; S. 179 M. l., 192.1; S. 202 M. r.
Max-Planck-Gesellschaft, München: 42.3
Museum f. Naturkunde d. Humboldt-Universität, Berlin: 184.1
NHPA, National History Photographic Agency, Stephen Dalton, Sussex: 40.3
Elisabeth Niggemeyer, aus: Antoinette Becker: „Ich bin doch auch wie ihr“, Otto Maier Verlag, Ravensburg: 82.1, 2; 83.3
Okapia, Frankfurt: 28.2 (Dagmar Münzer); 158.1 (David Thompson/OSF); 213.1 (Wilhelm Irsch)
Klaus Paysan, Stuttgart: S. 160 u. r.
Reinhard-Tierfoto, Heiligkreuzsteinach: 12.1; 16.1, 2; 17.3; 24.4; S. 25 o. l.; M. r.; 27.4; 28.1; 29.4; 35.3; 46.1; 59.3; S. 71 o. l.; o. r.; 102.3; 106.1; S. 107 M. l.; S. 119 o. r.; u.; 121.3; 153.1; S. 156 o. l.; S. 157 o.; 173.1; S. 179 o. l.; 180.1; S. 194 o.; M. l.; u. l.; 199.4; 200.1; S. 202 u.; 204.1; 205.5
Dieter Rixe, Braunschweig: 8.1; 9.4; 10.1; 15.7; 20.1; 23.1; 26.1, 2; 41.2; 84.1; 88.2; 122.1; S. 123; S. 124; S. 129; 130.1; S. 131; 137.1; 162.2; 163.3; 195.1
Wolfgang Schulenberg, Vechta: 98.2
Norbert Schulte, Braunschweig: 112.1; 113.2; 114.3, 4; 120.1; 204.3
Silvestris Fotoservice, Kastl: S. 19 o. l.; S. 25 u. l.; 55.6; 56.2; 57.3; 58.1; 60.1; 61.4; S. 70 u. l.; 102.4; S. 115 u. r.; S. 179 M. r.; 191.5, 7; S. 202 M. l.
V-Dia Verlag, Heidelberg: 18.7
Verein f. Zahnhygiene, Dortmund: 134.1, 2
Xeniel-Dia, Stuttgart: 8.2; 15.6
Zentrale Farbbildagentur (Zefa), Düsseldorf: 11.3; 15.4; 48.1; 69.2; 94.1; 121.2; S. 194 M. r.; 218.2

Zeichnungen: Schwanke & Raasch, Hannover
Titel unter Verwendung eines Dias von Nagel, Bavaria Bildagentur.

Biologisches Lexikon

Abhängigkeit
Der häufige Genuß von Alkohol, Zigaretten und anderen Drogen kann zur Abhängigkeit führen. Der Mensch verspürt einen Zwang, die Droge immer wieder zu verwenden. Er fühlt sich ohne die Droge nicht mehr wohl.

Akne
Bei vielen jungen Menschen bilden sich während der Pubertät besonders im Gesicht eitrige Pickel. Sie werden durch eine Entzündung der Talgdrüsen hervorgerufen. Jugendliche, die sehr unter Akne leiden, können bei einem Hautarzt Hilfe suchen.

Atmung
Unter Atmung versteht man die Aufnahme von Sauerstoff und die Abgabe von Kohlenstoffdioxid bei Pflanzen, Tieren und dem Menschen. Dieser Gasaustausch kann in der Lunge, in Kiemen oder über die Haut stattfinden. (→ Kapillare)

Art
Die Tiere oder Pflanzen einer Art ähneln einander sehr. Sie haben den gleichen Bau und können sich untereinander vermehren. Auf der Erde leben mindestens 1,5 Millionen Tier- und Pflanzenarten.

Äußere Befruchtung
Die Befruchtung des Eies erfolgt außerhalb des Körpers. Viele Amphibien- und Fischweibchen legen ihre Eier ins Wasser ab, die Eier werden dann vom Männchen besamt. Die Befruchtung findet im Wasser statt. (→ Befruchtung, → Innere Befruchtung)

Amphibien
Tiere, die als Larven im Wasser leben und als erwachsene Tiere feuchte Lebensräume besiedeln. Die Haut ist feucht und mit Schleimdrüsen bedeckt. Die Amphibien bilden eine Klasse der Wirbeltiere, zu ihnen gehören z. B. die Frösche. Amphibien werden auch als Lurche bezeichnet. (→ Wirbeltiere)

Ballaststoffe
Bestandteile der Nahrung des Menschen, die nicht verdaut werden können. Ballaststoffe sind für die normale Darmfunktion unentbehrlich.

Balz
Vor der Paarung zeigen viele Tiere ein auffälliges Verhalten: der Pfau schlägt ein Rad, der Stichling führt bestimmte Schwimmbewegungen aus. Dieses Verhalten wird als Balz bezeichnet. Durch die Balz werden beide Geschlechtspartner auf die Paarung eingestimmt.

Bedecktsamer
Zu den Bedecktsamern gehören fast alle Laubbäume und krautige Pflanzen, wie Buschwindröschen, Taubnessel oder Tulpe. In ihren Blüten sind die Samenanlagen vollständig von der Wand des Fruchtknotens umgeben. (→ Nacktsamer)

Befruchtung
Das Verschmelzen von Eizelle und Spermazellen nennt man Befruchtung. Aus der befruchteten Eizelle entsteht durch Zellteilung der Embryo. (→ Innere Befruchtung, → Äußere Befruchtung)

Bestäubung
Bei der Bestäubung gelangen die in den Staubbeuteln der Pflanzen gebildeten Pollenkörner auf die Narbe des Stempels. Der Transport der Pollenkörner erfolgt durch den Wind oder durch Insekten.

Blütendiagramm
Ein Blütendiagramm ist eine Zeichnung von der Anordnung der Blütenteile. Ein Blütendiagramm zeigt vereinfacht den Bauplan der Blüte.

Blütenpflanzen
Eine Blütenpflanze besteht aus Sproß und Wurzel. Der Sproß hat eine Sproßachse und Blätter, zeitweise auch Blüten. Zu den Blütenpflanzen gehören Kräuter, Sträucher, Bäume, nicht aber Pilze, Moose, Farne, Algen.

Blut
Blut besteht aus Flüssigkeit, auch Blutplasma genannt und den verschiedenen Blutkörperchen. Mit dem Blut werden u. a. Nährstoffe, Sauerstoff und Kohlenstoffdioxid transportiert. (→ Blutkörperchen, → Blutgefäße)

Blutgefäße
Arterien und Venen sind Blutgefäße. Arterien transportieren das Blut vom Herzen weg, Venen transportieren das Blut zum Herzen hin. (→ Kapillaren, → Blut)

Blutkörperchen
Es sind die Zellen, die sich im Blut befinden. Weiße und rote Blutkörperchen werden im Knochenmark gebildet. Die roten Blutkörperchen transportieren Sauerstoff, die weißen schützen vor Krankheiten. Die Blutplättchen sind zur Blutgerinnung notwendig. (→ Blut, → Blutgefäße)

Embryo
Nach der Befruchtung bildet sich aus der befruchteten Eizelle durch Zellteilung der Embryo. Beim Menschen ist der Embryo im dritten Schwangerschaftsmonat etwa sechs Zentimeter groß.

Energie
Für Bewegungen, Wachstum, für eine konstante Körpertemperatur und vieles mehr benötigt jedes Lebewesen Energie. Sie ist in Nährstoffen, aber auch in Licht, enthalten. Energie kann nicht hergestellt werden, sondern nur von einer Form in eine andere umgewandelt werden. (→ Fotosynthese)

Erdsproß
Der Erdsproß besteht aus dem verdickten, unterirdisch wachsenden Teil des Stengels. Er dient meist zur Speicherung von Nährstoffen. Zahlreiche Frühblüher, z. B. Buschwindröschen und Schlüsselblume, besitzen einen Erdsproß.

Fische
Eine Klasse der Wirbeltiere, deren gemeinsame Merkmale es sind, daß sie im Wasser leben, durch Kiemen atmen und Flossen besitzen. Es gibt etwa 35 000 Arten. (→ Wirbeltiere)

Fleischfressergebiß
Das Fleischfressergebiß zeichnet sich durch dolchartig ausgebildete Eckzähne aus. Die Backenzähne besitzen spitze Höcker, die ein Zerschneiden des Fleisches ermöglichen. Der größte Backenzahn heißt Reißzahn. (→ Pflanzenfressergebiß)

Flosse
Organ zur Fortbewegung bei vielen wasserlebenden Tieren. Fische haben paarige Bauch- und Brustflossen. Schwanz-, Rücken- und Afterflossen sind unpaarig. (→ Fische)

Fossilien
Fossilien sind versteinerte Überreste von Pflanzen und Tieren. Sie geben Auskunft über den Bau der ausgestorbenen Lebewesen. Besonders interessante Fossilien stammen z. B. von Sauriern oder dem Urvogel.

Frucht
Die Frucht entsteht nach der Befruchtung aus Bestandteilen der Blüte. Die Frucht umschließt den Samen und dient zu seiner Verbreitung. (→ Same)

Frühmenschen
Die Frühmenschen lebten vor ein bis zwei Millionen Jahren in Afrika. Von dort breiteten sie sich nach Asien und nach Europa aus. Ihr Werkzeug war der Faustkeil, ein von beiden Seiten bearbeitetes Steinwerkzeug. Sie jagten Tiere und konnten Feuer nutzen. (→ Vormenschen)

Gelenk
Ein Gelenk bildet die bewegliche Verbindung zwischen zwei Knochen. Bei zu starker Belastung eines Gelenks kann es zu Verstauchungen kommen.

Gleichwarme Tiere
Gleichwarme Tiere haben eine Körpertemperatur, die unabhängig von der Umgebungstemperatur ist. Gleichwarme Tiere sind Säugetiere und Vögel. (→ wechselwarme Tiere)

Innere Befruchtung
Die Befruchtung des Eies erfolgt im Körper des Weibchens. Dies ist z. B. bei Reptilien, Vögeln und Säugetieren, aber auch vielen Insekten der Fall. (→ Befruchtung, → Äußere Befruchtung)

Jahresvögel
Jahresvögel leben das ganze Jahr über in ihrem Brutgebiet. Sie verlassen ihr Gebiet auch im Winter nicht, da sie selbst in dieser ungünstigen Jahreszeit noch ausreichend Futter finden. Amseln und Kohlmeisen kann man deshalb auch im Winter bei uns beobachten. Jahresvögel nennt man auch Standvögel. (→ Zugvogel)

Kaltblutpferde
Der Körperbau ist gedrungen, sie sind langsamer als Warmblutpferde, jedoch stärker als diese. Kaltblutpferde werden als Arbeitspferde eingesetzt. Ihr Blut ist nicht kälter als das der Warmblutpferde. (→ Warmblutpferde)

Kapillaren
Die Kapillaren sind die feinsten Blutgefäße. Sie haben einen Durchmesser, der kleiner ist als der Durchmesser eines Haares. Die Wände der Kapillaren sind so dünn, daß Gase und andere Stoffe durch sie hindurchdringen können und auf diese Weise zu den Zellen gelangen.

Knochenmark
Darunter versteht man ein reich durchblutetes Gewebe innerhalb von Knochenhohlräumen. Im Knochenmark mancher Knochen, z. B. des Brustbeins, werden rote und weiße Blutkörperchen gebildet.

Knorpel
Knorpel ist ein glatter elastischer Bestandteil des Skeletts. Aus Knorpel bestehen die Bandscheiben, die zwischen den Wirbelknochen der Wirbelsäule liegen, Nase und Ohrmuscheln. Auch die Knochenenden in Gelenken sind von Knorpel überzogen.

Kulturfolger
Diese Tiere und Pflanzen leben in der vom Menschen durch die Zivilisation veränderten Landschaft. Sie kommen in Städten, Industriegebieten und anderen vom Menschen veränderten Lebensräumen vor. Beispiele für Kulturfolger sind Haussperling, Amsel, Kaninchen und Reh. (→ Kulturflüchter)

Kulturflüchter
Diese Tiere und Pflanzen meiden die vom Menschen durch die Zivilisation veränderten Landschaften. Sie kommen daher in Städten, Industriegebieten und Ackerflächen nicht vor. Zu den Kulturflüchtern gehören Wildkatze, Biber und Eisvogel. (→ Kulturfolger)

Menstruation
Bei der Menstruation tritt blutige Flüssigkeit aus der Gebärmutter durch die Scheide aus. Die Menstruation wiederholt sich ungefähr alle vier Wochen und wird daher auch als Regel, Periode oder Monatsblutung bezeichnet. Eine Menstruation dauert etwa drei bis fünf Tage.

Metamorphose
Der Begriff bedeutet Gestaltumwandlung. Bei Fröschen schlüpft aus dem Ei eine Larve, die Kaulquappe. Sie hat eine völlig andere Gestalt als der Frosch. Die Gestaltumwandlung von der Larve zum erwachsenen Tier heißt Metamorphose. Auch bei Insekten findet häufig eine Metamorphose statt.

Mineralsalze
Mineralsalze sind in unseren Nahrungsmitteln enthalten und für unsere Gesundheit unentbehrlich. Eisen benötigen wir z. B. für die roten Blutkörperchen, Kalzium ist wichtig für den Knochenbau.

Mulchen
Darunter versteht man das Bedecken von Gartenerde mit abgestorbenen Pflanzenteilen (Rinde, Gras, Laub). Durch Mulchen wird Wildkräuterwuchs unterdrückt und die Erde feucht gehalten.

Muskel
Ein Muskel besteht aus vielen langgestreckten Zellen. Diese Muskelzellen können sich zusammenziehen. So ermöglichen Muskeln zusammen mit Knochen und Sehnen die Bewegungen des Körpers. Bei der Überdehnung eines Muskels kommt es zu einer Zerrung, bei Überanstrengung zu Muskelkater.

Nacktsamer
Fichte, Tanne, Lärche und andere Nadelbäume gehören zu den Nacktsamern. Die Samenanlagen sind nicht in einem Fruchtknoten eingeschlossen. Sie befinden sich „nackt“ auf der Samenschuppe. (→ Bedecktsamer)

Nährstoffe
Alle Nahrungsmittel enthalten bestimmte Nährstoffe. Sie werden von den Lebewesen zum Wachstum und zur Energieversorgung benötigt. Die Nährstoffe sind: Eiweiße, Fette und Kohlenhydrate.

Nestflüchter
Bei manchen Vögeln und Säugetieren sind die Jungtiere nach der Geburt so weit entwickelt, daß sie selbständig Nahrung aufnehmen können und den Eltern folgen können. Haare oder Federn sind bereits vorhanden. Nestflüchter sind z. B. die Jungtiere von Ente, Huhn, Feldhase und Reh. (→ Nesthocker)

Nesthocker
Jungtiere von Vögeln und Säugetieren, die bei der Geburt noch geschlossene Augen haben und den Eltern noch nicht folgen können. Haare und Federn fehlen oder sind nur spärlich vorhanden. Zu den Nesthockern gehören z. B. Kaninchen, Eichhörnchen, Katze und die Jungtiere von allen Singvögeln. (→ Nestflüchter)

Parodontose
Die Parodontose beginnt mit einer Entzündung des Zahnfleisches, die durch Bakterien hervorgerufen wird. Im Laufe der Zeit kann das Zahnfleisch so weit zurückweichen, daß der Zahn locker wird und ausfällt.

Pestizide
Unter Pestiziden faßt man verschiedene chemische Mittel zusammen, die u. a. Insekten, Wildkräuter und Pilze abtöten.

Pflanzenfamilie
Zu einer Pflanzenfamilie faßt man verschiedene Pflanzenarten zusammen, die sich im Aussehen, besonders aber im Aufbau der Blüte ähneln. Bekannte Pflanzenfamilien sind z. B. Kreuzblütengewächse und Nelkengewächse. Die Korbblütler sind mit 1200 Arten eine der größten Pflanzenfamilien der Erde.

Pflanzenfressergebiß
Im Pflanzenfressergebiß fehlen die Eckzähne. Die Backenzähne zeichnen sich durch eine breite Kaufläche aus, die durch Zahnschmelzfalten noch vergrößert wird. Die Backenzähne zermahlen die Nahrung. (→ Fleischfressergebiß)

Pubertät
Die Pubertät ist die Zeit, in der sich ein Kind zum Jugendlichen entwickelt und geschlechtsreif wird. Sie beginnt beim Mädchen zwischen dem 9. und 12. Lebensjahr und beim Jungen zwischen dem 12. und 15. Lebensjahr.

Rangordnung
Bei vielen Tieren, die in Gruppen leben, gibt es eine Rangordnung. Das ranghöchste Tier darf als erstes fressen und sich am häufigsten paaren. Das ranghöchste Tier ist für die Gruppe wegen seiner Erfahrung und seiner Stärke wichtig. Ranghöchste Tiere können Weibchen oder Männchen sein.

Reptilien
Reptilien sind landlebende Tiere, deren Haut mit Hornschuppen bedeckt ist. Bekannte Vertreter sind Eidechsen und Schlangen. Auch die ausgestorbenen Saurier gehörten zu den Reptilien. Reptilien werden auch Kriechtiere genannt. Sie bilden eine Klasse der Wirbeltiere.

Rote Liste
Da der Mensch einige Lebensräume vernichtet und viele sehr stark verändert hat, sind auch die dort lebenden Pflanzen und Tiere entweder ausgestorben oder in ihrer Zahl stark zurückgegangen. Die Rote Liste enthält die Namen dieser ausgestorbenen oder gefährdeten Pflanzen und Tiere.

Säugetiere
Alle Tiere, die ihre Jungen aus Milchdrüsen säugen, sind Säugetiere. Sie haben als Körperbedeckung Haare, eine gleichbleibende Körpertemperatur und vier Gliedmaßen. Zu den Säugetieren gehören etwa 4500 Arten. Die Säugetiere bilden eine Klasse der Wirbeltiere.

Skelett
Skelett ist ein anderer Begriff für Knochengerüst. Das menschliche Skelett besteht aus über 200 Knochen. Seine Aufgabe ist es, den Körper zu stützen und innere Organe zu schützen.

Sproß
Zum Sproß gehören die oberirdischen Teile der Blütenpflanze: Stengel, Blätter und Blüte. Alle Teile des Sprosses können grün werden und Fotosynthese leisten.

Ungeschlechtliche Fortpflanzung
Bei Pflanzen ist es eine häufige Art der Fortpflanzung. Aus einem Teilstück der Mutterpflanze entsteht eine neue Pflanze. Ungeschlechtliche Fortpflanzung haben z. B. Erdbeeren, Kartoffeln. Fast alle Zimmerpflanzen kann man ungeschlechtlich fortpflanzen.

Verdauung
Die Verdauung findet beim Menschen in Mund, Magen und Darm statt. Dabei werden die Nährstoffe in kleinere, wasserlösliche Bestandteile zerlegt. Diese können dann durch die Darmwand ins Blut aufgenommen werden. (→ Nährstoffe)

Vitamine
Etwa 20 verschiedene Vitamine muß der Mensch mit der Nahrung zu sich nehmen, um gesund zu bleiben. Besonders bekannt ist das Vitamin C, das in vielen Früchten enthalten ist.

Vögel
Vögel sind eine Klasse der Wirbeltiere, deren Haut mit Federn bedeckt ist. Auf der Erde leben etwa 9000 Arten. Die kleinsten sind die fünf Zentimeter großen Kolibris, die größten die drei Meter hohen Strauße, die nicht fliegen können.

Vormenschen
Zu den frühen Vorfahren der heutigen Menschen gehören die Vormenschen. Sie lebten vor ungefähr zwei bis drei Millionen Jahren in Afrika. Sie benutzten einfache Steinwerkzeuge als Werkzeuge zum Zerteilen von Fleisch und zum Zertrümmern von Knochen. Sie jagten wahrscheinlich keine Tiere, sondern ernährten sich von Aas und Pflanzen. (→ Frühmenschen)

Warmblutpferde
Warmblutpferde sind temperamentvoll, sie eignen sich als Reit- und Turnierpferde. Sie besitzen einen langgestreckten, schmalen Körper mit langen Beinen. Sie haben kein besonders warmes Blut. (→ Kaltblutpferde)

Wechselwarme Tiere
Bei wechselwarmen Tieren ist die Körpertemperatur so hoch wie die jeweilige Umgebungstemperatur. Zu den wechselwarmen Wirbeltieren gehören Amphibien, Reptilien und Fische.

Wildkräuter
Als Wildkräuter werden solche Kräuter bezeichnet, die vom Menschen nicht als Nutzpflanzen angebaut werden. Sie werden oft als „Unkraut“ bezeichnet und bekämpft.

Wiederkäuer
Wiederkäuer sind Pflanzenfesser. Sie haben einen Magen der es ihnen ermöglicht, gefressene Nahrung wieder hochzuwürgen. Diese Nahrung wird erneut durchgekaut und geschluckt. Zu den Wiederkäuern gehören u. a. Rinder, Giraffen, Hirsche, Antilopen, Ziegen, Schafe.

Winterschlaf
Einen Winterschlaf halten Igel, Fledermäuse und einige weitere Säugetiere. Während dieser Zeit sind wichtige Lebensvorgänge so stark verlangsamt, daß die ungünstige Jahreszeit ohne Nahrungsaufnahme überdauert werden kann.

Wirbeltiere
Fische, Amphibien, Reptilien, Vögel und Säugetiere haben als gemeinsames Merkmal eine aus einzelnen Wirbeln zusammengesetzte Wirbelsäule. Sie werden deshalb zum Stamm der Wirbeltiere zusammengefaßt.

Wurzel
Wurzeln sind die unterirdischen Teile der Pflanze und tragen niemals Blätter. Wurzeln nehmen Wasser und Nährsalze auf und verankern die Pflanze im Boden.

Zelle
Die Zelle ist die kleinste Einheit, aus der alle Lebewesen aufgebaut sind. Tierzellen bestehen aus Zellkern, Zellplasma und Zellmembran. Pflanzliche Zellen haben außerdem eine stabile Zellwand und häufig Chloroplasten. Es gibt auch Lebewesen, die nur aus einer einzigen Zelle bestehen.

Zugvogel
Zugvögel verlassen im Herbst ihr Brutgebiet und ziehen in Gebiete, in denen sie genügend Nahrung finden. Manche Zugvögel ziehen bis nach Afrika; dazu gehört der Storch und der Kuckuck. Andere Zugvögel, wie z. B. die Singdrossel, überwintern in den Ländern am Mittelmeer. (→ Jahresvogel)

Daten und Rekorde von Pflanzen und Tieren

Der Mensch in Zahlen

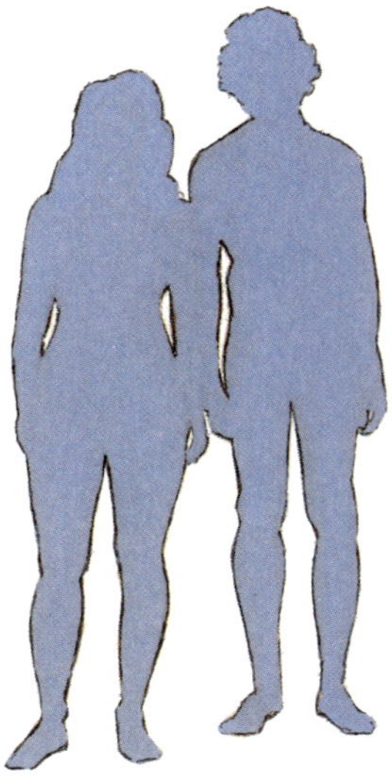

Der größte Mensch	272 cm
Der kleinste Mensch	61 cm
Anzahl der Knochen	212
Gesamtfläche der Haut	1,8 m^2
Anzahl der Kopfhaare	100 000
Gesamtlänge aller Adern	1300 km
Gewicht des Gehirns	1,5 kg

Schnellschwimmer

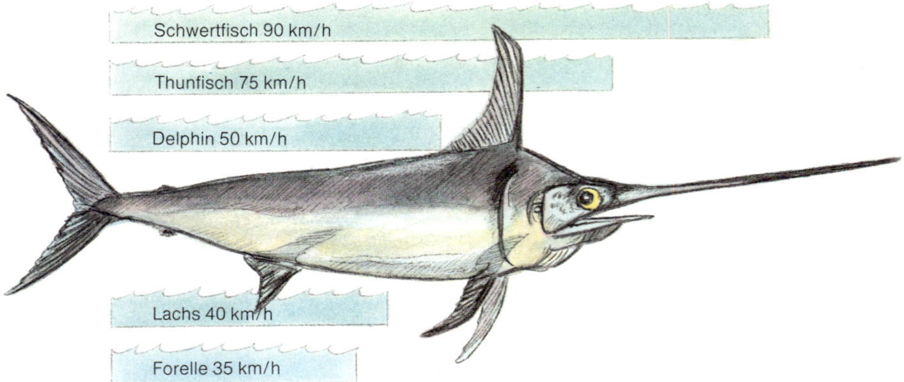

Giganten im Tierreich

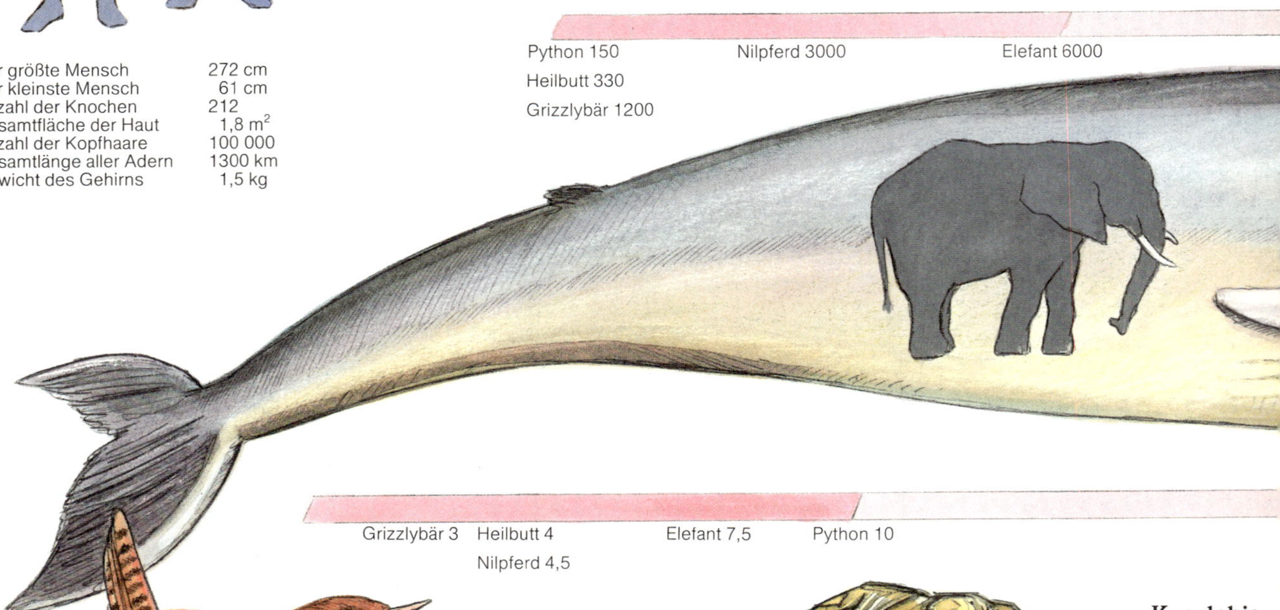

Zwerge im Tierreich

Kurzlebig und steinal

Sprinter und Schnellflieger

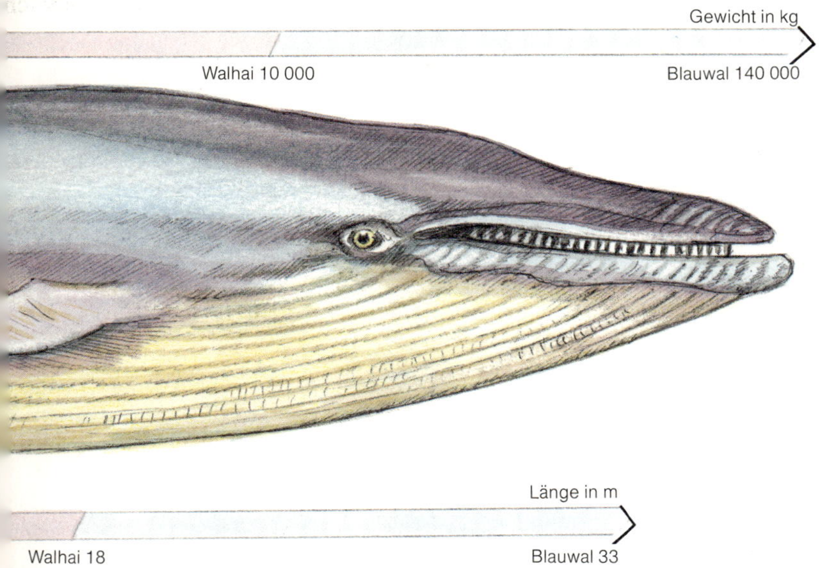

Weitspringer

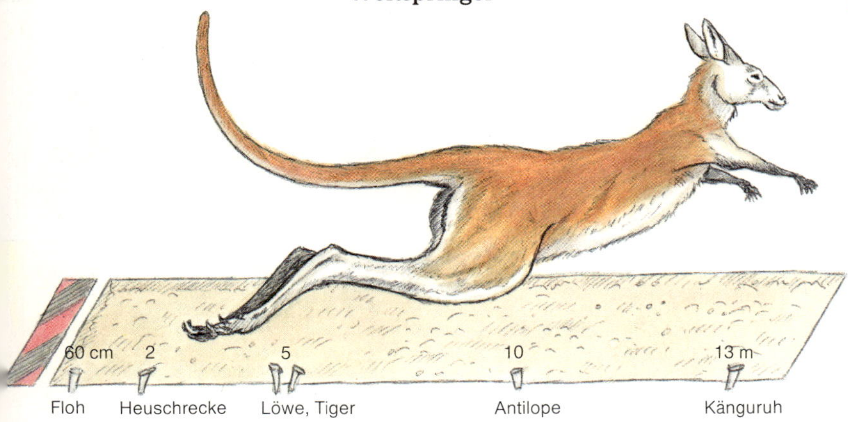

Riesen im Pflanzenreich

Die Salweide blüht
Der Huflattich blüht
Das Wiesenschaumkraut blüht und Aurorafalter legen ihre Eier daran
Krötenwanderung Schritt fahren
Die Blätter der Kastanien entfalten sich
Kiebitze zeigen Balzflüge in der Luft
Kröten wandern zu ihren Laichplätzen
Hummeln besuchen die Blüten der Taubnessel
Der Kuckuck ruft
Singdrossel und Blaumeisen bauen ihre Nester
Stockenten haben Junge

Sommer

Viele Gräser blühen,
z. B. das Knäuelgras

Die Schwäne im Park
haben Junge

Klatschmohn
und Kornblume
blühen

Wasserfrösche
quaken

Libellen fliegen am Ufer und ruhen
sich auf Schilfhalmen aus

Amseln haben
ihre zweite
Brut

In der Dämmerung
fliegen Fledermäuse

Das Getreide wird geerntet

Himbeeren sind reif

Die Mauersegler
ziehen schon
wieder nach Süden

Herbst

Das Springkraut hat Samen, die bei Berührung fortgeschleudert werden
Die Graugänse fliegen in ihre Überwinterungsgebiete
Rauch- und Mehlschwalben sammeln sich auf Telegrafendrähten
Glitzernde Spinnfäden mit ganz kleinen Spinnen fliegen durch die Luft
Futterrüben werden geerntet
Kastanien sind reif
Die Lärchennadeln werden gelb
Kartoffeln werden geerntet
Der Eichelhäher vergräbt Eicheln im Boden
Hagebutten sind reif

In besonders kalten Wintern kommen Schwärme von Bergfinken zu uns

Die verschiedenen Fraßspuren an Haselnüssen geben Auskunft über den „Täter"

Lachmöwen kommen in die Städte

In der Parkanlage ruft der Waldkauz sein dunkles „huu - hu - uuu"

Saatkrähen sammeln sich abends auf ihren Schlafbäumen

In einer Spechtschmiede findet man Berge von Fichten- und Kiefernzapfen

Tierspuren im Schnee

Das Schneeglöckchen blüht

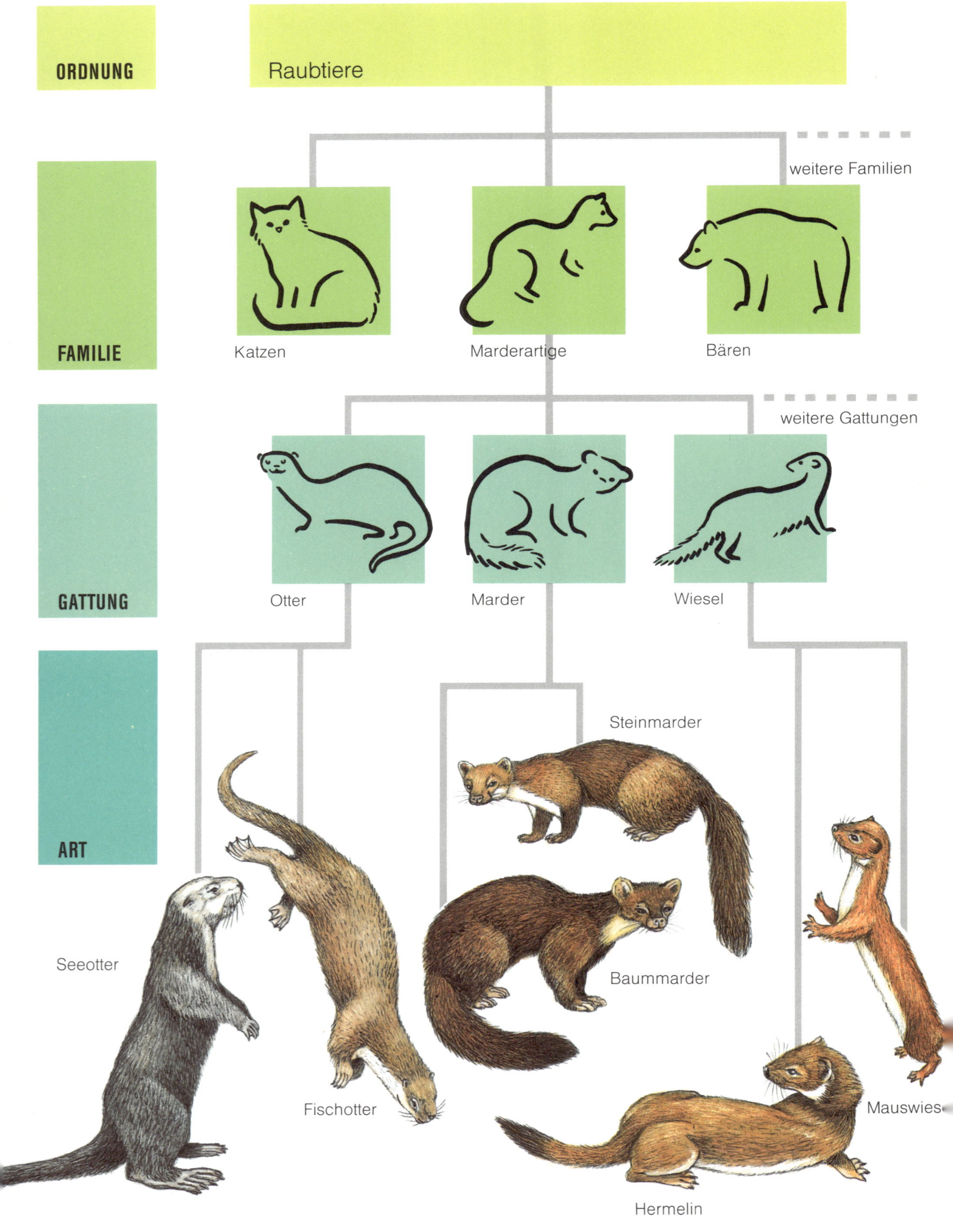
ORDNUNG
Raubtiere
FAMILIE
weitere Familien
Katzen
Marderartige
Bären
GATTUNG
weitere Gattungen
Otter
Marder
Wiesel
ART
Steinmarder
Seeotter
Baummarder
Fischotter
Mauswies
Hermelin